高职高专"十一五"规划教材

数字电子技术基础

赵　军　主　编
柳明丽　高建新　副主编
张英因　于宝琦　李青山　参　编

化学工业出版社
·北京·

本书是面向高职高专院校电子信息、通信、计算机、电气工程与自动化等专业的需要而编写的专业基础课教材。在内容编排上，教材以贴近工程实际中所需的数字电子技术基础知识和基本技能为主线，讲授了逻辑函数基础、逻辑门电路、组合逻辑电路、时序逻辑电路、存储器和可编程逻辑器件、脉冲的产生与整形及数/模和模/数转换等七方面的内容。全书体现了高职高专教育的特点，并且尽量做到以“必需、够用”为原则，以指导实践应用为目的，强调结论以及结论在实际中的应用，不强调公式的推导和理论的论证。在大多数章节中安排了实践练习内容，列举了与各章相对应的实用电路，使学生能在更接近实际的氛围中进行学习，培养学生分析问题、解决问题的能力和工程实践能力。

为了使读者更好地掌握和理解课程内容，书中配有较为丰富且贴近实际的例题、实践练习、思考题和习题，并在本书的最后附有部分习题的参考答案、数字电子技术基础常用中英文名词对照等内容。

本书简明扼要，深入浅出，便于自学，既可以作为高职高专院校和应用型本科院校电类相关专业的教材，也可以作为从事电子技术的工程技术人员的参考书。

图书在版编目（CIP）数据

数字电子技术基础/赵军主编．—北京：化学工业出版社，2009.1

高职高专“十一五”规划教材

ISBN 978-7-122-03937-8

Ⅰ．数…　Ⅱ．赵…　Ⅲ．数字电路-电子技术-高等学校：技术学院-教材　Ⅳ．TN79

中国版本图书馆 CIP 数据核字（2008）第 164374 号

责任编辑：王听讲　廉　静　　　　文字编辑：王　洋

责任校对：边　涛　　　　装帧设计：韩　飞

出版发行：化学工业出版社（北京市东城区青年湖南街 13 号　邮政编码 100011）

印　　装：北京白帆印务有限公司

787mm×1092mm　1/16　印张 13½　字数 331 千字　2009 年 3 月北京第 1 版第 1 次印刷

购书咨询：010-64518888（传真：010-64519686）　售后服务：010-64518899

网　　址：http：//www.cip.com.cn

凡购买本书，如有缺损质量问题，本社销售中心负责调换。

定　　价：23.00 元

前　言

高等职业教育在我国高等教育中承担着重要角色，尤其工科的高等职业教育，更是担负着为我国工业、农业和国防的现代化建设培养应用型工程技术人才的重任。为了适应电子技术在工业生产中的广泛应用，各高等职业院校都开设了数字电子技术基础这门课程，并作为专业必修课引入教学。

本书是根据教育部最新制定的《高职高专教育基础课程教学基本要求》，并结合高等职业院校电子信息工程、通信、计算机、电气工程与自动化等专业的要求编写的专业基础课教材。它重视理论教学，更重视实践环节，主要任务是通过各个教学环节，运用各种教学手段和方法，使学生在数字电子技术方面获得知识、素质和技能，并为以后学习各专业知识和高一级的职业技能培训打下良好的基础。本书以培养应用型工程技术人才为目标，实用性强。

本书的建议学时为80～100学时。书中注有“*”号的部分为选讲内容，可根据学时多少或专业需要决定。

本书由赵军主编，负责全书内容的组织和定稿，柳明丽、高建新担任副主编，张英囡、于宝琦，李青山参与编写。本书共有7章。第1章由于宝琦编写；第2、6章由张英囡编写；第3、4、5章由柳明丽编写，第7章由李青山编写。刘永波审阅了全书，并对全书的内容和形式提出了许多宝贵建议。

本书在编写过程中得到了许多同事和朋友的支持和帮助，在此一并表示感谢。

由于编者水平有限，书中可能会有疏漏之处，恳请读者给予批评指正，并将意见及时反馈给我们，以便帮助我们不断改进。

编者

2008年10月

目 录

第 1 章　逻辑函数基础

【内容提要】

逻辑代数是分析和设计数字逻辑电路的基本工具。本章将首先介绍数字系统中分析和设计逻辑电路的基础知识，逻辑代数的基本概念、公式和定理，数字逻辑电路中的基本逻辑运算，然后介绍逻辑函数化简的基本方法，最后介绍几种常用逻辑函数的表示方法及其相互间的转换。

1.1　数字电路的特点

电子电路分为两大类：模拟电路和数字电路。在模拟电路中被传输、加工和处理的是模拟信号，这类信号的特点是在时间上和幅度上都是连续变化的，如电视图像信号以及传感器测量的温度、压力信号等。在数字电路中被传输、加工和处理的是数字信号，这类信号的特点为在时间上和幅度上都是离散的，是随时间不连续变化的脉冲信号。

与模拟电路相比，数字电路具有以下特点。

① 数字信号只有两种可能情况：有信号或者无信号，因此，数字电路只需要能够正确反映信号的有无，所以允许数值上存在一定范围的误差。组成数字电路的元件数值允许有较大的偏差，特别适宜集成化。

② 在数字电路中，晶体管工作在开关状态，即交替地处于饱和与截止两种状态；在模拟电路中，晶体管工作在放大状态。

③ 数字电路主要研究输入与输出之间的逻辑关系，采用的是逻辑代数、真值表、逻辑函数表达式、波形图和卡诺图等方法。

数字电路是计算机技术和各种数控、数显以及测量技术的基础。随着集成技术的发展，数字电路和计算机技术在各个领域都得到了广泛的应用，通信、控制和各种电器产品的数字化早已是大势所趋，数字照相机、DVD 和数字电视等数字化电子产品已进入寻常百姓人家。

【思考题】

1-1-1　和模拟电路相比，数字电路具有哪些优点？

1-1-2　数字信号和模拟信号各有什么特点？

1.2　数制和码制

1.2.1　数制

用数字量表示物理量的大小时，只用一位数码常常不够用，因而经常需要采用进位计数的方法组成多位数码使用。将多位数码中每一位的构成方法以及从低位到高位的进位规则称为数制。

数字电路采用的是二进制，只用**1**和**0**两个数表示，而这里的**1**和**0**并不表示数值的大小，它们所代表的是两种不同的逻辑状态，例如，用**1**和**0**分别表示一件事的是与非、真与假；开关的闭合与断开；晶体管的饱和导通与截止；电灯的亮与灭等。为了使读写方便简单，计算机汇编语言中经常采用十六进制来描述数据。

1. 十进制

在日常生活和工作中最常用的进位计数制是十进制。十进制数有 10 个数码：0～9，计数基数是 10 。超过 9 的数必须采用多位数来表示，低位与相邻高位之间的进位关系为“逢十进一”，故称为十进制。

一个十进制数可这样描述：

$$(756.56)_{10}=7\times10^2+5\times10^1+6\times10^0+5\times10^{-1}+6\times10^{-2}$$

其中 10^2、10^1、10^0、10^{-1}和 10^{-2}称为各位的位权，简称权。

上式中的下角 10 表示括号里的数字是十进制，有时也可用 D（Decimal）代替。

所以任意一个十进制数 D 均可展开为

$$D=\sum k_i\times10^i \tag{1-1}$$

式(1-1) 中的 k_i 是第 i 位的系数，它可以是 0～9 这 10 个数码中的任何一个。若整数部分的位数是 n，小数部分的位数为 m，则 i 包含 $n-1$～0 的所有正整数和 -1～$-m$ 的所有负整数。

若用 N 代替式(1-1) 中的 10，就可以得到任意进制（N 进制）数展开式的普遍形式

$$D=\sum k_i\times N^i \tag{1-2}$$

式(1-2) 中 i 的取值同式(1-1) 的规定一样。N 称为计数的基数，k_i 是第 i 位的系数，N_i 称为第 i 位的权。

2. 二进制

二进制是数字电路中应用最广泛的进位计数制。二进制数只有**0**和**1**两个数码，计数基数是 2。低位与相邻高位之间的进位关系为“逢二进一”，故称为二进制。

根据式(1-2)，一个二进制数可这样描述：

$$B=\sum k_i\times2^i \tag{1-3}$$

例如

$$(\mathbf{1101.11})_2=\mathbf{1}\times2^3+\mathbf{1}\times2^2+\mathbf{0}\times2^1+\mathbf{1}\times2^0+\mathbf{1}\times2^{-1}+\mathbf{1}\times2^{-2}$$

上式中从低位到高位的权分别为 2^{-2}、2^{-1}、2^0、2^1、2^2和 2^3。

上式中的下角 2 表示括号里的数字是二进制，有时也可用 B（Binary）代替。

3. 十六进制

十六进制数有 16 个数码，分别用 0～9、A(10)、B(11)、C(12)、D(13)、E(14)、F(15)表示，计数基数是 16。低位与相邻高位之间的进位关系为“逢十六进一”，故称为十六进制。

一个十六进制数可这样描述：

$$H=\sum k_i\times16^i \tag{1-4}$$

例如

$$(7B5.7F)_{16}=7\times16^2+11\times16^1+5\times16^0+7\times16^{-1}+15\times16^{-2}$$

上式中的下角 16 有时也可用 H（Hexadecimal）代替。

4. 八进制

八进制数有 8 个数码，分别用 0～7 表示，计数基数是 8。低位与相邻高位之间的进位关系为“逢八进一”，故称为八进制。

一个八进制数可这样描述：

$$O=\sum k_i \times 8^i \tag{1-5}$$

例如

$$(715.41)_8=7\times8^2+1\times8^1+5\times8^0+4\times8^{-1}+1\times8^{-2}$$

上式中的下角 8 有时也可用 O(Octal) 代替。

1.2.2　数制转换

1. 二进制数转换成十进制数

称二进制数转换成等值的十进制数为二-十转换。在这种转换中，只要对二进制数采用权展开式展开，然后将所有各项的数值按十进制相加，就可以转换得到等值的十进制数，例如

$$(\mathbf{101.11})_2=\mathbf{1}\times2^2+\mathbf{0}\times2^1+\mathbf{1}\times2^0+\mathbf{1}\times2^{-1}+\mathbf{1}\times2^{-2}=(5.75)_{10}$$

2. 十进制数转换成二进制数

十进制数转换成等值的二进制数称为十-二转换。

(1) 整数部分的转换　十进制整数转换为二进制整数，采用的是 10 除以 2 取余的方法，即将十进制数反复除以 2，直到商为 0 为止。而各次相除所得余数就是二进制数由低位到高位的各位数字，例如，将 $(185)_{10}$ 化为二进制数可按如下过程进行。

2	185	……	余数=1=k_0 (最低位)
2	92	……	余数=0=k_1
2	46	……	余数=0=k_2
2	23	……	余数=1=k_3
2	11	……	余数=1=k_4
2	5	……	余数=1=k_5
2	2	……	余数=0=k_6
2	1	……	余数=1=k_7 (最高位)
	0		

所以，$(185)_{10}=(\mathbf{10111001})_2$

(2) 小数部分的转换　十进制小数转换为二进制小数，采用的是 10 乘以 2 取整的方法，即将十进制小数反复乘以 2，而各次相乘所得的整数就是二进制小数由高位到低位的各位数字。

例如，将 $(0.5625)_{10}$ 转化为二进制小数可按如下过程进行。

$$\begin{array}{r}0.5625\\ \times\quad 2\\ \hline 1.1250\end{array}\cdots\cdots\text{整数部分}=1=k_{-1}\quad(\text{最高位})$$

$$\begin{array}{r}0.1250\\ \times\quad 2\\ \hline 0.2500\end{array}\cdots\cdots\text{整数部分}=0=k_{-2}$$

$$\begin{array}{r} 0.2500 \\ \times \quad 2 \\ \hline 0.5000 \end{array} \cdots\cdots\cdots\cdots 整数部分=0=k_{-3}$$

$$\begin{array}{r} 0.5000 \\ \times \quad 2 \\ \hline 1.0000 \end{array} \cdots\cdots\cdots\cdots 整数部分=1=k_{-4} \quad （最低位）$$

所以，$(0.5625)_{10}=(\mathbf{0.1001})_2$

3. 二进制数与八进制、十六进制数的相互转换

（1）二进制数转换成八进制数　二进制数转换成等值的八进制数称为二-八转换。在这种转换中，只需将二进制数的整数部分从右向左每三位分为一组，小数部分从左向右每三位分为一组，每组用一对应的八进制数表示，即可实现二进制向八进制的转换，例如，将$(\mathbf{1011110.1011001})_2$转换为八进制数时可得：

$$\begin{array}{l} (\mathbf{001,011,110.101,100,100})_2 \\ \quad\ \downarrow \quad \downarrow \quad \downarrow \quad \downarrow \quad \downarrow \quad \downarrow \\ =(\ 1 \quad 3 \quad 6. \quad 5 \quad 4 \quad 4)_8 \end{array}$$

（2）八进制数转换成二进制数　八进制数转换成等值的二进制数称为八-二转换。转换时只需将八进制数的每一位用等值的三位二进制数代替即可，例如，将$(254.73)_8$转换为二进制数时可得：

$$\begin{array}{l} (2 \quad 5 \quad 4. \quad 7 \quad 3)_8 \\ \ \downarrow \quad \downarrow \quad \downarrow \quad \downarrow \quad \downarrow \\ =(\ \mathbf{010} \quad \mathbf{101} \quad \mathbf{100.} \quad \mathbf{111} \quad \mathbf{011})_2 \end{array}$$

（3）二进制数转换成十六进制数　二进制数转换成等值的十六进制数称为二-十六转换。转换时只需将二进制数的整数部分从右向左每四位分为一组，小数部分从左向右每四位分为一组，每组用一对应的十六进制数表示，即可实现二进制向十六进制的转换，例如，将$(\mathbf{1011110.1011001})_2$转换为十六进制数时可得：

$$\begin{array}{l} (\mathbf{0101,\ 1110.1011,\ 0010})_2 \\ \quad \downarrow \quad \downarrow \quad \downarrow \quad \downarrow \\ =(\ 5 \quad E. \quad B \quad 2)_{16} \end{array}$$

（4）十六进制数转换成二进制数　十六进制数转换成等值的二进制数称为十六-二转换。转换时只需将十六进制数的每一位用等值的四位二进制数代替即可，例如，将$(2DF.E2)_{16}$转换为二进制时可得：

$$\begin{array}{l} (\ 2 \quad D \quad F. \quad E \quad 5\ )_{16} \\ \ \downarrow \quad \downarrow \quad \downarrow \quad \downarrow \quad \downarrow \\ =(\ \mathbf{0010} \quad \mathbf{1101}\ \mathbf{1111.} \quad \mathbf{1110} \quad \mathbf{0101})_2 \end{array}$$

1.2.3　码制

用二进制数表示文字、符号等信息的过程称为编码，这些只用来表示不同的事物，而已没有表示数量大小含意的数码称为代码。为了记忆和处理方便，在编制代码时应遵循一定的规则，这些规则就叫做码制。

1. 二-十进制编码

在数字电路中，通常用四位二进制代码来表示一位十进制数的0～9这十个状态，常将这些代码称为二-十进制代码（Binary Coded Decimal，BCD）。换句话说，BCD 码是用四位二进制数来表示一个十进制数的代码。

由于用四位二进制数可以组成 $2^4=16$ 个不同的二进制码组，所以用其中的十个码组表示十进制数 0～9，剩下的六个码组为多余码组，又称为冗余码组。从十六个二进制码组中任意取十个码组的方案有很多种，因此产生了多种 BCD 码，其中比较常见的 BCD 码有 8421 码、2421 码、余 3 码等。它们的编码如表 1-1 所示。

表 1-1　3 种常见的 BCD 代码

十进制	8421 码	2421 码	余 3 码
0	**0000**	**0000**	**0011**
1	**0001**	**0001**	**0100**
2	**0010**	**0010**	**0101**
3	**0011**	**0011**	**0110**
4	**0100**	**0100**	**0111**
5	**0101**	**1011**	**1000**
6	**0110**	**1100**	**1001**
7	**0111**	**1101**	**1010**
8	**1000**	**1110**	**1011**
9	**1001**	**1111**	**1100**
权	8421	2421	

（1）8421 BCD 码　8421 码是一种最常见的 BCD 码。在这种编码方式中，每一位二进制码的 **1** 都代表一个固定的数值，把每一位 **1** 代表的十进制数加起来，得到的结果就是所代表的十进制数。8421 码是一种有权码，每一位的 **1** 代表的十进制数即为这一位的权，而每一位的权又是固定不变的，所以它属于恒权代码。由于它的四位二进制码各位的权值从左至右分别为 8、4、2、1，所以将其称做 8421 码。

（2）2421 BCD 码　2421 BCD 码也是一种有权码，它的四位二进制码各位的权从左到右分别为 2、4、2、1，其中，0 和 9、1 和 8、2 和 7、3 和 6、4 和 5 互为反码。应该指出的是，2421 BCD 码的编码方案不是唯一的。因为在 2421 码中有部分数码存在两种加权方法，例如，十进制数 7 既可编成 **1101**，也可编成 **0111**。

（3）余 3 BCD 码　余 3 BCD 码与 8421 码不同，它所表示的十进制数 0～9 的代码数值等于该代码各位的加权数之和再加常数 3，例如十进制数 7 的 8421 码是 0111，则余 3 码是 1010。

余 3 码是一种特殊的有权码，将二进制码为 1 的各码位加权之和，与它所代表的十进制数相比，始终相差一个固定的常数，所以又称为余权码。

2. 循环码

循环码的各位没有确定的权值，是无权码。循环码是一种常用的单位距离码，它的编码特点是：任何一个相邻码组（包括首尾两个码组）之间仅有一个码位不同。用循环码来表示十进制数时，为使 0 和 9 的码组只有一个码位不同，常采用余 3 循环码，它是从四位循环码的十六个码组中去掉首尾各三个码组而构成的，如表 1-2 所示。

3. ASCII 码

在数字电路设备，特别是计算机中，除了需要传送数字，常常还需要传送如字母、字符以及控制信号等这样的信息，因此，就需要采用一种符号，即数字编码。目前最普遍采用的是美国标准信息交换码，即 ASCII 码（American Standard Code for Information Interchange)，如表 1-3 所示。

表 1-2 循环码

十进制	循环码	余 3 循环码	十进制	循环码	余 3 循环码
0	**0000**	**0010**	8	**1100**	**1110**
1	**0001**	**0110**	9	**1101**	**1010**
2	**0011**	**0111**	10	**1111**	
3	**0010**	**0101**	11	**1110**	
4	**0110**	**0100**	12	**1010**	
5	**0111**	**1100**	13	**1011**	
6	**0101**	**1101**	14	**1001**	
7	**0100**	**1111**	15	**1000**	

表 1-3 ASCII 字符编码表

ASCII 值	字符	ASCII 值	字符	ASCII 值	字符	ASCII 值	字符
0	NUL	32	(space)	64	@	96	‘
1	SOH	33	!	65	A	97	a
2	STX	34	"	66	B	98	b
3	ETX	35	#	67	C	99	c
4	EOT	36	$	68	D	100	d
5	ENQ	37	%	69	E	101	e
6	ACK	38	&	70	F	102	f
7	BEL	39	’	71	G	103	g
8	BS	40	(	72	H	104	h
9	HT	41	)	73	I	105	i
10	LF	42	*	74	J	106	j
11	VT	43	+	75	K	107	k
12	FF	44	,	76	L	108	l
13	CR	45	-	77	M	109	m
14	SO	46	.	78	N	110	n
15	SI	47	/	79	O	111	o
16	DLE	48	0	80	P	112	p
17	DC1	49	1	81	Q	113	q
18	DC2	50	2	82	R	114	r
19	DC3	51	3	83	S	115	s
20	DC4	52	4	84	T	116	t
21	NAK	53	5	85	U	117	u
22	SYN	54	6	86	V	118	v
23	ETB	55	7	87	W	119	w
24	CAN	56	8	88	X	120	x
25	EM	57	9	89	Y	121	y
26	SUB	58	:	90	Z	122	z
27	ESC	59	;	91	[	123	{
28	FS	60	<	92	\	124	|
29	GS	61	=	93	]	125	}
30	RS	62	>	94	∧	126	~
31	US	63	?	95	_	127	DEL

【思考题】

1-2-1　在数字电路中为什么采用二进制？它有何优点？

1-2-2　比较下列各数，找出最大数和最小数：

(1) $(105)_{10}$；(2) $(F8)_{16}$；(3) $(1001001)_2$。

1-2-3　六位二进制数的最大值对应的十进制数是多少？

1-2-4　循环码的特点是什么？为什么说它是可靠性代码？

1.3　逻辑代数

逻辑代数是反映和处理客观事物间逻辑关系的数学方法。逻辑代数中也用字母表示变量，这种变量称为逻辑变量，简称变量。在二值逻辑中，每个逻辑变量的取值只有 **0** 和 **1** 两种可能，代表两种不同的逻辑状态。在逻辑代数中，有些公式和定理与普通代数并无区别，有些则完全不同。

1.3.1　基本逻辑运算

当两个二进制数码表示不同的逻辑状态时，它们之间可以按照制定的某种因果关系进行所谓的逻辑运算。这种逻辑运算与算术运算有着本质上的不同。

逻辑代数中，基本的逻辑关系有**与**逻辑、**或**逻辑和**非**逻辑三种，与之相对应的逻辑运算有**与**运算、**或**运算和**非**运算。

1. 与逻辑

只有决定某个事件的全部条件同时具备时，这件事才会发生，这种逻辑关系称为**与**逻辑，或者称为逻辑相乘。

在如图 1-1 所示电路中，只有开关 A 与开关 B 都闭合时，灯 Y 才会亮，所以对于灯 Y 亮这件事来说，开关 A、开关 B 闭合是与的逻辑关系。若以 A、B 表示开关的状态，且以 **1** 表示开关闭合，**0** 表示开关断开；以 Y 表示灯的状态，且以 **1** 表示灯亮，**0** 表示灯灭，则可以列出以 **1**、**0** 表示的**与**逻辑关系的图表，如表 1-4 所示。这种图表叫做逻辑真值表，简称为真值表。

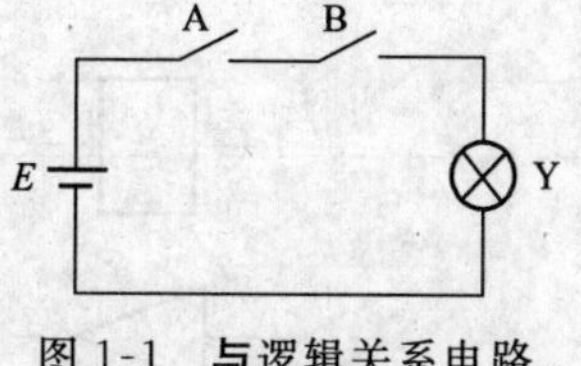

图 1-1　与逻辑关系电路

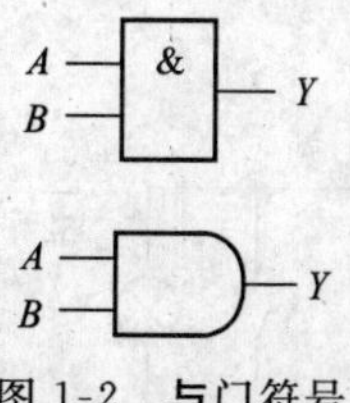

图 1-2　与门符号

表 1-4　与逻辑真值表

A	B	Y	A	B	Y
0	**0**	**0**	**1**	**0**	**0**
0	**1**	**0**	**1**	**1**	**1**

由该表可看出逻辑变量 A、B 与函数 Y 之间的关系满足**与**运算规律（逻辑相乘），可表示为

$$Y = A \cdot B \tag{1-6}$$

为了简化书写，“·”也可以省略。

实现与运算的电路称为与门，其逻辑符号如图 1-2 所示。

2. 或逻辑

决定某个事件的各个条件中，只要有一个具备，这件事就会发生，这种逻辑关系称为**或**逻辑，或者称为逻辑相加。

在如图 1-3 所示电路中，只要开关 A 和开关 B 中有一个闭合时，灯 Y 就会亮，所以对于灯 Y 亮这件事来说，开关 A、开关 B 闭合是**或**的逻辑关系。**或**逻辑真值表如表 1-5 所示。

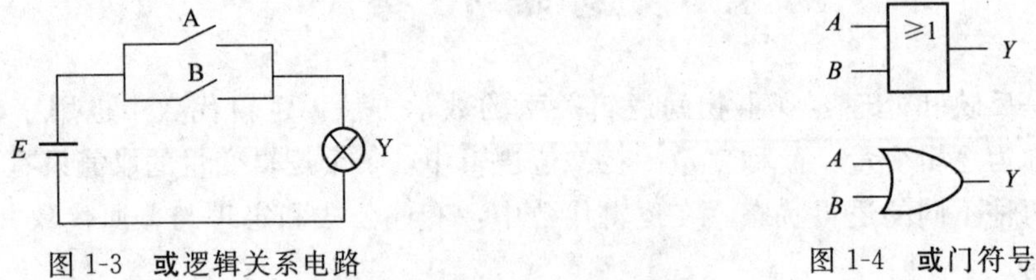

图 1-3　或逻辑关系电路　　图 1-4　或门符号

表 1-5　或逻辑真值表

A	B	Y	A	B	Y
0	0	0	1	0	1
0	1	1	1	1	1

由该表可看出逻辑变量 A、B 与函数 Y 之间的关系满足**或**运算规律（逻辑加），可表示为

$$Y=A+B \tag{1-7}$$

实现**或**运算的电路称为**或**门，其逻辑符号如图 1-4 所示。

3. 非逻辑

只要条件具备了，事件就不会发生；而条件不具备时事件一定发生，这种互相否定的因果关系称为**非**逻辑，或者称为逻辑求反。

在如图 1-5 所示电路中，当开关 A 闭合时，灯 Y 灭；当开关 A 断开时，灯 Y 亮，所以对于灯 Y 亮这件事来说，与开关 A 闭合是一种**非**的逻辑关系。**非**逻辑真值表如表 1-6 所示。

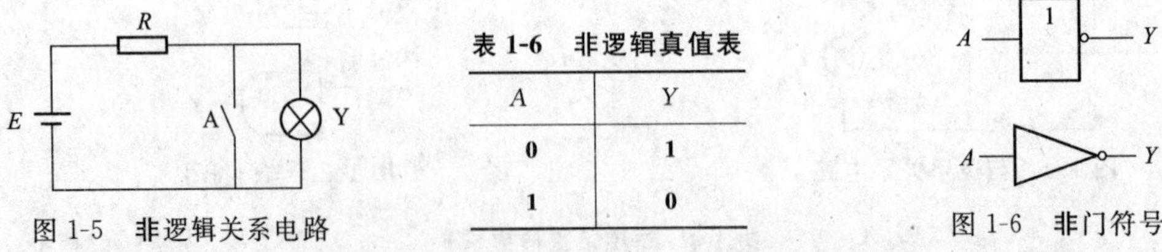

图 1-5　非逻辑关系电路

表 1-6　非逻辑真值表

A	Y
0	1
1	0

图 1-6　非门符号

由该表可看出逻辑变量 A 与函数 Y 之间的关系满足**非**运算规律，可表示为

$$Y=\overline{A} \tag{1-8}$$

实现**非**运算的电路称为**非**门，其逻辑符号如图 1-6 所示。

4. 复合逻辑运算

在逻辑代数中，除了**与**、**或**、**非**三种基本逻辑运算外，经常用到的还有**与非**、**或非**、**与或非**、**异或**、**同或**等复合逻辑运算。这些复合逻辑运算的真值表如表 1-7～表 1-11 所示，它们的逻辑符号如图 1-7 所示。

表 1-7　与非逻辑真值表

A	B	Y
0	0	1
0	1	1
1	0	1
1	1	0

表 1-8　或非逻辑真值表

A	B	Y
0	0	1
0	1	0
1	0	0
1	1	0

表 1-9　与或非逻辑真值表

A	B	C	D	Y	A	B	C	D	Y
0	0	0	0	1	1	0	0	0	1
0	0	0	1	1	1	0	0	1	1
0	0	1	0	1	1	0	1	0	1
0	0	1	1	0	1	0	1	1	0
0	1	0	0	1	1	1	0	0	0
0	1	0	1	1	1	1	0	1	0
0	1	1	0	1	1	1	1	0	0
0	1	1	1	0	1	1	1	1	0

表 1-10　异或逻辑真值表

A	B	Y
0	0	0
0	1	1
1	0	1
1	1	0

表 1-11　同或逻辑真值表

A	B	Y
0	0	1
0	1	0
1	0	0
1	1	1

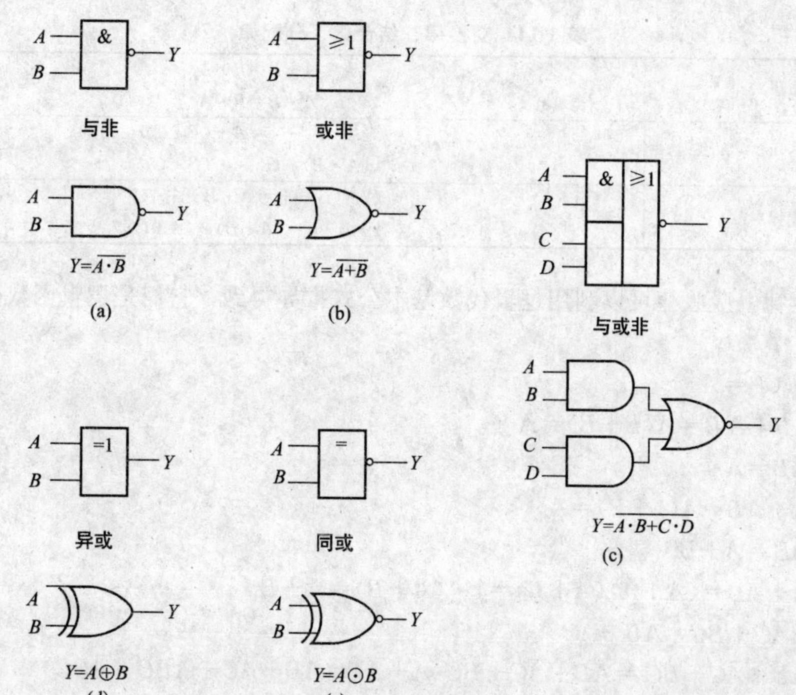

图 1-7　复合逻辑符号

1.3.2 逻辑代数的基本公式和定理

1. 逻辑代数的基本公式

（1）逻辑常量运算公式　逻辑常量只有 **0** 和 **1**，而最基本的逻辑运算只有**与**、**或**、**非**三种，所以常量之间的运算关系见表 1-12。

表 1-12　逻辑常量运算公式

与运算	或运算	非运算
$0 \cdot 0=0$	$0+0=0$	$\overline{1}=0$
$0 \cdot 1=0$	$0+1=1$	
$1 \cdot 0=0$	$1+0=1$	$\overline{0}=1$
$1 \cdot 1=1$	$1+1=1$	

（2）逻辑变量与常量运算公式　表 1-13 给出了逻辑变量与常量之间的运算公式，其中 A 为逻辑变量。

表 1-13　逻辑变量与常量运算公式

与运算	或运算	非运算
$A \cdot 0=0$	$A+0=A$	
$A \cdot 1=A$	$A+1=1$	$\overline{\overline{A}}=A$
$A \cdot A=A$	$A+A=A$	
$A \cdot \overline{A}=0$	$A+\overline{A}=1$	

2. 逻辑代数的基本定律

（1）与普通代数相似的定律　表 1-14 给出了与普通代数相似的定律：交换律、结合律、分配律。

表 1-14　交换律、结合律、分配律

交换律	$A+B=B+A$ $A \cdot B=B \cdot A$
结合律	$(A+B)+C=A+(B+C)$ $(A \cdot B) \cdot C=A \cdot (B \cdot C)$
分配律	$A \cdot (B+C)=A \cdot B+A \cdot C$ $A+B \cdot C=(A+B) \cdot (A+C)$

（2）吸收律　吸收律可以利用逻辑代数基本公式推导得到，它们是逻辑函数化简中常用的基本定律。

① $AB+A\overline{B}=A$　(1-9)

证明：$AB+A\overline{B}=A(B+\overline{B})=A$

② $A+AB=A$　(1-10)

证明：$A+AB=A(1+B)=A$

③ $A+\overline{A}B=A+B$　(1-11)

证明：$A+\overline{A}B=(A+\overline{A})(A+B)=1 \cdot (A+B)=A+B$

④ $AB+\overline{A}C+BC=AB+\overline{A}C$　(1-12)

证明：$AB+\overline{A}C+BC=AB+\overline{A}C+BC(A+\overline{A})=AB+\overline{A}C+ABC+\overline{A}BC$

$$=(AB+ABC)+(\overline{A}C+\overline{A}BC)=AB+\overline{A}C$$

推论　$AB+\overline{A}C+BCD=AB+\overline{A}C$　(1-13)

（3）摩根定律　摩根定律又称为反演律，它有两种形式：

$$\overline{A \cdot B}=\overline{A}+\overline{B} \tag{1-14}$$

$$\overline{A+B}=\overline{A} \cdot \overline{B} \tag{1-15}$$

摩根定律可利用真值表来证明，如表 1-15 和表 1-16 所示。

表 1-15　$\overline{A \cdot B}=\overline{A}+\overline{B}$ 的证明

A	B	$\overline{A \cdot B}$	$\overline{A}+\overline{B}$
0	0	1	1
0	1	1	1
1	0	1	1
1	1	0	0

表 1-16　$\overline{A+B}=\overline{A} \cdot \overline{B}$ 的证明

A	B	$\overline{A+B}$	$\overline{A} \cdot \overline{B}$
0	0	1	1
0	1	0	0
1	0	0	0
1	1	0	0

3. 逻辑代数的三个基本定理

（1）代入定理　任意一个包含变量 A 的逻辑等式都可以将等式两边所有的变量 A 用另外一个逻辑函数表达式替代，等式依然成立，这就是所谓的代入定理。利用代入定理可以把基本公式推广为多变量的形式，从而扩大了逻辑等式的应用范围。

【例 1-1】 用代入定理推导摩根定律多变量的情况。

解：已知二变量摩根定律为

$$\overline{A \cdot B}=\overline{A}+\overline{B}，\overline{A+B}=\overline{A} \cdot \overline{B}$$

若分别用 $Y=BC$，$Y=B+C$ 代替两等式中的 B，则

$$\overline{A \cdot (BC)}=\overline{A}+\overline{BC}=\overline{A}+\overline{B}+\overline{C}$$

$$\overline{A+(B+C)}=\overline{A} \cdot \overline{B+C}=\overline{A} \cdot \overline{B} \cdot \overline{C}$$

所以摩根定律可以推广到多个变量，其逻辑表达式如下：

$$\begin{cases}\overline{A \cdot B \cdot C \cdot \cdots}=\overline{A}+\overline{B}+\overline{C}+\cdots \\ \overline{A+B+C+\cdots}=\overline{A} \cdot \overline{B} \cdot \overline{C} \cdot \cdots\end{cases} \tag{1-16}$$

（2）反演定理　对于任意一个逻辑函数表达式 Y，如果将其中的“·”换成“+”，“+”换成“·”；**0** 换成 **1**，**1** 换成 **0**；原变量换成反变量，反变量换成原变量，那么得到的逻辑函数表达式就是 Y 的反函数 $\overline{Y}$。这个规则称为反演定理。

反演定理为求已知逻辑函数的反函数提供了方便。在使用反演定理时必须注意以下两点。

① 注意运算符号的优先顺序。先括号，再乘积，最后加。

② 反变量换成原变量只对单个变量有效。不属于单个变量上的反号应保留不变。

【例 1-2】 已知逻辑函数 $Y=\overline{\overline{\overline{A}\,\overline{\overline{B}}}C+\overline{C}D}(AC+BD)$，求 $\overline{Y}$。

解：根据反演定理，得

$$\begin{aligned}\overline{Y} &=\overline{\overline{(\overline{A}+B+\overline{C})} \cdot (C+\overline{D})}+(\overline{A}+\overline{C})(\overline{B}+\overline{D})=\overline{\overline{\overline{A}+B+\overline{C}}}+\overline{C+\overline{D}}+\overline{A}\,\overline{B}+\overline{A}\,\overline{D}+\overline{B}\,\overline{C}+\overline{C}\,\overline{D} \\ &=(\overline{A}+B)C+\overline{C}D+\overline{A}\,\overline{B}+\overline{A}\,\overline{D}+\overline{B}\,\overline{C}+\overline{C}\,\overline{D}=\overline{A}C+BC+\overline{C}D+\overline{A}\,\overline{B}+\overline{A}\,\overline{D}+\overline{B}\,\overline{C}+\overline{C}\,\overline{D} \\ &=\overline{A}+B+\overline{C}\end{aligned}$$

（3）对偶定理　对于任意一个逻辑函数表达式 Y，如果将其中的“·”换成“+”，“+”换成“·”；**0** 换成 **1**，**1** 换成 **0**，那么就会得到一个新的逻辑函数表达式 Y'，Y' 称为 Y 的对偶式。

例如：$Y=A+\overline{A}B=A+B$，则 $Y'=A \cdot (\overline{A}+B)=AB$

$Y=A\cdot(\overline{A}+B)=AB$，则 $Y'=A+\overline{A}B=A+B$

由此可以看出，如果 Y 的对偶式是 Y'，那么 Y' 的对偶式也是 Y，也就是 Y 和 Y' 是互为对偶式的，且如果两个逻辑函数表达式相等，则它们的对偶式也一定相等，这就是对偶定理。

例如：证明 $A+BC=(A+B)(A+C)$

等式两边的对偶式分别为 $A(B+C)$ 和 $AB+AC$，根据乘法分配律可知，这两个对偶式是相等的，即 $A(B+C)=AB+AC$。由对偶定理可确定 $A+BC$ 和 $(A+B)(A+C)$ 两式也一定相等，于是证得。

4. 异或与同或运算

(1) **异或定义式**

$$A\oplus B=A\overline{B}+\overline{A}B \tag{1-17}$$

(2) **同或定义式**

$$A\odot B=\overline{A}\,\overline{B}+AB \tag{1-18}$$

(3) 常用运算公式　表 1-17 给出了几组关于异或、同或常用的运算公式，证明过程略。

表 1-17　关于异或、同或常用的运算公式

异或与同或关系	$\overline{A\oplus B}=A\odot B$
摩根定律	$\overline{A\oplus B}=\overline{A}\odot\overline{B}$ $\overline{A\odot B}=\overline{A}\oplus\overline{B}$
奇偶律	$A\oplus A=0$　　$A\odot A=1$ $A\oplus A\oplus A=A$　　$A\odot A\odot A=A$
求补律	$A\oplus\overline{A}=1$ $A\odot\overline{A}=0$
结合律	$(A\oplus B)\oplus C=A\oplus(B\oplus C)$ $(A\odot B)\odot C=A\odot(B\odot C)$
交换律	$A\oplus B=B\oplus A$ $A\odot B=B\odot A$
分配率	$A\cdot(B\oplus C)=A\cdot B\oplus A\cdot C$ $A\cdot(B\odot C)=A\cdot B\odot A\cdot C$
因果互换律	如果 $A\oplus B=C$，则有 $A\oplus C=B$，$B\oplus C=A$； 如果 $A\odot B=C$，则有 $A\odot C=B$，$B\odot C=A$
常量和变量的运算	$A\oplus\mathbf{1}=\overline{A}$　　$A\odot\mathbf{1}=A$ $A\oplus\mathbf{0}=A$　　$A\odot\mathbf{0}=\overline{A}$
重要公式	$A\odot B\odot C=A\oplus B\oplus C$ $A\odot B\odot C\odot D=\overline{A\oplus B\oplus C\oplus D}$

【思考题】

1-3-1　基本逻辑运算有哪些？

1-3-2　反演定理和对偶定理在变换逻辑函数式时的异同是什么？

1-3-3　用公式证明下列等式：

(1) $A(A\oplus B)=\overline{AB}$　　(2) $AB+\overline{A}C+BCD=AB+\overline{A}C$

1.4　逻辑函数表达式的形式

逻辑函数描述数字逻辑电路输出变量与输入变量之间的逻辑关系。逻辑函数表达式的形式不同，则数字电路的结构形式也不同。逻辑函数表达式的形式虽然多种多样，但是主要分为一般形式和标准形式两大类。

1.4.1 逻辑函数表达式的一般形式

最常见的逻辑函数表达式的一般形式有五种：**与-或**表达式、**或-与**表达式、**与-或-非**表达式、**与非-与非**表达式、**或非-或非**表达式，例如

与-或表达式 $Y=AB+\overline{A}C$

此外还有

或-与表达式 $Y=(A+C)(\overline{A}+B)$

与-或-非表达式 $Y=\overline{\overline{A}\,\overline{C}+A\,\overline{B}}$

与非-与非表达式 $Y=\overline{\overline{AB}\cdot\overline{\overline{A}C}}$

或非-或非表达式 $Y=\overline{\overline{A+C}+\overline{\overline{A}+B}}$

利用逻辑代数的基本定律可以实现各逻辑函数表达式之间的变换。

1.4.2 逻辑函数表达式的标准形式

逻辑函数表达式的标准形式有两种：最小项表达式和最大项表达式。

1. 最小项

在 n 变量逻辑函数中，若 m 是一个包含所有 n 个因子（变量）的乘积项，且每一个变量均以原变量或反变量的形式在 m 中出现一次，则称 m 为该组变量中的最小项。

例如，A、B、C 三个变量的最小项有 $\overline{A}\,\overline{B}\,\overline{C}$、$\overline{A}\,\overline{B}C$、$\overline{A}\,B\overline{C}$、$\overline{A}BC$、$A\overline{B}\,\overline{C}$、$A\overline{B}C$、$AB\overline{C}$、$ABC$，共计 8 个（$2^3$ 个）。n 变量的最小项应有 2^n个。

n 个输入变量的每一组取值都会使得 2^n个最小项中必有一个，而且仅有一个最小项的值等于 1，例如，在三变量 A、B、C 的最小项中，当 $A=1$、$B=1$、$C=0$ 时，仅有 $AB\overline{C}=1$。如果将使其等于 **1** 的这组变量取值 **110** 看成一个二进制数，那么它所表示的十进制数就是 6。因此，为了使用方便，将最小项 $AB\overline{C}$记作 m_6。按此约定，便得到了三变量最小项的编号表，如表 1-18 所示。

表 1-18 三变量最小项的编号表

A	B	C	最小项	编号
0	**0**	**0**	$\overline{A}\,\overline{B}\,\overline{C}$	m_0
0	**0**	**1**	$\overline{A}\,\overline{B}C$	m_1
0	**1**	**0**	$\overline{A}B\overline{C}$	m_2
0	**1**	**1**	$\overline{A}BC$	m_3
1	**0**	**0**	$A\overline{B}\,\overline{C}$	m_4
1	**0**	**1**	$A\overline{B}C$	m_5
1	**1**	**0**	$AB\overline{C}$	m_6
1	**1**	**1**	ABC	m_7

根据同样的道理，可以把 A、B、C、D 这四个变量的 16 个最小项记作 $m_0\sim m_{15}$。

最小项有如下重要性质。

① 对于输入变量的任意取值，只有一个最小项值为 **1**，其他均为 **0**。

② 任意两个最小项之积为 **0**。

③ 全体最小项之和为 **1**。

④ 具有相邻性的两个最小项之和可以合并成一项，并消去一对因子。

如果两个最小项只有一个因子不同，则称这两个最小项具有相邻性，例如，ABC 和 $AB\overline{C}$就是具有相邻性的两个最小项，$ABC+AB\overline{C}=AB(C+\overline{C})=AB$ 消去一对不同的因子。

2. 逻辑函数的最小项之和形式

逻辑函数的最小项之和的标准形式广泛应用在逻辑函数的化简以及计算机辅助分析和设计中。利用基本公式 $A+\overline{A}=1$ 可以把任何一个逻辑函数化为最小项之和的标准形式。

例如，逻辑函数为

$$Y=ABC+\overline{B}C$$

于是可化为

$$Y=ABC+(A+\overline{A})\overline{B}C=ABC+A\overline{B}C+\overline{A}\,\overline{B}C=m_1+m_5+m_7=\sum m_i(i=1,5,7)$$

有时也可写成$\sum m(1,5,7)$或$\sum(1,5,7)$ 的形式。

3. 最大项

在 n 变量逻辑函数中，若 M 是一个包含所有 n 个因子的和项，且每一个变量均以原变量或反变量的形式在 M 中出现一次，则称 M 为该组变量中的最大项。

例如，A、B、C 三个变量的最大项有 $A+B+C$、$A+B+\overline{C}$、$A+\overline{B}+C$、$A+\overline{B}+\overline{C}$、$\overline{A}+B+C$、$\overline{A}+B+\overline{C}$、$\overline{A}+\overline{B}+C$、$\overline{A}+\overline{B}+\overline{C}$，共计 8 个（$2^3$ 个）。n 变量的最大项应有 2^n个。

逻辑函数的最大项的编号恰好与最小项的编号相反。在最大项中，若是原变量，则变量的取值为 **0**；若是反变量，则变量的取值为 **1**，例如，最大项 $\overline{A}+\overline{B}+C$，变量取值为 **110**，记作 M_6。三变量最大项的编号表如表 1-19 所示。

表 1-19　三变量最大项的编号表

A	B	C	最大项	编号
0	0	0	$A+B+C$	M_0
0	0	1	$A+B+\overline{C}$	M_1
0	1	0	$A+\overline{B}+C$	M_2
0	1	1	$A+\overline{B}+\overline{C}$	M_3
1	0	0	$\overline{A}+B+C$	M_4
1	0	1	$\overline{A}+B+\overline{C}$	M_5
1	1	0	$\overline{A}+\overline{B}+C$	M_6
1	1	1	$\overline{A}+\overline{B}+\overline{C}$	M_7

最大项有如下重要性质。

① 对于输入变量的任意取值，只有一个最大项值为 **0**，其他均为 **1**。

② 任意两个最大项之和为 **1**。

③ 全体最大项之积为 **0**。

④ 只有一个变量不同的两个最大项的乘积等于各相同变量之和。

4. 最小项与最大项的关系

在变量个数相同的条件下，编号下标相同的最小项和最大项互为反函数，即

$$m_i=\overline{M_i}\text{或}M_i=\overline{m_i} \tag{1-19}$$

例如，三变量的最小项 $m_5=A\overline{B}C$，则 $\overline{m_5}=\overline{A\overline{B}C}=\overline{A}+B+\overline{C}=M_5$。

5. 逻辑函数的最大项之积形式

利用反演定理可以把任何一个逻辑函数最小项之和的表达式变化为最大项之积的标准形式。

例如，逻辑函数为 $Y=ABC+\overline{B}C$

$$Y=ABC+(A+\overline{A})\overline{B}C=ABC+A\,\overline{B}C+\overline{A}\,\overline{B}C=m_1+m_5+m_7$$

$$\overline{Y}=m_0+m_2+m_3+m_4+m_6$$

于是可转化为

$$Y=\overline{m_0+m_2+m_3+m_4+m_6}=\overline{m}_0\cdot\overline{m}_2\cdot\overline{m}_3\cdot\overline{m}_4\cdot\overline{m}_6=M_0\cdot M_2\cdot M_3\cdot M_4\cdot M_6$$

有时也可写成Ⅱ(0,2,3,4,6) 的形式。

【思考题】

1-4-1　逻辑函数表达式的一般形式有几种？变换逻辑函数表达式有什么实际意义？

1-4-2　什么是最小项？最小项有哪些性质？

1-4-3　什么是最大项？最大项有哪些性质？

1.5　逻辑函数的化简

一般来说，逻辑函数表达式越简单，实现它的逻辑电路也就越简单，其可靠性也相对较高，所以在进行逻辑设计时，通常要找出逻辑函数的最简形式。化简逻辑函数，通常的办法有两种：一种是公式化简法，即利用逻辑代数中的基本公式和基本定理进行化简；另一种是图形化简法，即用卡诺图进行化简。

1.5.1　公式化简法

由于逻辑代数的基本公式多是以**与-或**形式给出，所以下面讨论的化简方法主要以**与-或**逻辑函数为主。

1. 并项法

利用公式 $AB+A\overline{B}=A$，将两个乘积项合并为一项，同时消去一个变量，例如：

$$Y=AB\overline{C}+ABC+A\overline{B}=AB(C+\overline{C})+A\overline{B}=AB+A\overline{B}=A$$

也可以将变量组合看作一个变量，例如：

$$Y=AB\overline{C}+A\overline{B\overline{C}}=A(B\overline{C}+\overline{B\overline{C}})=A$$

2. 吸收法

利用公式 $A+AB=A$，消去多余变量，例如：

$$Y=A\overline{B}+\overline{A}B+\overline{AB}=A\overline{B}+\overline{A}B+\overline{A}+\overline{B}=\overline{A}+\overline{B}$$

3. 消去法

利用公式 $A+\overline{A}B=A+B$ 和 $AB+\overline{A}C+BC=AB+\overline{A}C$，消去多余因子，例如：

$$Y=A\overline{B}C+\overline{A}+B=(A\overline{B}C+\overline{A})+B=\overline{B}C+\overline{A}+B=(\overline{B}C+B)+\overline{A}=C+B+\overline{A}$$

4. 配项法

在不能直接利用公式化简时，可根据公式 $A+\overline{A}=1$、$A+A=A$ 和 $A\cdot\overline{A}=0$ 进行配项，然后再化简，例如：

$$\begin{aligned}Y&=A\overline{B}+\overline{A}B+B\overline{C}+\overline{B}C=A\overline{B}+\overline{A}B(C+\overline{C})+B\overline{C}+(A+\overline{A})\overline{B}C\\&=A\overline{B}+\overline{A}BC+\overline{A}B\overline{C}+B\overline{C}+A\overline{B}C+\overline{A}\,\overline{B}C=A\overline{B}+\overline{A}C+B\overline{C}\end{aligned}$$

再如：

$$Y=A\overline{B}C+\overline{A}BC+ABC=(A\overline{B}C+ABC)+(\overline{A}BC+ABC)=AC+BC$$

在化简复杂的逻辑函数时，往往需要灵活、交替地综合运用上述方法，才能得到最后的化简结果。

【例 1-3】 化简函数 $Y=A\overline{B}\,\overline{C}+\overline{A}\,\overline{B}+\overline{A}D+C+BD$。

解：

$$\begin{aligned}Y&=A\overline{B}\,\overline{C}+\overline{A}\,\overline{B}+\overline{A}D+C+BD=(A\overline{B}\,\overline{C}+C)+\overline{A}\,\overline{B}+\overline{A}D+BD\\&=A\overline{B}+C+\overline{A}\,\overline{B}+\overline{A}D+BD=(A\overline{B}+\overline{A}\,\overline{B})+C+\overline{A}D+BD\\&=\overline{B}+C+\overline{A}D+BD=(\overline{B}+BD)+C+\overline{A}D=\overline{B}+D+C+\overline{A}D\\&=(D+\overline{A}D)+\overline{B}+C=D+\overline{B}+C\end{aligned}$$

1.5.2 卡诺图化简法

1. 卡诺图

表示最小项的卡诺图是一种最小项方块图，就是将 n 个变量的 2^n 个最小项各用一个小方格表示，且使逻辑相邻的最小项在几何位置上也相邻，这样的方块图就称作 n 变量最小项卡诺图。

(1) 二变量卡诺图　如图 1-8 所示。

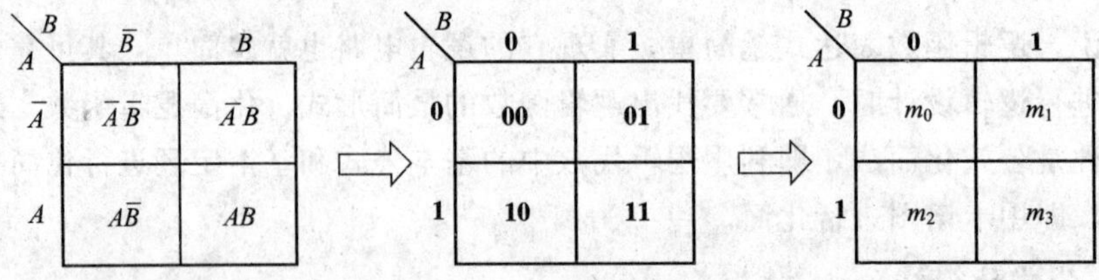

图 1-8　二变量卡诺图

(2) 三、四变量卡诺图　如图 1-9、图 1-10 所示。

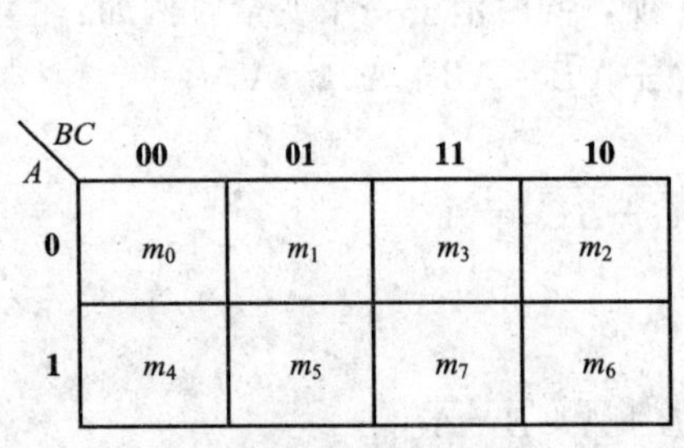

图 1-9　三变量卡诺图

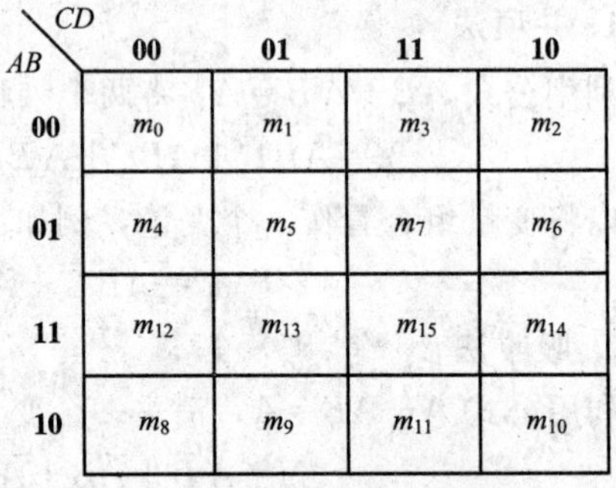

AB \ CD	00	01	11	10
00	m_0	m_1	m_3	m_2
01	m_4	m_5	m_7	m_6
11	m_{12}	m_{13}	m_{15}	m_{14}
10	m_8	m_9	m_{11}	m_{10}

图 1-10　四变量卡诺图

2. 用卡诺图表示逻辑函数

因为任何一个逻辑函数都能表示为若干个最小项之和的形式，那么很显然：可以用卡诺图来表示任意一个逻辑函数。

首先将逻辑函数化为最小项之和的形式，然后在卡诺图上与这些最小项相对应的位置上填写 **1**，在其他位置上填写 **0**，这样就得到了表示该逻辑函数的卡诺图。换句话说，任何一个逻辑函数都等于它的卡诺图中填写 **1** 的那些最小项之和。

3. 用卡诺图化简逻辑函数

卡诺图化简的依据就是相邻的最小项均可以合并，以消去多余变量，从而达到化简的目的。一般，两个相邻的最小项可以合并为一项，并消去一对因子，合并后的结果中只包含这两个最小项的公共因子；4 个相邻的最小项排列成一个矩形，可以合并为一项，并消去两对因子，合并后的结果中只包含这 4 个最小项的公共因子……2^n个相邻的最小项排列成一个矩形，可以合并为一项，并消去 n 对因子，合并后的结果中只包含这些最小项的公共因子。

卡诺图化简的步骤如下。

① 将逻辑函数化为最小项之和形式。

② 画出表示该逻辑函数的卡诺图。在卡诺图上与逻辑函数中包含的最小项相对应的位置填入 **1**，其余位置填入 **0**。

③ 合并逻辑函数的最小项。将相邻为 **1** 的最小项画圈合并，合并的原则如下。

a. 只有相邻的 **1** 才能合并。

b. 每个圈中只能包含 2^n个 **1**。

c. **1** 可以重复圈在不同的圈中，但每个圈中必须有未被圈过的 **1**。

d. 圈的范围尽量大，圈的个数尽量少。

④ 将合并化简后的各乘积项进行逻辑加，写出最简**与-或**表达式。

【例 1-4】 用卡诺图法将函数 $Y=\overline{A}\,\overline{C}D+\overline{A}B\,\overline{D}+ABD+A\overline{C}\,\overline{D}$ 化简为最简**与-或**式。

解：（1）将逻辑函数化为最小项之和形式

$$Y=A\overline{B}\,\overline{C}\,\overline{D}+\overline{A}B+\overline{A}\,\overline{B}\,\overline{D}+B\overline{C}+BCD=A\overline{B}\,\overline{C}\,\overline{D}+\overline{A}B\overline{C}\,\overline{D}+\overline{A}B\overline{C}D+\overline{A}BC\overline{D}+\overline{A}BCD+\overline{A}\,\overline{B}\,\overline{C}\,\overline{D}+\overline{A}\,\overline{B}C\overline{D}+AB\overline{C}\,\overline{D}+AB\overline{C}D+ABCD$$

（2）画出逻辑函数的卡诺图。如图 1-11 所示。

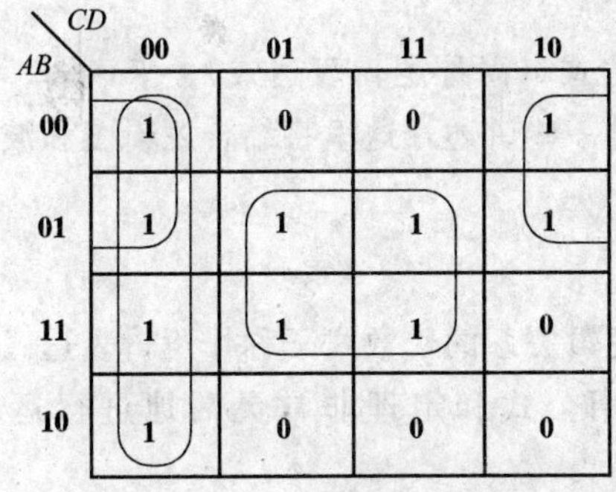

图 1-11 【例 1-4】逻辑函数卡诺图

AB \ CD	00	01	11	10
00	1	1	×	×
01	1	×	×	1
11	0	1	×	0
10	0	1	×	×

图 1-12 【例 1-5】逻辑函数卡诺图

（3）合并逻辑函数的最小项。

（4）写出最简**与-或**表达式。

$$Y=\overline{C}\,\overline{D}+BD+\overline{A}\,\overline{D}$$

4. 具有无关项的逻辑函数化简

在有些逻辑函数中，某些变量取值不允许或不会出现，相应取值所对应的最小项就是无关项。所谓"无关"是指是否将这些最小项写入逻辑函数式都无关紧要，可以写入，也可以删除。在逻辑函数式中用字母 d 表示无关项；在卡诺图中，无关项用×表示。在化简逻辑函数时，既可以认为它是 **1**，也可以认为它是 **0**。

化简具有无关项的逻辑函数时，若能合理地利用这些无关项，一般都可以得到更简单的化简结果。

在用公式进行化简时，可以将无关项加入函数式中，以便使化简结果最简单，其原则是保证加入函数式中的无关项应与函数式中尽可能多的最小项具有逻辑相邻性；在用卡诺图进行化简时，将无关项作为**1**，还是作为**0**来对待，应以得到的相邻最小项矩形组合最大，而且矩形组合数目最少为原则。

【例 1-5】 用卡诺图化简含有无关项的逻辑函数

$$Y=\sum m(0,1,4,6,9,13)+\sum d(2,3,5,7,10,11,15)$$

式中$\sum m(0,1,4,6,9,13)$表示最小项，$\sum d(2,3,5,7,10,11,15)$为无关项。

解：(1) 画出逻辑函数的卡诺图。如图 1-12 所示，最小项填入**1**，无关项填入×，其他填入**0**。

(2) 合并逻辑函数的最小项。将无关项 m_2、m_3、m_5、m_7、m_{11}、m_{15} 看作**1**，m_{10} 看作**0**。

(3) 写出最简**与**-**或**表达式。

$$Y=\overline{A}+D$$

【思考题】

1-5-1 最简**与**-**或**式的标准是什么？

1-5-2 公式化简逻辑函数有哪些方法？

1-5-3 在卡诺图化简法中，合并**1**的原则是什么？

1-5-4 什么是无关项？它在化简逻辑函数时有什么意义？

1.6 逻辑函数的其他描述方法

一般常用来表示逻辑函数的方法有逻辑函数表达式（简称逻辑表达式）、卡诺图、真值表、逻辑图和波形图。前三种在前面章节中虽已做过一些讲述，这里将结合逻辑图和波形图一起再做简单说明。

1.6.1 逻辑表达式

用**与**、**或**、**非**等运算表示函数中各个变量之间逻辑关系的代数式子称作逻辑表达式。

逻辑表达式的优点：书写简单、方便，可以用公式和定理非常灵活地进行运算和变换。

逻辑表达式的缺点：在逻辑函数比较复杂时，很难直接从变量取值看出函数的值。

1.6.2 真值表

把输入逻辑变量各种可能取值与相应输出的函数值以表格的形式一一对应起来，得到的表格就是真值表。当逻辑函数有 n 个变量时，共有 2^n 个不同的组合，一般按 n 位自然二进制数递增的顺序列出，如表 1-4～表 1-11 所示。

真值表的优点：第一，直观明了，输入变量一旦确定，即可从表中查出相应的函数值，所以，在许多数字集成电路手册中，常常都以不同形式的真值表给出器件的逻辑功能；第二，在把一个实际逻辑问题抽象成为数学表达形式时，使用真值表是最为方便的，所以，在数字电路逻辑设计过程中，第一步就是要列出真值表，在分析数字电路逻辑功能时，最后也要列出真值表。

真值表的缺点：一是难以应用逻辑代数的公式和定理进行运算和变换；二是当变量较多时，列真值表会十分繁琐。因此，在许多情况下，为了简单起见，在真值表中只列出使函数值为**1**的输入变量取值。

1.6.3　卡诺图

卡诺图也可以称作真值方格图，是真值表的一种方块图表达形式，只不过是变量取值必须按照循环码的顺序排列而已，其与真值表有严格的一一对应关系。

卡诺图的优点：因为用几何相邻性形象直观地表示了函数各个最小项在逻辑上的相邻性，所以非常方便用来求逻辑函数的最简**与-或**表达式。

卡诺图的缺点：只适用于表示和化简变量个数比较少的逻辑函数，而且不便于用公式和定理进行运算和变换。

1.6.4　逻辑图

逻辑图利用图形符号将函数各变量之间的**与**、**或**、**非**逻辑关系表示出来。逻辑图可以把许多复杂电路的逻辑功能层次分明地表示出来，通常在数字电路设计时，首先要通过逻辑设计画出逻辑图，然后将逻辑图变成实际电路。

例如，$Y=AB+C$ 的逻辑图如图 1-13 所示。

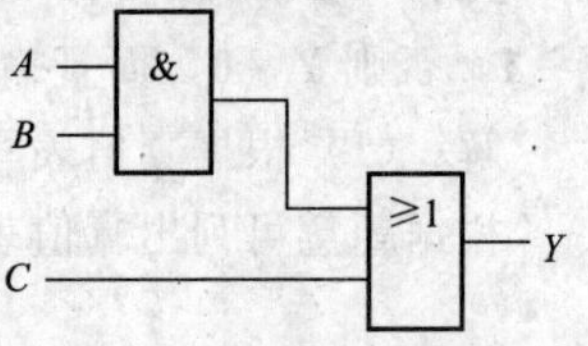

图 1-13　$Y=AB+C$ 的逻辑图

逻辑图与逻辑表达式有着十分简单而准确的对应关系。有了逻辑表达式，就可以画出与之相对应的逻辑图；同样，有了逻辑图就可以写出相对应的逻辑表达式。

逻辑图的特点：首先，逻辑图比较接近工程实际，在实际中，要了解某个数字系统或者数控装置的逻辑功能时，都要用到逻辑图，因为它可以把许多复杂的实际电路的逻辑功能层次分明地表示出来；其次，在制作数字设备时，也要先通过逻辑设计画出逻辑图，然后再把逻辑图变成实际电路。

逻辑图的缺点：其不能用公式和定理进行运算和变换，且所表示的逻辑关系不像真值表和卡诺图那样直观明了。

1.6.5　波形图

波形图也称作时间图，是能反映输出变量和输入变量之间逻辑关系，并随时间按照一定规律变化的图形。根据函数中变量之间的运算关系、真值表或卡诺图中变量取值和函数值的对应关系，都可以对应画出输出变量（函数）随时间变化的波形。

例如，$Y=AB+C$ 的波形图如图 1-14 所示。

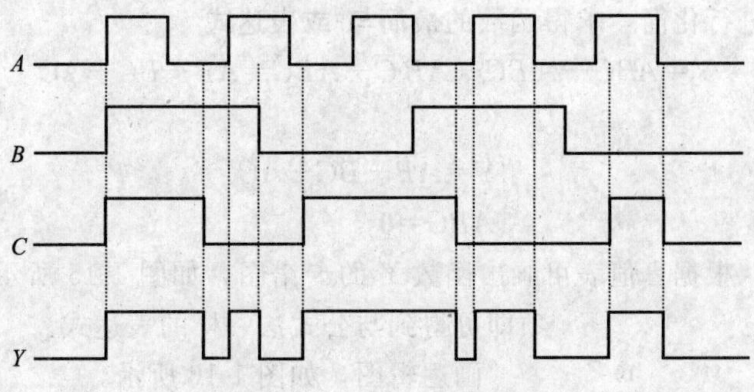

图 1-14　$Y=AB+C$ 的波形图

值得要特别注意的是，波形图的横坐标是时间轴，纵坐标是变量取值。但是由于时间轴相同，变量取值又只有 **1**（高）和 **0**（低）两种可能，所以在图中一般都不标出坐标轴。正因为如此，必须注意：具体画波形时，各波形一定要按如图 1-14 所示的波形那样上下对应起来画。

1.6.6 表示方法之间的转换

尽管五种表示方法各有特点，但在本质上是相通的，可以互相转换。

1. 由真值表到逻辑图的转换

真值表与逻辑图之间的转换是最为重要的转换。这一转换要经过真值表到逻辑表达式，再由逻辑表达式到逻辑图的转换过程。

转换步骤如下。

① 根据真值表写出函数的**与-或**表达式，或者画出函数的卡诺图。

② 用公式法或者图形法进行化简，求出函数的最简**与-或**表达式。

③ 根据逻辑表达式画逻辑图，有时还要对**与-或**表达式做适当变换，才能画出所需要的逻辑图。

【例 1-6】 输出变量 Y 是输入变量 A、B、C 的函数，当 A、B、C 取值中有偶数个 **1** 时 $Y=\mathbf{1}$，否则 $Y=\mathbf{0}$，而且输入变量取值不会出现全取 **1** 的情况。试画出逻辑图。

解：（1）根据真值表写出函数的**与-或**表达式

根据题意可列出真值表，如表 1-20 所示。

表 1-20 【例 1-6】Y 的真值表

A	B	C	Y	
0	**0**	**0**	**0**	
0	**0**	**1**	**0**	
0	**1**	**0**	**0**	
0	**1**	**1**	**1**	$\overline{A}\cdot B\cdot C$
1	**0**	**0**	**0**	
1	**0**	**1**	**1**	$A\cdot\overline{B}\cdot C$
1	**1**	**0**	**1**	$A\cdot B\cdot\overline{C}$
1	**1**	**1**	×	$A\cdot B\cdot C$

写出表达式。将真值表中输出 $Y=\mathbf{1}$ 的输入变量的乘积项相加，输入变量取值不会出现全取 **1** 的情况，即 $ABC=\mathbf{0}$ 为约束条件。

$$\begin{cases}Y=\overline{A}BC+A\overline{B}C+AB\overline{C}\\ ABC=\mathbf{0}\quad\text{（约束条件）}\end{cases}$$

（2）用公式法进行化简，求得函数的最简**与-或**表达式

$$Y=\overline{A}BC+A\overline{B}C+AB\overline{C}+ABC=AB+BC+AC$$

于是得

$$\begin{cases}Y=AB+BC+AC\\ ABC=\mathbf{0}\end{cases}$$

也可用图形法。根据真值表可画出函数 Y 的卡诺图，如图 1-15 所示。合并函数的最小项即可得到与公式法一样的表达式。

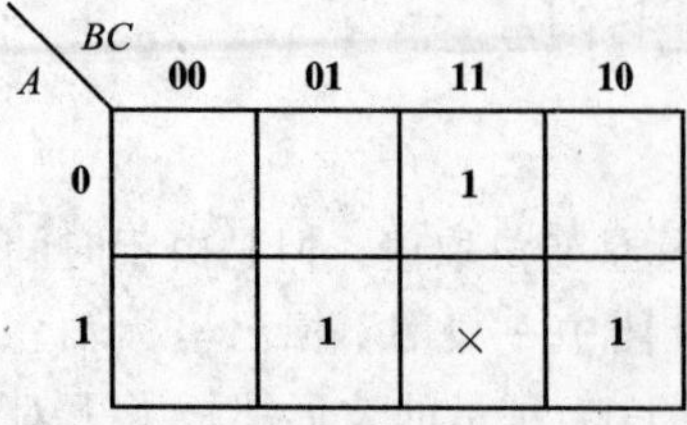

图 1-15 【例 1-6】Y 的卡诺图

画逻辑图，如图 1-16 所示。

2. 由逻辑图到真值表的转换

这一转换要经过逻辑图到逻辑表达式，再由逻辑表达式到真值表的转换过程。转换步骤如下。

① 从输入端到输出端，用逐级推导的方法写出输出变量，即函数的逻辑表达式。

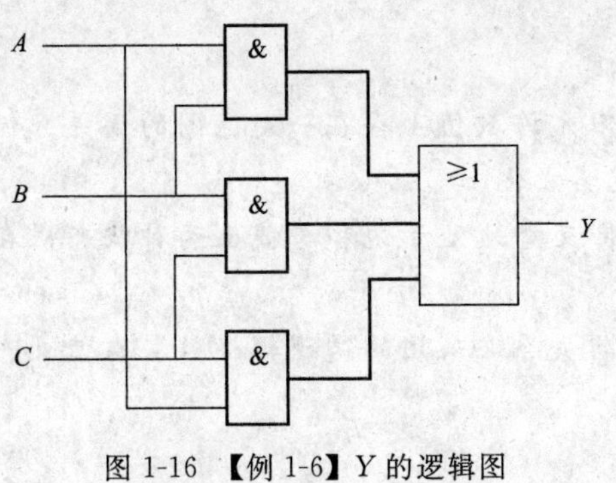

图 1-16　【例 1-6】Y 的逻辑图

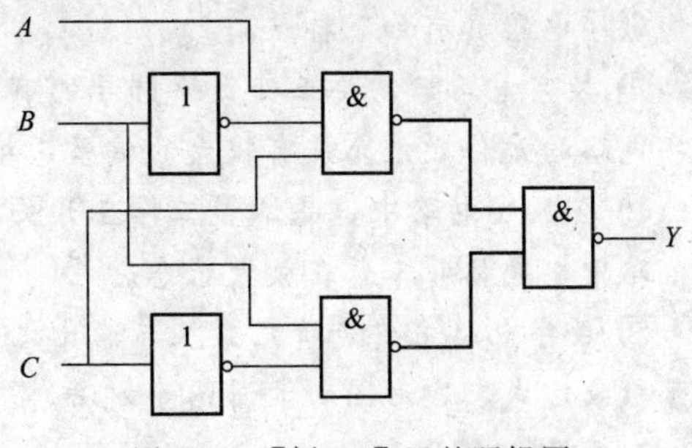

图 1-17　【例 1-7】Y 的逻辑图

② 用公式法或者图形法进行化简，求出函数的最简**与**-**或**表达式。

③ 将各变量的各种可能取值代入**与**-**或**表达式中进行运算，列出函数的真值表。

【例 1-7】　逻辑图如图 1-17 所示，列出输出信号的真值表。

解：(1) 从输入端 A、B、C 开始逐级写出各个图形符号输出端的逻辑表达式，得到函数的表达式：

$$Y=\overline{\overline{A\overline{B}C}\cdot\overline{B\overline{C}}}$$

将该式变换化简后，可得函数的最简**与**-**或**表达式：

$$Y=AC+BC$$

(2) A、B、C 的各种可能取值代入上式中进行运算，列出函数 Y 的真值表，如表 1-21 所示。

表 1-21　【例 1-7】Y 的真值表

A	B	C	Y	A	B	C	Y
0	0	0	0	1	0	0	0
0	0	1	0	1	0	1	1
0	1	0	0	1	1	0	0
0	1	1	1	1	1	1	1

【思考题】

1-6-1　描述逻辑函数有哪些方法？这些方法之间有什么关系？

1-6-2　什么叫逻辑图？试简述根据逻辑函数表达式画逻辑图的方法。

1-6-3　实现一个确定逻辑功能的逻辑电路是不是唯一的？

1-6-4　一个逻辑函数的真值表是不是唯一的？为什么？

本章小结

本章介绍了数字电路的特点、数制和编码；逻辑代数；逻辑函数表达式的形式；逻辑函数化简及逻辑函数的表示方法。主要内容归纳如下。

1. 数字电路的特点

在数字电路中，被传输、加工和处理的是数字信号，这类信号的特点是：在时间上和幅度上都是离散的，是随时间不连续变化的脉冲信号。

数字电路具有如下特点。

① 数字电路只需要正确反映信号的有无，所以允许数值上存在一定范围的误差。组成数字电路的元件数值允许有较大的偏差，特别适宜集成化。

② 在数字电路中，晶体管工作在开关状态，即交替地处于饱和与截止两种状态；在模拟电路中，晶体管工作在放大状态。

③ 数字电路主要是研究输入与输出之间的逻辑关系，采用的是逻辑代数、真值表、逻辑函数表达式、波形图和卡诺图等方法。

2. 数制和编码

用数字量表示物理量的大小时，只用一位数码常常不够用，因而经常需要采用进位计数的方法组成多位数码使用。将多位数码中每一位的构成方法以及从低位到高位的进位规则称为数制。

数字电路采用的是二进制，只用**1**和**0**两个数表示。为了使读写方便，计算机汇编语言中经常采用十六进制来描述数据。

为了记忆和处理方便，在编制代码时应遵循一定的规则，这些规则就叫做码制。

用四位二进制代码来表示一位十进制数的0～9这十个状态的编码称为BCD码（Binary Coded Decimal）。也就是说BCD码是用四位二进制数来表示一个十进制数的。常见的BCD码有8421码、余3码、2421码等。

8421码是一种最常见的BCD码，它的四位二进制数各位的权从左至右依次为8、4、2、1。

3. 逻辑代数

逻辑代数是描述客观事物逻辑关系的数学方法。逻辑代数中也用字母表示变量，这种变量称为逻辑变量。在二值逻辑中，每个逻辑变量的取值只有**0**和**1**两种可能，代表两种不同的逻辑状态。

与、**或**、**非**既是三种基本逻辑关系，也是三种基本逻辑运算，**与非**、**或非**、**与或非**、**异或**则是由三种基本逻辑运算复合而成的常用逻辑运算。

4. 逻辑函数表达式的形式

逻辑函数表达式的形式虽然多种多样，但是主要分为一般形式和标准形式两大类。最常见的逻辑函数表达式的一般形式有五种：**与-或**表达式、**或-与**表达式、**与-或-非**表达式、**与非-与非**表达式和**或非-或非**表达式。逻辑函数的标准形式有两种：逻辑函数的最小项之和形式和最大项之积形式。

在n变量逻辑函数中，若m是一个包含所有n个因子的乘积项，且每一个变量均以原变量或反变量的形式在m中出现一次，则称m为该组变量中的最小项。最小项的性质：①对于任意输入变量的取值，只有一个最小项值为**1**，其他均为**0**；②任意两个最小项之积为**0**；③全体最小项之和为**1**；④具有相邻性的两个最小项之和可以合并成一项，以消去一对因子。

在n变量逻辑函数中，若M是一个包含所有n个因子的和项，且每一个变量均以原变量或反变量的形式在M中出现一次，则称M为该组变量中的最大项。最大项的性质：①对于输入变量的任意取值，只有一个最大项值为**0**，其他均为**1**；②任意两个最大项之和为**1**；③全体最大项之积为**0**；④只有一个变量不同的两个最大项的乘积等于各相同变量之和。

在变量个数相同的条件下，编号下标相同的最小项和最大项互为反函数，即 $m_i=\overline{M_i}$ 或 $M_i=\overline{m_i}$。

5. 逻辑函数的化简

函数表达式的两种化简方法：公式法和卡诺图法。公式法的优点是不受任何条件的限制，比较灵活，但要求熟练和灵活运用逻辑代数的基本公式和定理。卡诺图法简单直观，容易将逻辑函数化到最简，但是当逻辑变量较多时，没有实用价值。

6. 逻辑函数的表示方法

一般常用来表示逻辑函数的方法有逻辑函数表达式（简称逻辑表达式）、卡诺图、真值表、逻辑图和波形图。这五种方法各有特点，但在本质上是相通的，它们之间可以相互转换，应根据具体情况，选择一种最适当的方法。

习　题　1

1-1　试将下列二进制数转换为十进制数和十六进制数：

（1）$(\mathbf{10010111})_2$；（2）$(\mathbf{1101101})_2$；（3）$(\mathbf{0.01011111})_2$；（4）$(\mathbf{11.001})_2$。

1-2　试将下列十进制数转换成二进制数和十六进制：

（1）$(37)_{10}$；（2）$(51)_{10}$；（3）$(0.39)_{10}$；（4）$(25.7)_{10}$。

1-3　试将下列十六进制转换成二进制数和十进制数：

（1）$(2A)_{16}$；（2）$(10)_{16}$；（3）$(8F.FC)_{16}$；（4）$(1D.36)_{16}$。

1-4　试用公式和定理证明下列等式：

（1）$A\ (B\oplus C)=AB\oplus AC$；

（2）$A\oplus B=\overline{A}\oplus\overline{B}$；

（3）$AB+BC+AC=\ (A+B)\ (B+C)\ (A+C)$；

（4）$\overline{A\overline{C}+\overline{A}C+B\overline{D}+\overline{B}D}=\overline{A}\overline{B}\,\overline{C}\,\overline{D}+\overline{A}\overline{B}\,\overline{C}D+A\overline{B}\overline{C}\,\overline{D}+ABCD$；

（5）$A\overline{B}+\overline{A}B+BC=A\overline{B}+AC+\overline{A}B$；

（6）$AB(C+D)+D+\overline{D}(A+B)(\overline{B}+\overline{C})=A+B\overline{C}+D$。

1-5　试分别写出下列函数的反函数 $\overline{Y}$ 和对偶式 Y'：

（1）$Y=A\cdot\overline{B+\overline{\overline{D}}}+(AC+BD)E$；

（2）$Y=\overline{\overline{AB}+ABC}(A+BC)$；

（3）$Y=\ (A+\overline{B})\ \overline{C+\overline{\overline{D}}}$；

（4）$Y=A\oplus B\oplus C$。

1-6　试用公式法将下列函数化为最简**与-或**式：

（1）$Y=ABC+\overline{A}B+AB\overline{C}$；

（2）$Y=\overline{AB}+AC+BD$；

（3）$Y=A\overline{B}+\overline{A}B+B\overline{C}+\overline{B}C$；

（4）$Y=AD+A\overline{D}+AB+\overline{A}C+BD+ACEF+\overline{B}E+DEF$；

（5）$Y=AB\overline{C}+\overline{ABC}\cdot\overline{AB}$；

(6) $Y=A+\overline{\overline{B}+\overline{CD}}+\overline{\overline{AD}\cdot\overline{B}}$。

1-7 试用卡诺图法将下列函数化为最简**与**-**或**式：

(1) $Y=\overline{A}\,\overline{B}+AC+\overline{B}C$；

(2) $Y=ABC+ABD+\overline{C}\,\overline{D}+A\,\overline{B}C+\overline{A}C\,\overline{D}+A\,\overline{C}D$；

(3) $Y=F\ (A,B,C,D)=\sum m(0,1,2,3,4,9,10,12,13,14,15)$；

(4) $Y=F\ (A,B,C,D)=\sum m(0,4,6,8,10,12,14)$；

(5) $Y=F\ (A,B,C,D)=\sum m(3,5,6,7,10)+\sum d(0,1,2,4,8)$；

(6) $Y=F\ (A,B,C,D)=\sum m(2,3,7,8,11,14)+\sum d(0,5,10,15)$。

1-8 试画出用**与非**门和**非**门实现下列函数的逻辑图：

(1) $Y=AB+\overline{A}C$；

(2) $Y=\overline{A}\,\overline{C}D+\overline{A}BC+ACD+AB\,\overline{C}$；

(3) $Y=\overline{A\,\overline{B}+\overline{A}B}$；

(4) $Y=A\,\overline{BC}+\overline{A\,\overline{\overline{B}}+\overline{A}\,\overline{B}+BC}$。

1-9 试根据下列逻辑图（图 1-18），列出输出函数真值表：

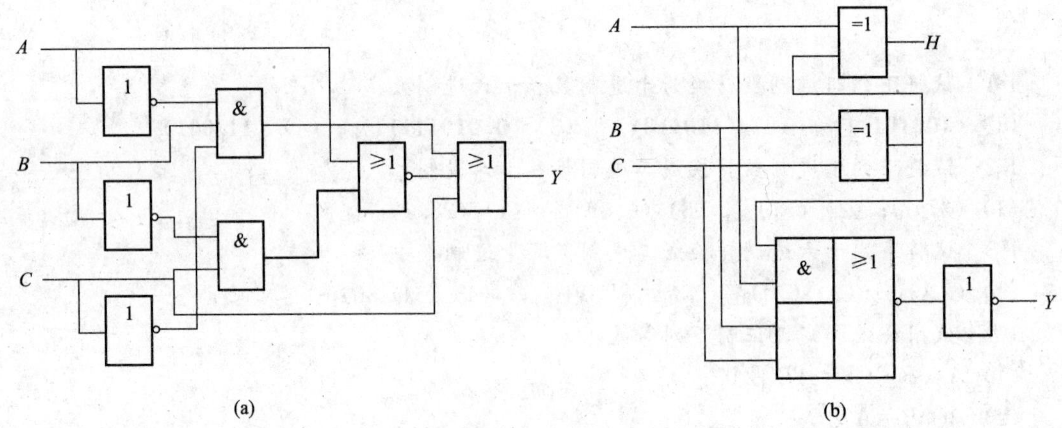

图 1-18 习题 1-9 图

1-10 试根据表 1-22 和表 1-23，画出用**与非**门和**非**门实现下列函数的逻辑图：

表 1-22 习题 1-10 的真值表（a）

A	B	C	Y
0	0	0	0
0	0	1	1
0	1	0	1
0	1	1	0
1	0	0	1
1	0	1	0
1	1	0	0
1	1	1	1

表 1-23 习题 1-10 的真值表（b）

A	B	C	Y
0	0	0	0
0	0	1	0
0	1	0	0
0	1	1	1
1	0	0	0
1	0	1	1
1	1	0	1
1	1	1	1

第 2 章　逻辑门电路

【内容提要】

数字电路的基本逻辑单元——门电路就是用来实现基本逻辑运算和复合逻辑运算的单元电路。基本逻辑门电路是指**与**、**或**、**非**这三种逻辑门电路，而数字逻辑电路中的所有其他门电路都可以由这三种电路组合而成。

本章将首先介绍分立元件门电路的组成和工作原理，然后重点介绍目前应用广泛的TTL 门电路的结构、工作原理及应用时的注意事项等，最后介绍 CMOS 门电路有关内容。

2.1　概　　述

用来实现基本逻辑运算和复合逻辑运算的单元电路称为门电路，如具有单一逻辑功能的**与**门、**或**门、**非**门，称为基本门电路；具有复合逻辑功能的**与非**门、**或非**门、**与或非**门及**异或**门。而由分立的半导体二极管、三极管或 MOS 管以及电阻等元器件和导线构成的门电路称作分立元件门电路。

在电子电路中，往往用高、低电平表示二值逻辑的 **1** 和 **0** 两种逻辑状态。高、低电平是两种状态，是两个不同的、可以截然区分开的电压范围。一般高电平是指 2.4～5V 范围内的电压，用 V_H 表示；而低电平是指 0～0.8V 范围内的电压，用 V_L 表示。正因为如此，在数字电路中，无论是对元器件参数精度的要求，还是对供电电源稳定度的要求，都比模拟电路要低一些。

如果以输出高电平表示逻辑 **1**，低电平表示逻辑 **0**，就称这种表示方法为正逻辑；反之，以输出高电平表示逻辑 **0**，低电平表示逻辑 **1**，则称这种表示方法为负逻辑。如不特殊说明，本书中使用的都是正逻辑。

2.2　分立元件门电路

2.2.1　二极管门电路

1. 二极管的特性

（1）二极管的结构示意图和符号　二极管是由 PN 结加外壳和电极引线构成的。它是一种具有一结、两层及两端的器件，一结指的是其内部只有一个 PN 结；两层指的是 P 型层和 N 型层；两端指的就是两个引出端，即阳极（由 P 型层引出）和阴极（由 N 型层引出）。二极管的结构示意图和符号如图 2-1 所示。

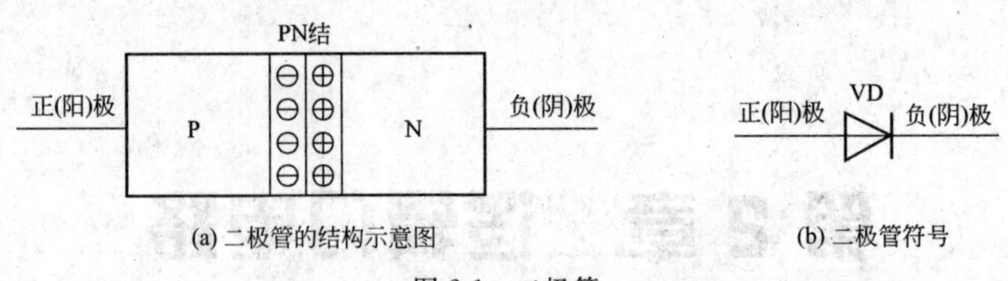

(a) 二极管的结构示意图　　(b) 二极管符号

图 2-1　二极管

（2）二极管的伏安特性　加在二极管两电极间的电压 U 与流过二极管的电流 I 之间的对应关系称为二极管的伏安特性。伏安特性可以用伏安特性曲线表示，硅二极管的伏安特性如图 2-2 所示。

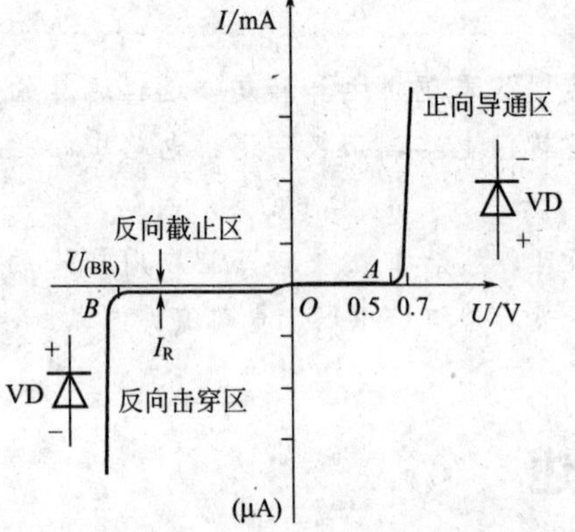

图 2-2　硅二极管的伏安特性

特性曲线可分为三部分。外加正向电压，即二极管正偏时的特性称为正向特性（第一象限部分）。此时二极管处于正向导通区。但事实上，当外加正向电压 $0\text{V}<U<0.5\text{V}$（OA 段）时，二极管并未导通，而是工作在死区，处于截止状态。只有在外加正向电压 $U>0.5\text{V}$ 以后，二极管才导通，而且在 $U>0.7\text{V}$ 以后，二极管的正向电流 I 在很大范围内变化，二极管的导通电压 U_D 却基本不变。

外加反向电压，即二极管反偏，且反向电压的值小于 $U_{(BR)}$ 时的特性称为反向特性（第三象限 OB 段）。在反向电压下，反向电流 I_R 的值很小（μA 级），且几乎不随电压的增加而增大，此电流值被叫做反向饱和电流。此时二极管呈现很高的电阻，近似处于截止状态。

外加反向电压，且反向电压的值大于 $U_{(BR)}$ 时的特性称为反向击穿特性（第三象限 B 点以后曲线）。当外加反向电压 U 的大小超过一定值——$U_{(BR)}$（反向击穿电压）后，反向电流 I_R 急剧增大，二极管失去单向导电性，这种现象称为二极管的反向击穿。若不限制反向电流 I_R 的数值，二极管将会因过热击穿而损坏。普通二极管不允许工作在反向击穿区。

（3）二极管的开关特性　半导体二极管最显著的特点就是具有单向导电性，外加正向电压时二极管导通；外加反向电压时二极管截止，所以可以将它等效成一个受外加电压极性控制的开关。

在如图 2-3(a) 所示的二极管开关电路中，设输入电压为 u_I，其高电平为 $V_{IH}=3.5\text{V}$，

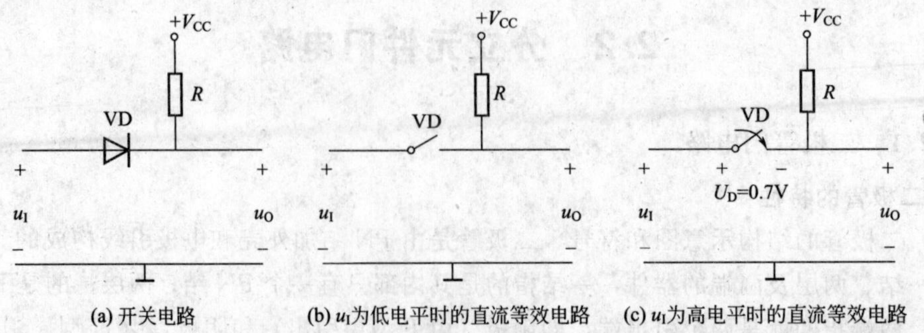

(a) 开关电路　(b) u_I为低电平时的直流等效电路　(c) u_I为高电平时的直流等效电路

图 2-3　二极管开关电路及直流等效电路

低电平 $V_{IL}=0V$；$V_{CC}=1V$。

当 $u_I=V_{IL}=0V$ 时，由于反向电流很小，可以认为 $I_R=0$，于是二极管就如同一个断开了的开关，其直流等效电路如图 2-3(b) 所示。因此 $u_O=V_{OL}=V_{CC}=1V$，即输出电压为低电平。

当 $u_I=V_{IH}=3.5V$ 时，二极管 VD 正偏，工作在正向导通区，其导通压降 $U_D\approx0.7V$，此时二极管就如同一个闭合了的，但具有 0.7V 压降的开关，其直流等效电路如图 2-3(c) 所示。因此 $u_O=V_{OH}=V_{IH}-U_D=(3.5-0.7)V=2.8V$，即输出电压为高电平。

通过对最简单的开关电路分析可以看出，用输入信号的高、低电平可以控制二极管的开关状态，从而可以在输出端得到相应的高、低电平输出信号。

综上所述，硅二极管具有如下静态开关特性。

① 导通条件及导通时的特点。当外加正向电压 $U>0.7V$ 时，二极管导通，而且其一旦导通之后，就可以近似地认为 $U_D\approx0.7V$ 不变。此时二极管就如同一个具有 0.7V 压降的闭合了的开关。在如图 2-3 所示电路中，若 $u_I\gg U_D$，就可以近似地认为 $u_O=V_{OH}\approx V_{IH}=3.5V$，即忽略二极管导通压降。

② 截止条件及截止时的特点。当外加正向电压 $U<0.5V$ 时，二极管截止，而且其一旦截止之后，就可以近似地认为 $I_D\approx0$，就如同一个断开了的开关。

在掌握二极管的开关特性之后，如果进一步用二值逻辑的 **1** 和 **0** 分别表示输入端、输出端的高、低电平，那么就可以得到由二极管所构成的最简单的门电路。

2. 二极管与门

二极管**与**门电路及逻辑符号如图 2-4 所示。设输入端高电平 $V_{IH}=3V$，低电平 $V_{IL}=0V$；二极管的正向压降 $U_D=0.7V$。

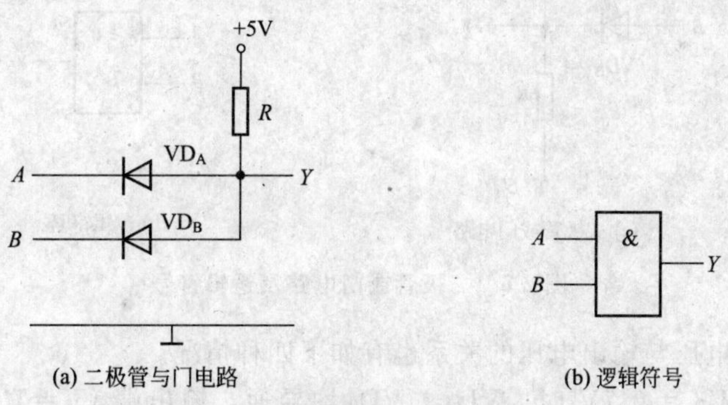

(a) 二极管与门电路　　(b) 逻辑符号

图 2-4　二极管**与**门电路及逻辑符号

该电路的输入电压与输出电压的关系如下。

① $V_A=V_B=V_{IL}=0V$ 时，VD_A、VD_B 均导通，输出端 $V_Y=U_D+V_A=0.7V$，为低电平。

② $V_A=V_{IL}=0V$，$V_B=V_{IH}=3V$ 时，VD_A 先导通，而后 VD_B 因承受反向电压而截止，输出端 $V_Y=U_D+V_A=0.7V$，为低电平。

③ $V_A=V_{IH}=3V$，$V_B=V_{IL}=0V$ 时，VD_B 先导通，而后 VD_A 因承受反向电压而截止，输出端 $V_Y=U_D+V_B=0.7V$，为低电平。

④ $V_A=V_B=V_{IH}=3V$ 时，VD_A、VD_B 均导通，输出端 $V_Y=U_D+V_A=3.7V$，为高电平。

可见，只有当输入端 A、B 均为高电平（3V）时，输出端 Y 才为高电平（3.7V），否则输出端 Y 为低电平（0.7V）。

上述输出与输入逻辑电平的关系如表 2-1 所示。若将输入逻辑变量分别用 A、B 表示，输出逻辑变量用 Y 表示；用逻辑 **1** 状态和逻辑 **0** 状态分别表示高电平、低电平，可将表 2-1 改写成如表 2-2 所示的真值表。

表 2-1　二极管与门输入输出电平关系

输入		输出
V_A	V_B	V_Y
0V	0V	0.7V
0V	3V	0.7V
3V	0V	0.7V
3V	3V	3.7V

表 2-2　二极管与门真值表

输入		输出
A	B	Y
0	**0**	**0**
0	**1**	**0**
1	**0**	**0**
1	**1**	**1**

由表 2-2 可得 Y 和 A、B 是**与**逻辑关系，即 $Y=AB$，所以该电路称为二极管**与**门电路。

与门可以有多个输入端，只有当所有输入端均为高电平（逻辑 **1**）时，输出才为高电平（逻辑 **1**）；否则只要有一个输入为低电平（逻辑 **0**），输出即为低电平（逻辑 **0**）。

3. 二极管或门

二极管**或**门电路及逻辑符号如图 2-5 所示。设输入端高电平 $V_{IH}=3.5V$，低电平 $V_{IL}=0.7V$；二极管的正向压降 $U_D=0.7V$。

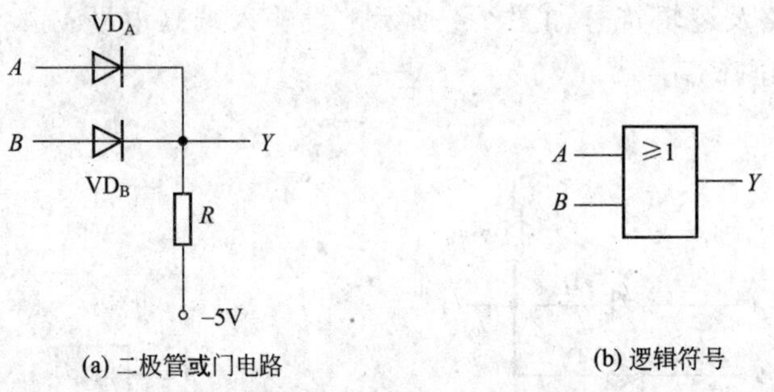

(a) 二极管或门电路　　(b) 逻辑符号

图 2-5　二极管或门电路及逻辑符号

该电路的输入电压与输出电压的关系也有如下四种情况。

① $V_A=V_B=V_{IL}=0.7V$ 时。VD_A、VD_B 均导通，输出端 $V_Y=V_A-U_D=0V$，为低电平。

② $V_A=V_{IL}=0.7V$，$V_B=V_{IH}=3.5V$ 时。VD_B 导通，VD_A 反向偏置截止，输出端 $V_Y=V_B-U_D=2.8V$，为高电平。

③ $V_A=V_{IH}=3.5V$，$V_B=V_{IL}=0.7V$ 时。VD_A 导通，VD_B 反向偏置截止，输出端 $V_Y=V_A-U_D=2.8V$，为高电平。

④ $V_A=V_B=V_{IH}=3.5V$ 时。VD_A、VD_B 均导通，输出端 $V_Y=V_A-U_D=2.8V$，为高电平。

可见 A、B 当中只要有一个是高电平（逻辑 **1**），输出就是高电平（逻辑 **1**）；而只有 A、B 同时为低电平（逻辑 **0**）时，输出才是低电平（逻辑 **0**）。

通过以上分析可得出输出与输入逻辑电平的关系如表 2-3 所示，真值表如表 2-4 所示。

表 2-3　二极管或门输入输出电平关系

输入		输出
V_A	V_B	V_Y
0.7V	0.7V	0V
0.7V	3.5V	2.8V
3.5V	0.7V	2.8V
3.5V	3.5V	2.8V

表 2-4　二极管或门真值表

输入		输出
A	B	Y
0	**0**	**0**
0	**1**	**1**
1	**0**	**1**
1	**1**	**1**

显然，Y 和 A、B 是**或**逻辑关系，即 $Y=A+B$，所以该电路称为**或**门电路。

或门也可以有多个输入端，只有当所有输入端均为低电平，即逻辑 **0** 时，输出才为低电平，即逻辑 **0**；只要有一个输入为高电平（逻辑 **1**），输出即为高电平（逻辑 **1**）。

2.2.2　三极管反相器

1. 三极管的特性

（1）三极管的结构示意图和符号　双极型晶体管又称晶体三极管、半导体三极管等，简称三极管。三极管是一种具有电流放大功能的电子器件，由两个背靠背的 PN 结反向连接组成，因为在工作时有电子和空穴两种载流子参与导电过程，所以将这类三极管称为双极型三极管。

双极型三极管由管芯、三个引出电极以及外壳组成，管芯由三层 P 型和 N 型半导体结合在一起构成，分为 NPN 型和 PNP 型两种，它们的结构和符号分别如图 2-6、图 2-7 所示。

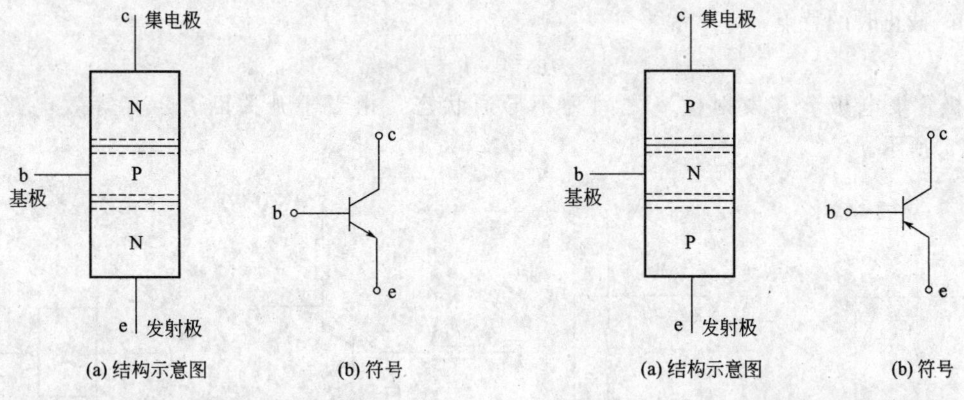

图 2-6　NPN 型三极管的结构和符号　　图 2-7　PNP 型三极管的结构和符号

（2）三极管的输入特性　在如图 2-8 所示的共发射极电路中，以基极 b 和发射极 e 之间的发射结作为输入回路，以集电极 c 和发射极 e 之间的回路作为输出回路。在输入回路中可以测出表示输入电压 u_{BE} 和输入电流 i_B 之间关系的特性曲线，如图 2-9 所示。这一曲线称为输入特性曲线，即

$$i_B=f(u_{BE})\big|_{u_{CE}=\text{常数}}$$

由图 2-9 可见，这个曲线近似于指数曲线。为了简化分析计算，经常采用图中虚线所示的折线来近似。图中的 U_{ON} 称为开启电压或阈值电压。硅管的 U_{ON} 为 0.5～0.7V，锗管的 U_{ON} 为 0.2～0.3V。

（3）三极管的输出特性　在共射极电路的输入回路中，可测出在不同 i_B 值下，表示集电极电流 i_C 和集电极电压 u_{CE} 之间关系的曲线，如图 2-10 所示。这一曲线称为输出特性曲线，即：

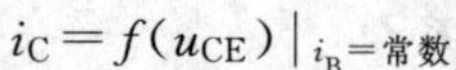

$$i_C = f(u_{CE})\big|_{i_B=\text{常数}}$$

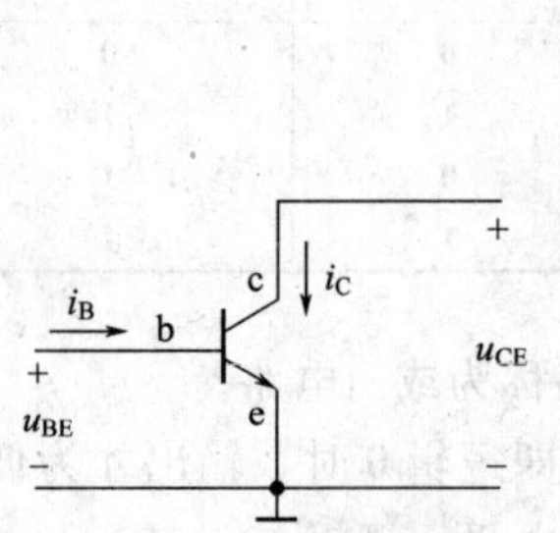

图 2-8　三极管共射极电路

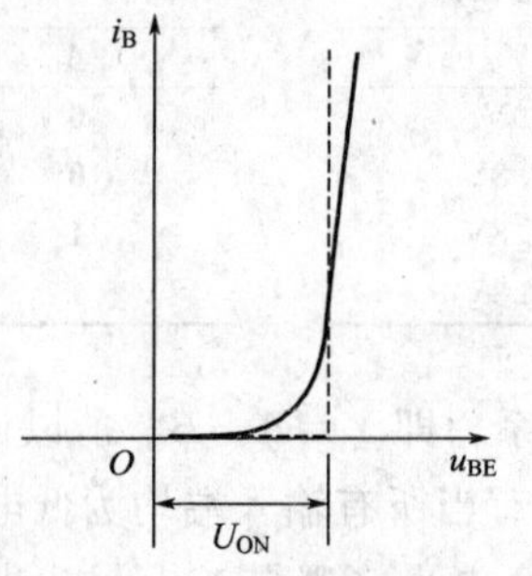

图 2-9　三极管输入特性曲线

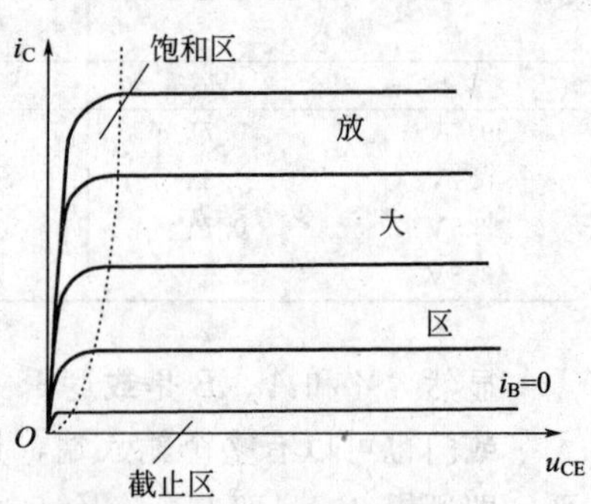

图 2-10　三极管输出特性曲线

由图 2-10 中可以看出，三极管输出特性曲线可以分为三个区域：放大区、饱和区、截止区。在数字电路中，三极管不是工作在截止区，就是工作在饱和区，而放大区仅仅是一种转瞬即逝的工作状态。

(4) 三极管的开关特性　三极管的开关特性正是利用了三极管的截止与饱和特性。

① 三极管的截止条件和截止时的特点。

a. 截止条件。当三极管发射结外加电压小于开启电压，即：

$$u_{BE} < U_{ON}$$

时，三极管处于截止状态。

b. 截止时的特点。

$$i_B = 0,\ i_C = 0$$

即三极管集电极 c 和发射极 e 之间为不导通状态，相当于开关断开，其等效电路如图 2-11(a)所示。

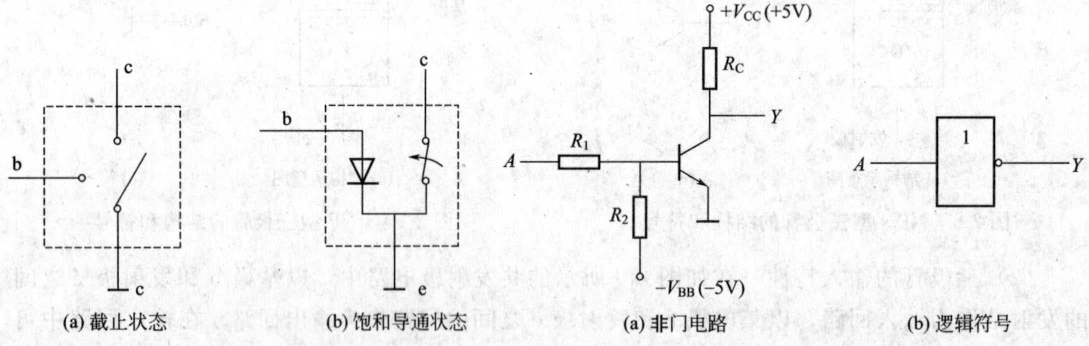

图 2-11　三极管的开关等效电路　　图 2-12　三极管非门电路及逻辑符号

② 三极管的饱和导通条件和饱和时的特点。

a. 饱和导通条件。当三极管基极电流 i_B 大于其临界饱和时的数值 I_{BS}，即：

$$i_B > I_{BS} \approx \frac{V_{CC}}{\beta R_C}$$

时，三极管即处于饱和导通状态，失去电流放大作用。

b. 饱和导通时的特点。

$$u_{BE} = 0.7\text{V},\ u_{CE} = U_{CE(sat)} \leqslant 0.3\text{V}$$

由输出特性可看出，此时尽管电流 i_C 的变化可以很大，但 u_{CE} 的变化却非常小；当进入深度饱和时，无论 i_C 怎样变化，u_{CE} 几乎不变，此时三极管集电极 c 和发射极 e 之间相当于开关闭合，其等效电路如图 2-11(b) 所示。

2. 三极管非门

非门又称为反相器，是一种能够实现“非”运算的逻辑电路。三极管非门电路及逻辑符号如图 2-12 所示。

在数字电路中，三极管工作在饱和或截止状态，而非放大状态。设输入端高电平 $V_{IH}=3V$，低电平 $V_{IL}=0V$。如图 2-12(a) 所示电路的输入电压与输出电压的关系如下。

① $V_A=V_{IH}=3V$ 时，若适当选取 R_1、R_2 的值，可使三极管饱和导通，则集电极输出 $V_Y=U_{CE(sat)}=0.3V$，为低电平。

② $V_A=V_{IL}=0V$ 时，三极管基极电位 $V_B<0V$，即使得三极管因发射结外加电压 $u_{BE}<0$ 而截止，于是 $i_B=0$，$i_C=0$，所以集电极输出 $V_Y=+V_{CC}=5V$，为高电平。

由上述分析可得，当输入为高电平时，输出为低电平；当输入为低电平时，输出为高电平。

输出与输入逻辑电平的关系如表 2-5 所示，其真值表如表 2-6 所示。

表 2-5　三极管非门输入输出电平关系

输入	输出
V_A	V_Y
0V	5V
3V	0.3V

表 2-6　三极管非门真值表

输入	输出
A	Y
0	1
1	0

显然，输出电平和输入电平之间是反相关系，即 Y 和 A 是非逻辑关系，亦即 $Y=\overline{A}$，所以将此电路称为三极管非门或反相器。

为使输入低电平时三极管能够可靠截止，电路中 R_1、R_2 及负载电源应选择适当参数。由电路可知，由于接入了电阻 R_2 及 V_{BB}，即使输入的低电平信号稍大于零，也能使三极管的基极为负电位，从而使三极管能可靠地截止，保证输出为高电平。

【思考题】

2-2-1　二极管为什么可以作为开关使用?

2-2-2　三极管的饱和条件和截止条件是什么?

2-2-3　三极管反相器的工作原理是什么?

2.3　TTL 集成门电路

集成电路（Integrated Circuit，IC）将构成电路的所有元件和连线都制作在同一块半导体基片（芯片）上，再封装起来。由于集成电路体积小、重量轻、可靠性好，所以在大多数领域里迅速取代了分立元件。

TTL 集成门电路因其输入级和输出级都采用晶体三极管而得名，也叫晶体管-晶体管逻辑电路（Transistor- Transistor-Logic，TTL）。

2.3.1　TTL 反相器

1. 电路结构

TTL 门电路由三极管和电阻等器件组成，其中反相器是 TTL 门电路中结构最简单的一种。74 系列 TTL 反相器的典型电路及逻辑符号如图 2-13 所示。电路由三部分组成。

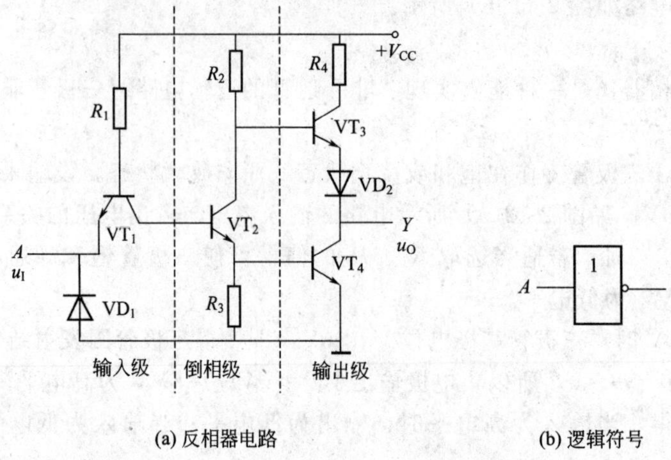

(a) 反相器电路　　　　(b) 逻辑符号

图 2-13　TTL 反相器的典型电路及逻辑符号

① 输入级。由 VT_1、R_1 和 VD_1 组成。VD_1 是输入端钳位二极管，它既可以抑制输入端可能出现的负极性干扰脉冲，又可以防止输入电压为负时 VT_1 的发射极电流过大，起到保护作用。

② 中间级。又称倒相级，由 VT_2、R_2 和 R_3 组成。VT_2 集电极输出驱动 VT_3，发射极输出驱动 VT_4。

③ 输出级。由 VT_3、VT_4、R_4 和 VD_2 组成。VD_2 是为了确保 VT_4 饱和导通时 VT_3 能可靠地截止而设置的。

2. 工作原理

根据三极管工作原理，当三极管 b、e 间的外加电压大于 PN 结的阈值电压时，三极管导通；反之三极管截止。

如图 2-13 所示电路中，设电源电压 $V_{CC}=+5V$，输入信号的高、低电平分别为 $V_{IH}=3.6V$，$V_{IL}=0.3V$，三极管 PN 结的结电压为 0.7V，二极管导通电压为 0.7V。

① 当 $V_A=V_{IH}=3.6V$ 时，如果不考虑 VT_2 的存在，则应有 $V_{B1}=U_{BE1}+V_{IH}=4.3V$。显然，若 VT_2、VT_4 存在，此时 VT_2、VT_4 必然同时导通，而 VT_2、VT_4 一旦导通，VT_1 的基极电位 V_{B1} 便被钳在 2.1V，即 $V_{B1}=U_{BC1}+U_{BE2}+U_{BE4}=2.1V$，所以，$V_{B1}$ 实际上不可能等于 4.3V，只能是 2.1V 左右。VT_2 的导通使 V_{C2} 降低而 V_{E2} 升高，从而导致 VT_3 截止、VT_4 饱和导通，所以输出为低电平，即

$$u_O=V_{OL}=U_{CE4}=U_{CE(sat)}=0.3V$$

② 当 $V_A=V_{IL}=0.3V$ 时，VT_1 导通，$V_{B1}=U_{BE1}+V_{IL}=1V$。显然，VT_2 的发射结所承受的正向电压不会大于其阈值电压，即 $U_{BE2}<0.5V$，所以 VT_2 截止。而 VT_2 一旦截止，$i_{C2}\approx 0$，$i_{E2}\approx 0$，V_{C2} 升高而 V_{E2} 降低，从而导致 VT_3 饱和导通、VT_4 截止，所以输出为高电平，即

$$u_O=V_{OH}=V_{B3}-U_{BE3}-U_D$$

而 $V_{B3}=V_{CC}-i_{B3}R_2\approx V_{CC}=5V$，所以

$$u_O=V_{OH}=3.6V$$

由以上分析可得输出与输入之间是反相关系，即 $Y=\overline{A}$。

由于 VT_2 集电极输出的电压信号和发射极输出的电压信号变化方向相反，所以这一级又称为倒相级。输出级的工作特点是：在稳定状态下 VT_3 和 VT_4 总是一个导通而另一个截止，这就有效地降低了输出级的静态功耗，并提高了驱动负载的能力。

3. TTL 反相器的特性及相关参数

要正确地选择和使用门电路，就必须掌握门电路的特性及反映门电路性能的相关参数。

(1) 电压传输特性　电压传输特性是指输出电压 u_O 随输入电压 u_I 变化的关系曲线。TTL 反相器的电压传输特性曲线如图 2-14 所示。

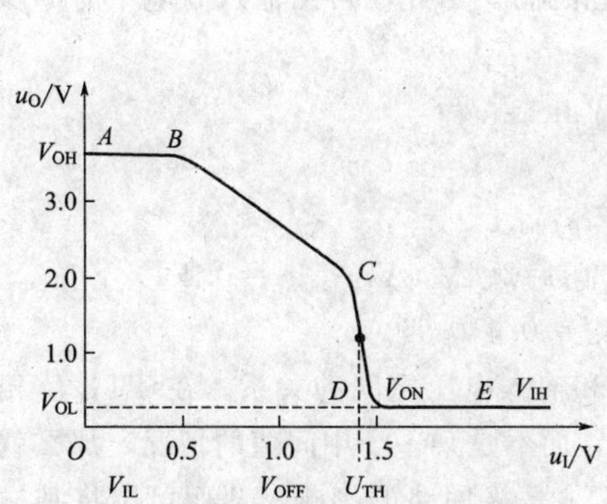

图 2-14　TTL 反相器的电压传输特性曲线

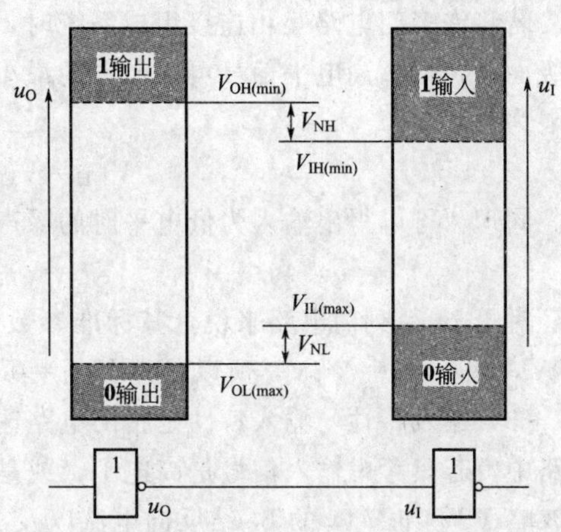

图 2-15　输入端噪声容限定义的示意图

AB 段：$u_I<0.5V$，$V_{B1}<1.3V$，VT_2、VT_4 均截止，VT_3、VD_2 均导通，输出电压 $u_O=V_{OH}=3.6V$，为高电平，且不随输入电压 u_I 的变化而变化，此段称为传输特性曲线的**截止区**。

BC 段：$0.6V<u_I<1.3V$，V_{B1} 升高，VT_2 导通且工作在放大区，但 VT_4 仍截止，输出电压 u_O 随输入电压 u_I 的增加而线性减少，此段称为传输特性曲线的**线性区**。

CD 段：当输入电压 u_I 增加到接近 1.4V，并继续增加时，VT_4 也开始导通，即 VT_2 和 VT_4 同时导通，VT_3 截止，u_O 迅速下降，此段称为传输特性曲线的**转折区**。

DE 段：特性曲线经过转折区后，输入电压 u_I 大于 1.4V，且继续升高时，u_O 保持在低电平不再变化，VT_2、VT_4 均饱和导通，VT_3、VD_2 均截止，此段称为传输特性曲线的**饱和区**。

电压传输特性常用参数如下。

① 输出电压高电平 V_{OH}。是指对应于传输特性曲线截止区的输出电压值。

② 输出电压低电平 V_{OL}。是指对应于传输特性曲线饱和区的输出电压值。

③ 阈值电压 U_{TH}。是指转折区中点对应的输入电压，即决定电路截止和导通的分界线，也是决定输出高、低电压的分界线，又称为门槛电压或门限电压。

④ 关门电平 V_{OFF}。是指在保证输出为额定高电平的条件下，所允许的最大输入低电平值。

⑤ 开门电平 V_{ON}。是指在保证输出为额定低电平的条件下，所允许的最小输入高电平值。

(2) 输入端噪声容限　从前面介绍的电压传输特性曲线可以得到，当输入信号受到干扰而偏离正常的低电平而升高，或者偏离正常的高电平而降低时，对应输出的高电平或低电平不会立刻发生改变。因此，允许输入的高、低电平信号各有一定的波动范围。所谓输入端噪声容限，就是指在保证输出高、低电平基本不变（或者变化的大小不超过允许限度）的条件下，输入电平所允许的波动范围。

输入端噪声容限定义的示意图如图 2-15 所示。为了正确区分 **1** 和 **0** 这两个逻辑状态，首先规定了输出高电平的下限 $V_{OH(min)}$ 和输出低电平的上限 $V_{OL(max)}$。然后，可以根据 $V_{OH(min)}$，从电压传输特性上定出输入低电平的上限 $V_{IL(max)}$；根据 $V_{OL(max)}$ 定出输入高电平的下限 $V_{IH(min)}$。

若将许多门电路互相连接组成系统时，前一级门电路的输出即为后一级的输入；而对后一级而言，输入高电平信号可能出现的最小值为 $V_{OH(min)}$。由此便得出输入高电平时的噪声容限为

$$V_{NH}=V_{OH(min)}-V_{IH(min)} \tag{2-1}$$

同理，可以得出输入为低电平时的噪声容限为

$$V_{NL}=V_{IL(max)}-V_{OL(max)} \tag{2-2}$$

对于 74 系列门电路来说，其标准参数为 $V_{OH(min)}=2.4\text{V}$，$V_{OL(max)}=0.4\text{V}$，$V_{IH(min)}=2.0\text{V}$，$V_{IL(max)}=0.8\text{V}$，所以可得 $V_{NH}=0.4\text{V}$，$V_{NL}=0.4\text{V}$。

（3）输入特性　输入特性是指门电路输入电流和输入电压之间的关系。在 TTL 反相器电路中，若只考虑输入信号是高电平，或是低电平，而不是某一个中间值的情况，那么就可以忽略 VT_2 和 VT_4 的 be 结反向电流以及 R_3 对 VT_4 基极回路的影响，从而可以将其输入端等效成如图 2-16 所示的电路。根据输入端等效电路可以画出如图 2-17 所示的输入特性曲线。

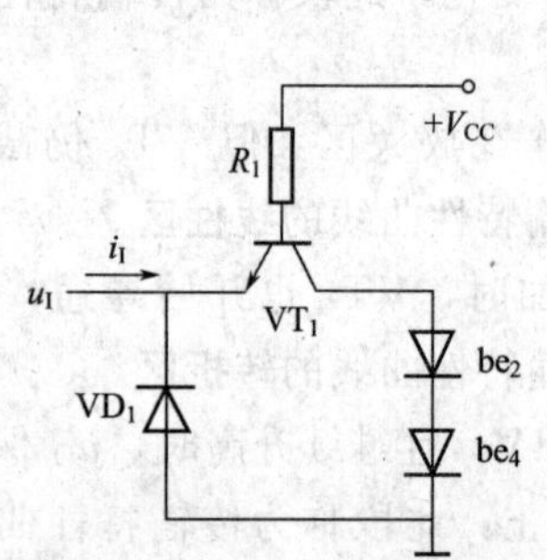

图 2-16　TTL 反相器输入端等效电路

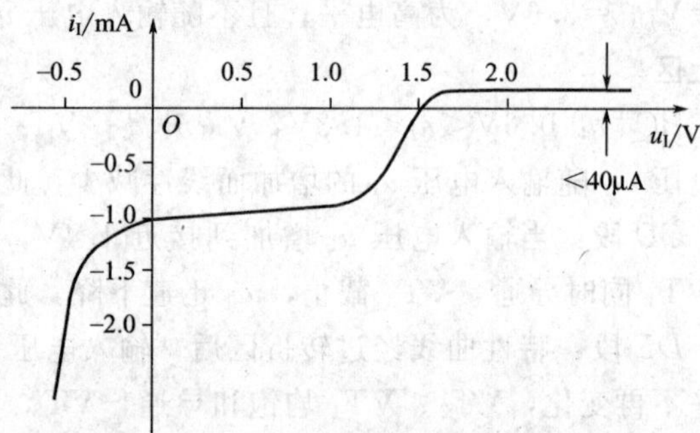

图 2-17　TTL 反相器输入特性曲线

当输入电压 $u_I=0$，即输入端对地短接时，输入端电流 i_I 称为输入端短路电流，用 I_{IS} 表示，该电流是从反相器输入端流出来的电流。

当输入电压 $u_I=V_{IH}=3.6\text{V}$ 时，输入端电流 i_I 称为输入端漏电流，也称为输入高电平电流，用 I_{IH} 表示，该电流是流入反相器输入端的电流。对于 74 系列门电路来说，输入端的 $I_{IH}<40\mu\text{A}$。

当输入电压 u_I 介于高、低电平之间时。电路的工作情况比较复杂，但是，这只是发生在输入信号 u_I 电平转换过程之中，是转瞬即逝的一个过程，因此不需要仔细分析此过程。

（4）输出特性　输出特性是指门电路的输出电压 u_O 与输出电流 i_O 之间的关系。根据输出高、低电平时，电路不同的带负载能力，输出特性分为高电平输出特性和低电平输出特性。

① 当输出为高电平，即 $u_O=V_{OH}$时，在如图 2-13 所示的反相器电路中，输出级的 VT_3 和 VD_2 导通，VT_4 截止，此时输出端可以等效成如图 2-18 所示电路。根据此等效电路可以画出如图 2-19 所示的高电平输出特性曲线。

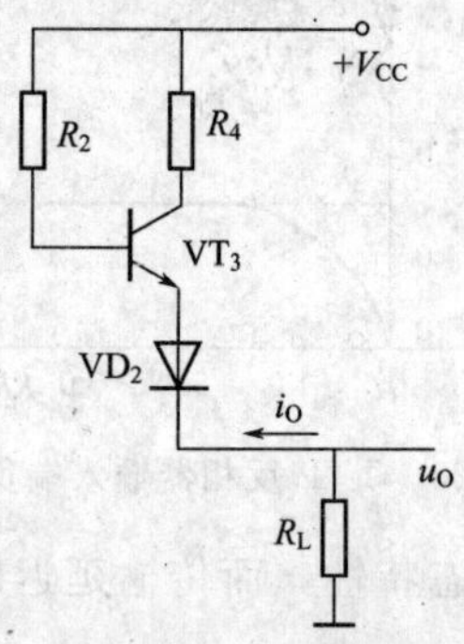

图 2-18　TTL 反相器高电平输出等效电路

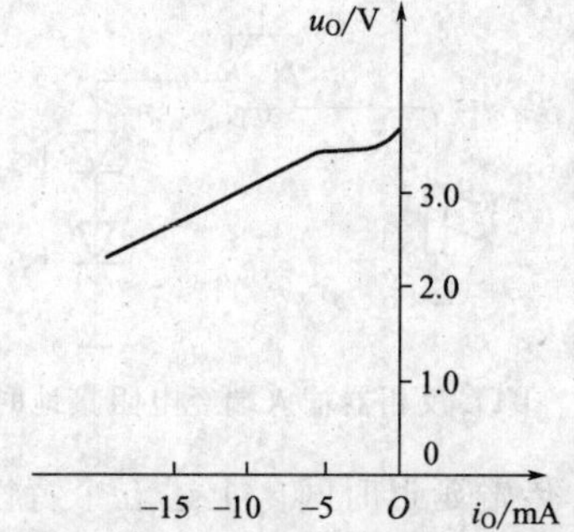

图 2-19　TTL 反相器高电平输出特性曲线

从高电平输出特性曲线可知，输出电流为负值，并且在$|i_O|<5$mA 时，u_O变化很小，而当$|i_O|>5$mA 以后，u_O随着 i_O绝对值的增加而下降较快。

② 当输出为低电平，即 $u_O=V_{OL}$时，在如图 2-13 所示的反相器电路中，输出级的 VT_4 饱和导通、VT_3 截止，输出端的等效电路如图 2-20 所示，低电平输出特性曲线如图 2-21 所示。

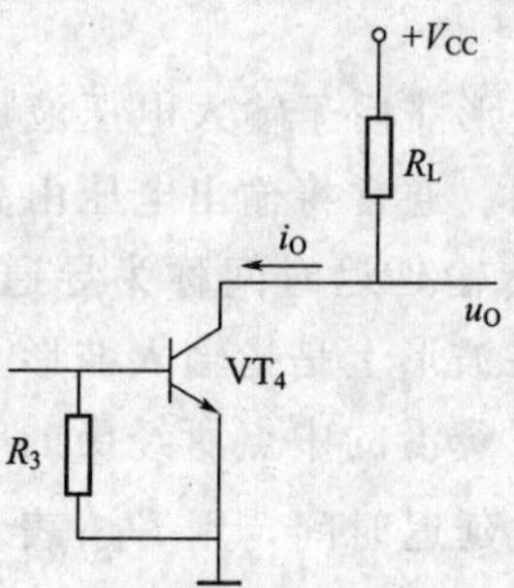

图 2-20　TTL 反相器低电平输出等效电路

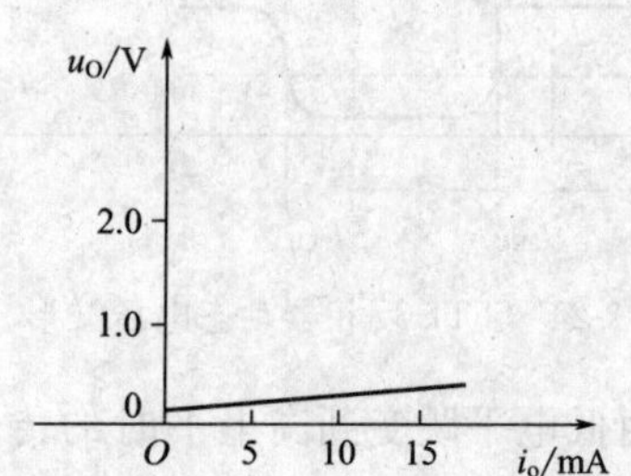

图 2-21　TTL 反相器低电平输出特性

从低电平输出特性曲线可知，输出电流为正，负载电流 i_O与输出电平 u_O在较大的范围内基本成线性关系，且 i_O增加时，输出的低电平上升缓慢。

电路带负载的能力往往采用扇出系数 N_o的大小来表征。所谓的扇出系数 N_o，就是指某种类型的反相器可以驱动的同类型反相器的最大数目。

门电路无论输出高电平，还是输出低电平时，均有一定的输出电阻，所以输出的高电平、低电平都要随着负载电流的变化而变化，变化越小则说明门电路带负载的能力越强。

(5) 输入端负载特性　在实际应用门电路时，往往需要在输入端与地之间，或者在输入端与信号的低电平之间接入电阻，电路如图 2-22 所示。

因为输入电流流过 RP，所以就必然会在 RP 上产生压降而形成输入端电压 u_I，RP 越大，u_I越高。u_I随 RP 变化的特性曲线如图 2-23 所示。由图可知

$$u_I=\frac{RP}{RP+R_1}(V_{CC}-u_{be1}) \tag{2-3}$$

当 $RP \ll R_1$时，u_I几乎与 RP 成正比；当 u_I增至 1.4V 时以后，VT_2、VT_4 同时导通，即使 RP 再增大，u_I也不会再增加。

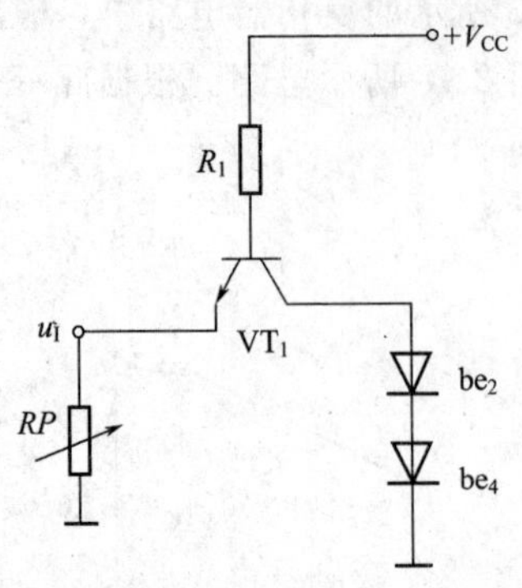

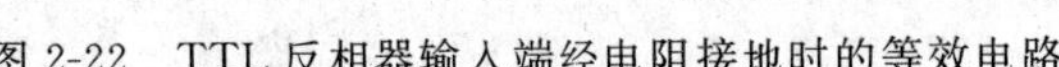

图 2-22 TTL 反相器输入端经电阻接地时的等效电路

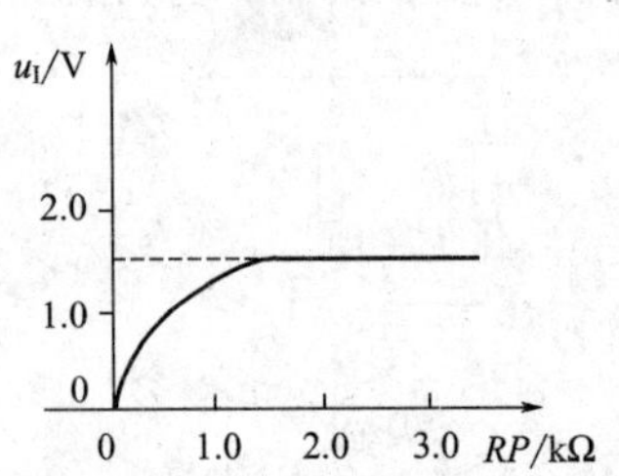

图 2-23 TTL 反相器输入端负载特性

（6）传输延迟时间　上述五个特性是 TTL 门电路的静态特性，而传输延迟时间却是它的一个动态特性。

在 TTL 门电路中，因为二极管、三极管从导通到截止，或从截止到导通都需要一定的过渡时间，并且还有器件的寄生电容存在，所以在门电路的输入端加一个理想的矩形波时，输出端的电压波形不仅要滞后输入信号，而且波形的边沿也会变坏。TTL 反相器动态电压波形如图 2-24所示。

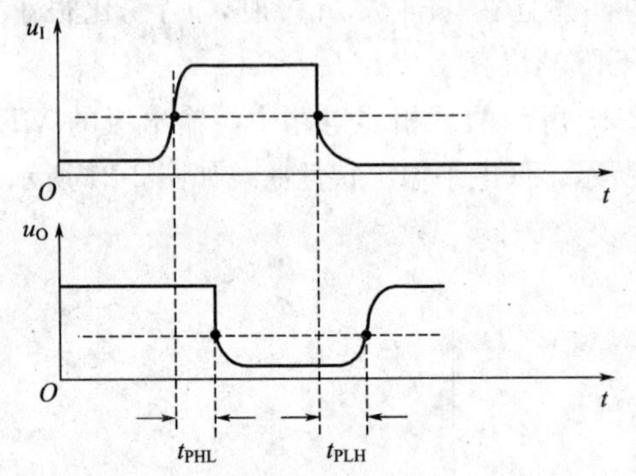

图 2-24 TTL 反相器动态电压波形

输出电压波形滞后于输入电压波形的时间称为传输延迟时间。通常将输出电压由高电平跳变到低电平时的传输延迟时间称为导通延迟时间，用 t_{PHL} 表示，在波形上是指输入波形上升沿的中点到输出波形下降沿的中点所经历的时间；将输出电压由低电平跳变到高电平时的传输延迟时间称为截止延迟时间，用 t_{PLH} 表示，在波形上是指输入波形下降沿的中点到输出波形上升沿的中点所经历的时间。

门电路的工作速度是用传输延迟时间来衡量的，传输延迟时间越小，门电路的工作速度越快。

传输延迟时间和电路的许多分布参数有关，不易准确计算，所以其数值都是通过试验方法测定的，可以在产品手册上查到。

2.3.2　其他类型 TTL 集成门电路

为了便于实现各种不同的逻辑函数，在 TTL 系列产品中除了反相器外，还有**与**门、**或**门、**与非**门、**或非**门及**异或**门等常见类型。尽管它们在逻辑功能上各不相同，但输入、输出端的电路结构与反相器基本相同，所以前面所讨论的反相器输入、输出等特性对于这些门电路同样适用。

1. TTL 与非门

（1）电路结构　74 系列**与非**门电路结构除了输入级 VT_1 采用了多发射极三极管以外，其他部分与反相器基本相同，其电路结构及逻辑符号如图 2-25 所示。多发射极三极管可以看作是两个发射极独立，而基极和集电极分别并联在一起的三极管，其等效电路如图 2-26 所示。

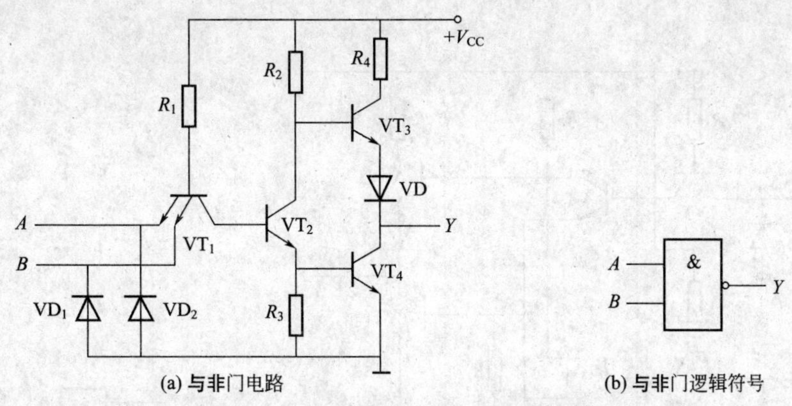

(a) 与非门电路　　(b) 与非门逻辑符号

图 2-25　TTL 与非门电路结构及逻辑符号

（2）工作原理

① 当输入端 A、B 只要有一个为低电平 V_{IL}，即 $A=\mathbf{0}$（或 $B=\mathbf{0}$）时，VT_1 必有一个发射结饱和导通，并将 VT_1 的基极电位钳制在 0.7V（假定输入低电平为 0V）。这时 VT_2 和 VT_4 都不导通，输出为高电平 V_{OH}，即 $Y=\mathbf{1}$。

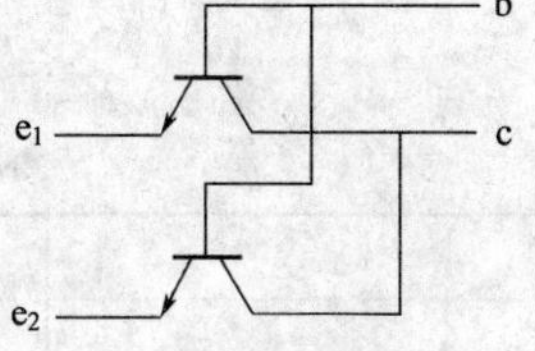

图 2-26　多发射极三极管等效电路

② 当输入 A、B 都为高电平 V_{IH}，即 $A=B=\mathbf{1}$ 时，两个发射结反向截止，$+V_{CC}$ 电源向 VT_2 提供基极电流，VT_2 和 VT_4 都饱和导通，输出为低电平 V_{OL}，即 $Y=\mathbf{0}$。

由上述分析可知，该电路实现了**与非**的逻辑功能，即 $Y=\overline{A\cdot B}$。其真值表如表 2-7 所示。

表 2-7　TTL 与非门真值表

输入		输出	输入		输出
A	B	Y	A	B	Y
0	**0**	**1**	**1**	**0**	**1**
0	**1**	**1**	**1**	**1**	**0**

2. TTL 或非门

（1）电路结构　**或非**门是一种能实现“或”、“非”两种逻辑运算的电路。74 系列 TTL **或非**门电路结构及逻辑符号如图 2-27 所示。VT'_1、VT'_2 和 R'_1 所组成的电路和 VT_1、VT_2 和 R_1 组成的电路完全相同。

（2）工作原理　当 A 为高电平 V_{IH}，即 $A=\mathbf{1}$ 时，VT_2 和 VT_4 同时导通，VT_3 截止，输出为低电平 V_{OL}，即 $Y=\mathbf{0}$；当 B 为高电平 V_{IH}，即 $B=\mathbf{1}$ 时，VT'_2 和 VT_4 同时导通，VT_3 截止，输出也为低电平 V_{OL}，即 $Y=\mathbf{0}$。只有 A、B 都为低电平 V_{IL}，即 $A=B=\mathbf{0}$ 时，VT_2 和 VT'_2 同时截止，VT_4 截止，VT_3 和 VD 导通，输出才为高电平 V_{OH}，即 $Y=\mathbf{1}$。

由以上分析可知，Y 与 A、B 间为**或非**关系，电路实现了**或非**的逻辑功能，即 $Y=\overline{A+B}$，其真值表如表 2-8 所示。

3. TTL 与或非门

（1）电路结构　**与或非**门是一种能实现“与”、“或”、“非”三种逻辑运算的电路。在如图 2-27 所示**或非**门电路中的每个输入端改用多发射极三极管即可得到**与或非**门电路，电路及逻辑符号如图 2-28 所示。

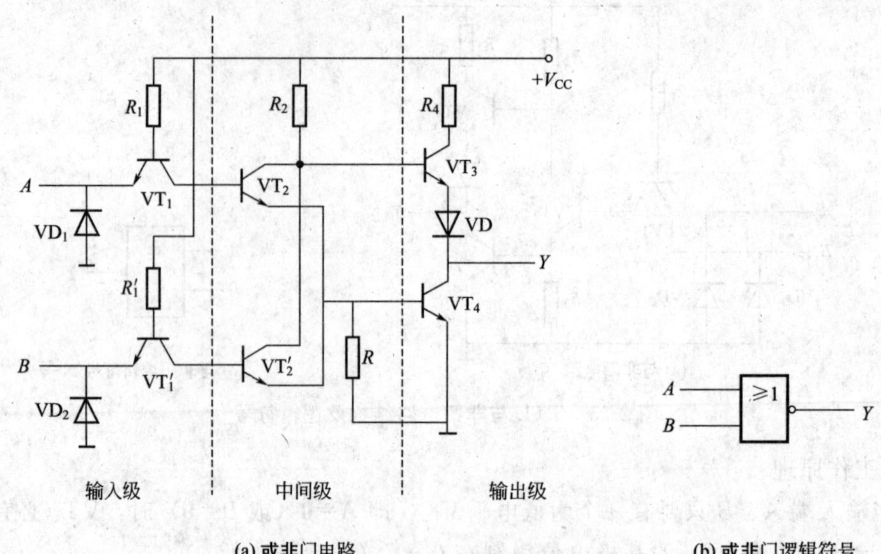

(a) 或非门电路 (b) 或非门逻辑符号

图 2-27 TTL 或非门电路结构及逻辑符号

表 2-8 TTL 或非门真值表

输入		输出	输入		输出
A	*B*	*Y*	*A*	*B*	*Y*
0	**0**	**1**	**1**	**0**	**0**
0	**1**	**0**	**1**	**1**	**0**

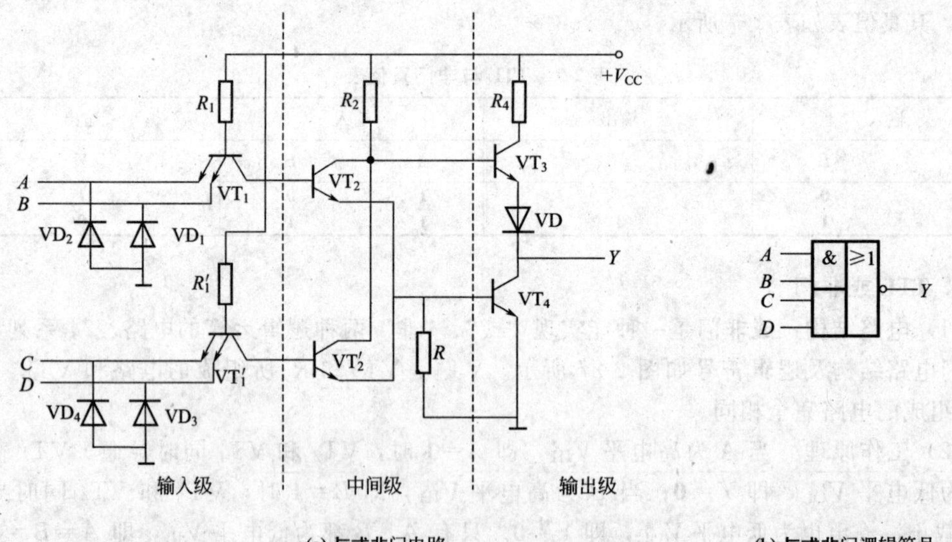

(a) 与或非门电路 (b) 与或非门逻辑符号

图 2-28 TTL 与或非门电路及逻辑符号

（2）工作原理 当 A、B 同时为高电平 V_{IH}，即 $A=B=\mathbf{1}$ 时，VT$_2$ 和 VT$_4$ 同时导通，VT$_3$ 截止，所以输出 Y 为低电平 V_{OL}，即 $Y=\mathbf{0}$；同理，C、D 同时为高电平 V_{IH}，即 $C=D=\mathbf{1}$ 时，VT$'_2$ 和 VT$_4$ 同时导通，VT$_3$ 截止，输出也为低电平 V_{OL}，即 $Y=\mathbf{0}$。只有在 A、B 和 C、D 每组输入都不同时为高电平时，VT$_2$ 和 VT$'_2$ 同时截止，VT$_4$ 截止，VT$_3$ 导通，输出 Y 才为高电平 V_{OH}，即 $Y=\mathbf{1}$。

由以上分析可知，Y 与 A、B 和 C、D 间为**与或非**关系，电路实现了**与或非**的逻辑功能，即 $Y=\overline{A\cdot B+C\cdot D}$，其真值表如表 2-9 所示。

表 2-9　TTL 与或非门真值表

输入				输出	输入				输出
A	B	C	D	Y	A	B	C	D	Y
0	0	0	0	1	1	0	0	0	1
0	0	0	1	1	1	0	0	1	1
0	0	1	0	1	1	0	1	0	1
0	0	1	1	0	1	0	1	1	0
0	1	0	0	1	1	1	0	0	0
0	1	0	1	1	1	1	0	1	0
0	1	1	0	1	1	1	1	0	0
0	1	1	1	0	1	1	1	1	0

4. TTL 与门及或门

在 TTL **与非**门的中间级若加上一个反相器，即可得到 TTL **与**门；而在**或非**门的中间级若加上一个反相器，即可得到 TTL **或**门。

5. TTL 异或门

异或门是一种能实现“**异或**”运算的逻辑电路，其等效逻辑图及逻辑符号如图 2-29 所示。

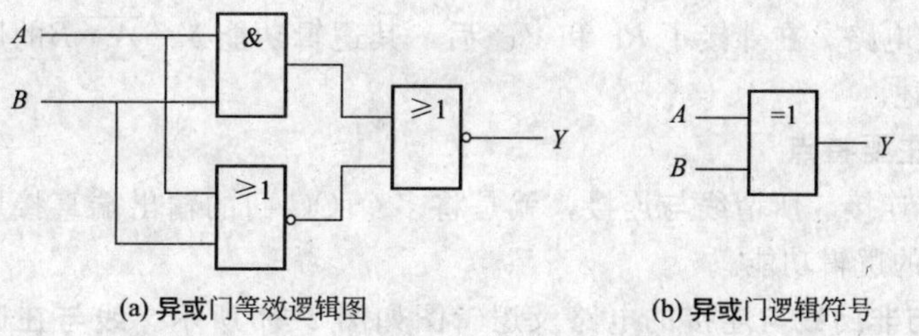

(a) **异或**门等效逻辑图　　(b) **异或**门逻辑符号

图 2-29　TTL **异或**门等效逻辑图及逻辑符号

由等效逻辑图很容易得到 $Y=\overline{A}\cdot B+A\cdot\overline{B}=A\oplus B$，即电路实现了**异或**的逻辑功能，其真值表如表 2-10 所示。

表 2-10　TTL 异或门真值表

输入		输出	输入		输出
A	B	Y	A	B	Y
0	0	0	1	0	[illegible]
0	1	1	1	1	0

2.3.3　TTL 集电极开路门（OC 门）

前面所讨论的 TTL 门电路的输出端均为推拉式结构，这种推拉式输出电路的结构具有输出电阻很低的优点，但是在实际使用时却存在一定的局限性。首先这些门电路的输出端不能进行并联使用，否则当一个门电路输出为高电平而另一个门电路输出为低电平时，会产生一个很大的电流，从而造成功耗过大，损害门电路；其次采用推拉式输出的门电路时，电源一经确定，输出的高电平就固定了，从而无法满足对不同输出高、低电平的需求，同时也无法满足驱动较大电流，较高电压的负载要求。

为了克服上述局限性，往往将输出级改为集电极开路的三极管结构，形成集电极开路的门电路，简称 OC 门（Open Collector Gate）。OC 门具有节省组件、减少传输延迟和功耗、简化电路结构等优点。

需要特别强调的是，OC 门在实际工作时必须外接负载电阻和电源才能正常工作。

1. 电路结构及逻辑符号

OC **与非**门电路结构和逻辑符号如图 2-30 所示。

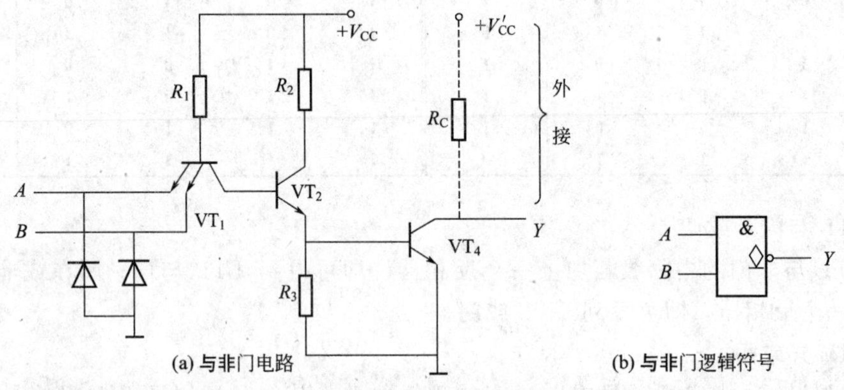

图 2-30　OC **与非**门电路结构和逻辑符号

实际上只要将如图 2-25 所示的 TTL **与非**门输出级中的 R_4、VT_3、VD 去掉，即可得到如图 2-30 所示的电路。在外接了 R_C 和 V'_{CC} 后，其逻辑功能 $Y=\overline{A \cdot B}$的原理很容易分析出来，在此不再赘述。

2. OC 门的主要特点

① 可以**线与**连接。所谓**线与**连接，就是将多个 OC 门的输出端直接用导线连接，即并联起来，实现**与**的逻辑功能。

OC 结构的**与非**门**线与**连接的电路及逻辑图如图 2-31 所示。**线与**在逻辑图中用方框表

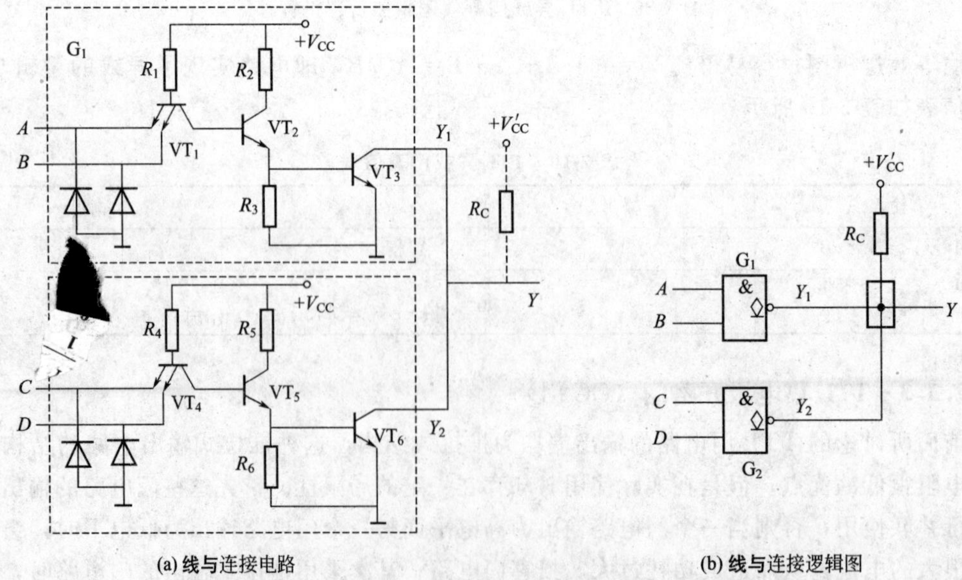

图 2-31　OC 结构**与非**门**线与**连接的电路及逻辑图

示。因为输出

$$Y=\overline{A\cdot B}\cdot\overline{C\cdot D}=\overline{A\cdot B+C\cdot D}。$$

所以将两个 OC 结构的**与非门线与**连接后，即可得到**与或非**的逻辑功能。

其他类型的 TTL 门电路，如**与**门、**或**门、**非**门等同样也可以做成集电极开路的形式，即 OC 结构，实现**线与**形式。

在使用 OC 门时，常需要合理选择负载电阻 R_C 的值。设 n 个 OC 门接成**线与**形式，驱动 m 个 TTL **与非**门，而每一个 TTL **与非**门都有 k 个输入端，逻辑图如图 2-32 所示。

可以推出计算 R_C 最小值的公式为

$$R_{C(min)}=\frac{V'_{CC}-V_{OL(max)}}{I_{OL}-m|I_{IL}|} \tag{2-4}$$

式(2-4) 中 I_{OL} 为每个 OC 门输出三极管导通时所允许的最大负载电流，I_{IL} 为负载门每个输入端的低电平输入电流。值得注意的是，若负载门是**或非**门的话，式(2-4) 中的 m 应用输入端数 mk 代替。

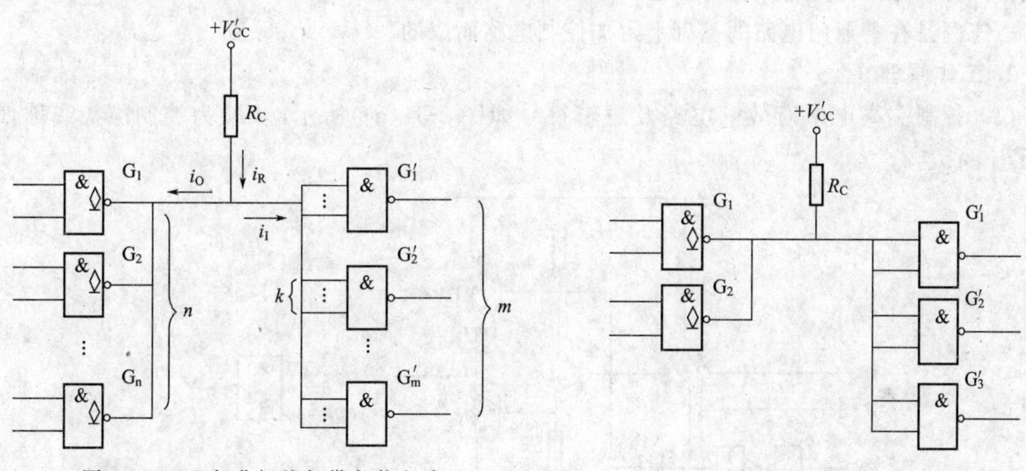

图 2-32　PC **与非**门**线与**带负载电路　　　　图 2-33　例 2-1 图

计算 R_C 最大值的公式为

$$R_{C(max)}=\frac{V'_{CC}-V_{OH(min)}}{nI_{OH}+mkI_{IH}} \tag{2-5}$$

式(2-5) 中 I_{OH} 为每个 OC 门输出三极管截止时的漏电流，I_{IH} 为负载门每个输入端的高电平输入电流。

最终选定的 R_C 值应满足

$$R_{C(min)}<R_C<R_{C(max)} \tag{2-6}$$

除了**与非**门以外，反相器、**与**门、**或**门、**或非**门等其他逻辑门也可以做成集电极开路的输出结构，且负载电阻的计算方法相同。

【例 2-1】 计算如图 2-33 所示电路中电阻 R_C 的阻值范围。其中 G_1、G_2 为 74LS 系列 OC 门，G'_1、G'_2、G'_3 为 74LS 系列**与非**门。$I_{OH}=200\mu A$，$I_{OL}=16mA$，$I_{IH}=40\mu A$，$I_{IL}=1mA$；$V_{OH}\geqslant 2.4V$，$V_{OL}\leqslant 0.4V$，$V'_{CC}=5V$。

解：因为

$$R_{C(max)}=\frac{V'_{CC}-V_{OH(min)}}{nI_{OH}+mkI_{IH}}=\frac{5-2.4}{2\times 0.2+3\times 2\times 0.04}=4.06k\Omega$$

$$R_{C(min)}=\frac{V'_{CC}-V_{OL(max)}}{I_{OL}-m|I_{IL}|}=\frac{5-0.4}{16-3\times1}=0.35k\Omega$$

所以，取

$$R_{C(min)}<R_C<R_{C(max)}，即\ 0.35k\Omega<R_C<4.06k\Omega$$

② V_{OH}可以根据需要进行选择。在 OC 门空载的情况下，输出的高电平为 $V_{OH}=V'_{CC}$，可以随V'_{CC}的不同而改变。而V'_{CC}的数值不同于门电路本身的电源 V_{CC}，它是可以根据需求进行选择的，因此 V_{OH}也可以根据需要进行选择。

2.3.4 TTL 三态输出门（TS 门）

OC 门虽然可以实现线与的功能，但其负载电阻不能取得太小，因此限制了其工作速度，而 TTL 三态门则可改进这一点。

1. 电路结构及逻辑符号

所谓三态输出门或三态门（Three-State Output Gate，TS 门）是指其输出除了具有高、低电平两种状态外，还有第三种状态，即高阻态的门电路。

三态门是在普通门电路的基础上附加控制电路而成的。

2. 工作原理

(1) 控制端高电平有效　电路及逻辑符号如图 2-34(a) 所示，*EN* 为控制端，或称使能端。

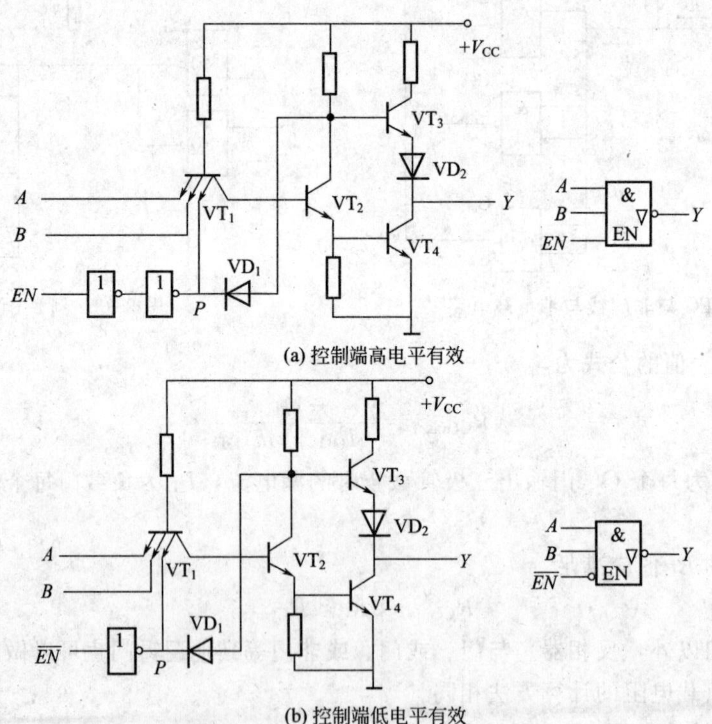

图 2-34　三态门电路及逻辑符号

当 $EN=\mathbf{1}$，即 $P=\mathbf{1}$ 时，二极管 VD_1 截止，电路处于工作状态（同 TTL 与非门一样），即

$$Y=\overline{A\cdot B\cdot P}=\overline{A\cdot B}$$

当控制端 $EN=\mathbf{0}$，即 $P=\mathbf{0}$ 时，二极管 VD_1 导通，VT_2、VT_4 同时截止，而导通的二极

管 VD_1 把 VT_3 的基极电位钳制在小于 1V 或等于 1V 的数值上，从而使 VT_3、VD_2 也截止，这样输出端 Y 对电源 V_{CC}、对地都是断开的，呈现为高阻抗（简称高阻）状态，并记作

$$Y=Z$$

这样在输出端就可能出现三种状态：高电平、低电平、高阻。而处于工作状态时，实现的又是**与非**逻辑运算，所以称为三态**与非**门。其真值表如表 2-11 所示。

表 2-11　三态与非门真值表

输入			输出	输入			输出
EN	*A*	*B*	*Y*	*EN*	*A*	*B*	*Y*
0	**0**	**0**	高阻	**1**	**0**	**0**	**1**
0	**0**	**1**	高阻	**1**	**0**	**1**	**1**
0	**1**	**0**	高阻	**1**	**1**	**0**	**1**
0	**1**	**1**	高阻	**1**	**1**	**1**	**0**

（2）控制端低电平有效　电路及逻辑符号如图 2-34(b) 所示，$\overline{EN}$为控制端或称使能端。当$\overline{EN}=\mathbf{0}$ 时，电路处于工作状态，输出 $Y=\overline{A\cdot B}$；当$\overline{EN}=\mathbf{1}$ 时，电路被禁止，呈现为高阻状态，输出 $Y=Z$。

3. 三态门逻辑符号控制端电平的约定

在三态门的逻辑符号中，控制端无小圆圈者为高电平有效，即在该控制端所加信号为高电平时，三态门处于工作状态，所加信号为低电平时，三态门被禁止；在控制端有小圆圈者为低电平有效，即在该控制端所加信号为低电平时，三态门处于工作状态，所加信号为高电平时，三态门被禁止。

4. 三态门的用途

三态门的主要用途是实现多个数据或控制信号的总线传输，即可以在同一条导线上分时传送几组不同的数据或控制信号。在如图 2-35 所示的电路中，当三个三态与非门 G_1、G_2、G_3 门的控制端 EN_1、EN_2、EN_3 均为低电平时，输出呈高阻状态，即相当于各门与传输线断开；当 EN_1、EN_2、EN_3 依次接高电平，而且任何时候仅有一个接高电平时，各个门的输出信号会轮流送到传输线——总线上，而互不干扰，这种方式称做总线结构，在计算机中被广泛采用。但需要指出的是，任何时间里最多只能有一个门处于工作状态，其余都处于高阻状态，否则就会出现输出状态不正常的情况。

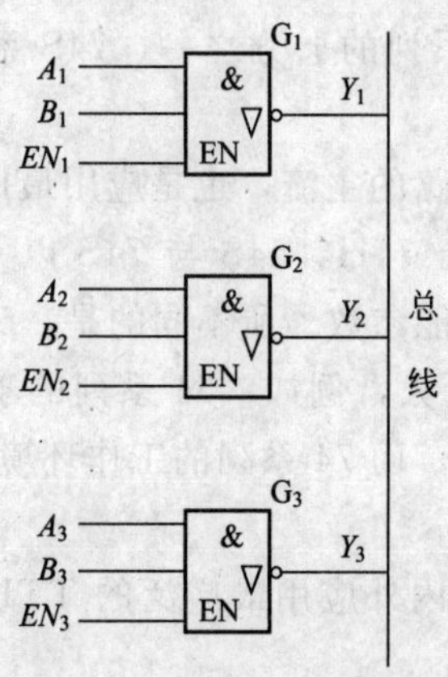

图 2-35　三态门用于总线传输

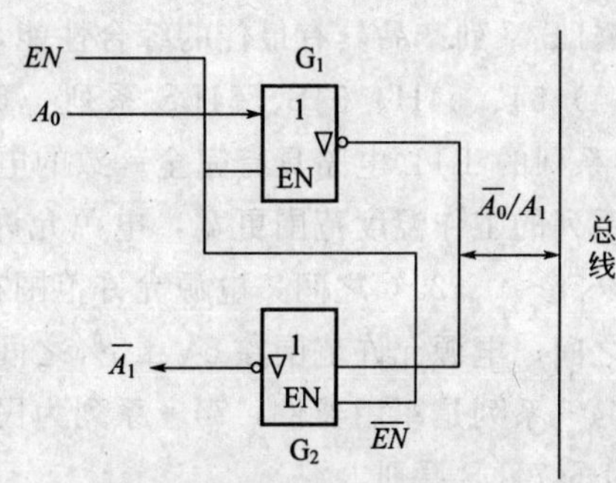

图 2-36　三态门双向传递信号

利用三态门还可以实现数据的双向传输。在如图 2-36 所示电路中，当 $EN=\mathbf{1}$ 时，G_1 处于工作状态，G_2 处于高阻状态，$\overline{A}_0$ 送到总线上；当 $EN=\mathbf{0}$ 时，G_1 处于高阻状态，G_2 处于工作态，来自总线的数据 A_1 经 G_2 反相后由 $\overline{A}_1$ 送出，实现数据的双向传输。

2.3.5 TTL 电路的改进系列及注意事项

1. TTL 电路的改进系列

TTL 门电路是基本逻辑单元，也是构成各种 TTL 电路的基础，实际生产的 TTL 集成门电路品种齐全，种类繁多，应用非常广泛。为了满足用户在提高速度和降低功耗方面的要求，继上述的 74 系列之后，又相继生产了 74H、74S、74LS 系列以及 54H、54S、54LS 系列等改进的 TTL 电路。

(1) 74H 系列　74H 系列为高速系列，是在 74 系列基础上改进得到的。与 74 系列相比，电路的开关速度得到提高，传输延迟时间减小。74H 系列门电路的平均传输延迟时间比 74 系列门电路缩短了一半，通常在 10ns 以内。

但是，74H 系列工作速度的提高是以增加功耗为代价换取的，74H 系列门电路的电源平均电流大约是 74 系列的两倍。因此，74H 系列的改进效果不够理想。

在 74H 系列中，典型**与非**门的平均传输延迟时间 $t_{pd}=6$ns，平均功耗 $P=22$mW。

(2) 74S 系列　74S 系列又称为肖特基系列，是在 74H 系列基础上改进得到的。在 74S 系列的门电路中采用了抗饱和三极管（或称为肖特基三极管），避免了三极管在饱和导通时进入深度饱和状态，从而使传输延迟时间大幅度减小。除此之外，在电路结构上也做了改进，其目的是减轻输出级的三极管的饱和程度，加快其从导通变为截止的过程，进一步缩短传输延迟时间。

采用肖特基三极管和所做的电路结构上的改进也带来了一些缺点：一是电路的功耗增大；二是导致输出低电平值升高（最大可达 0.5V 左右）。

在 74S 系列中，典型**与非**门的平均传输延迟时间 $t_{pd}=3$ns，平均功耗 $P=19$mW。

(3) 74LS 系列　74LS 系列也称为低耗肖特基系列。在 74S 系列基础上，一方面为了降低功耗，大幅度地提高了电路中各个电阻的阻值，同时在电路结构上也做了一些改进；另一方面为了缩短传输延迟时间，提高开关工作速度，在输入级用两个肖特基二极管代替了多发射极三极管，并在电路中又接入两个肖特基二极管，从而比较好地解决了速度与功耗的矛盾。

在 74LS 系列中，典型**与非**门的平均传输延迟时间 $t_{pd}=9$ns，平均功耗 $P=2$mW，延迟-功耗积 $t_{pd}\times P$ 最小，大约是 74 系列的五分之一、74H 系列的七分之一、74S 系列的三分之一。

74LS 系列产品具有最佳的综合性能，是 TTL 集成电路的主流，也是应用最广的系列。

(4) 54、54H、54S、54LS 系列　54 与 74、54H 与 74H、54S 与 74S 以及 54LS 与 74LS 系列的 TTL 电路具有完全一致的电路结构和电气性能参数。所不同的是，54 * 系列比 74 * 系列的工作温度范围更宽，电源允许的工作范围也更大，例如，54 系列的工作环境温度在 $-55\sim+125$℃之间，电源允许范围在 5V±10%之间；而 74 系列的工作环境温度在 $0\sim70$℃之间，电源允许范围在 5V±5%之间。

54 * 系列是军用器件，74 * 系列为民用器件。目前国内外应用最广泛的 TTL 集成电路是 54LS/74LS 系列。

为了便于比较，列出不同系列 TTL 门电路的平均传输延迟时间 t_{pd}、平均功耗 P 及延迟-功耗积 $t_{pd} \times P$，如表 2-12 所示。

表 2-12 不同系列 TTL 门电路的性能比较

项 目	54/74	54H/74H	54S/74S	54LS/74LS
平均传输延迟时间 t_{pd}/ns	10	6	4	10
平均功耗 P/每门/(mW)	10	22.5	20	2
延迟-功耗积/ns·mW	100	135	80	20

2. TTL 门电路使用中的注意事项

在实际使用 TTL 集成门电路时，还应注意以下事项。

① 多余输入端的处理。在实际应用集成门电路时，对多余输入端的处理应以不改变门电路工作状态为原则，保证其工作的稳定性。

对于 TTL **与**门、**与非**门电路而言，通常将多余的输入端通过电阻 R 与电源 $+V_{CC}$ 相连，也可以将多余输入端与接有输入信号的输入端相连接。

对于**或**门、**或非**门而言，通常是将多余输入端接地，也可以采用与接有输入信号的输入端相连接的方法，从而避免干扰信号的引入。

图 2-37 给出了 TTL **与非**门、**或非**门多余输入端的处理方法。

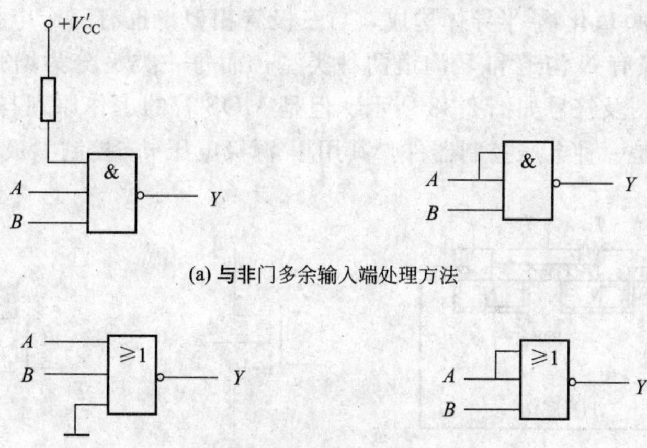

(a) 与非门多余输入端处理方法

(b) 或非门多余输入端处理方法

图 2-37 TTL 门多余输入端的处理方法

② 电路外接引线的连接。TTL 门电路的电源电压不能超过 5.5V，电源和地严禁反接，以避免器件损坏。同时，在集成电路电源和地之间接 0.01μF 的高频滤波电容，在电源输入端接 20～50μF 的低频滤波电容或电解电容，可以有效避免电源线上的噪声干扰。

输入端不能直接与超过 5.5V 和低于－0.5V 的低内阻电源连接，否则低内阻电源所产生的大电流会将器件烧坏。

输出端不允许与地或电源短路，应用时应串联电阻。除三态门和 OC 门外，电路的输出端不能并联使用。

【思考题】

2-3-1 如果将 TTL **与非**门、**或非**门和**异或**门作**非**门使用，则应如何处理输入端？

2-3-2 为什么 TTL **与非**门不能实现**线与**，而 OC 门可以实现**线与**？

2-3-3 TTL 门电路在使用时应注意哪些事项？

2.4 CMOS 集成门电路

MOS 电路是以绝缘栅型场效应管（Metal-Oxide-Semiconductor，MOS）为基础的集成电路，是单极型集成逻辑门电路。MOS 集成门电路可以分为三类，即 NMOS、PMOS、CMOS。

PMOS 由 P 沟道增强型 MOS 管构成，是 MOS 门电路的早期产品，具有结构简单、容易制造、成本低等优点，但其速度慢，且不便与 TTL 门电路连接。

NMOS 由 N 沟道增强型 MOS 管构成，速度比 PMOS 快，使用正电源，便于与 TTL 门电路连接。

CMOS 是指由 P 沟道增强型 MOS 管和 N 沟道增强型 MOS 管互补构成的门电路，是在 NMOS 的基础上发展起来的，它具有结构简单、功耗小、抗干扰能力强、负载能力强、速度快等优点，且品种繁多，因而得到广泛应用。在本书中，仅重点对 CMOS 逻辑门电路进行分析。

2.4.1 CMOS 反相器

1. MOS 管的开关特性

MOS 管是由金属-氧化物-半导体构成，与三极管相似，也有三个电极：源极 s、漏极 d 和栅极 g。MOS 管又有 N 沟道和 P 沟道两种类型，而每一类又分为增强型和耗尽型两种。MOS 管的结构示意图及符号如图 2-38 所示。但是 MOS 管的工作原理与三极管的工作原理是不同的，MOS 管是一种电压控制器件，其用栅-源极电压 u_{GS} 控制漏极电流的大小。

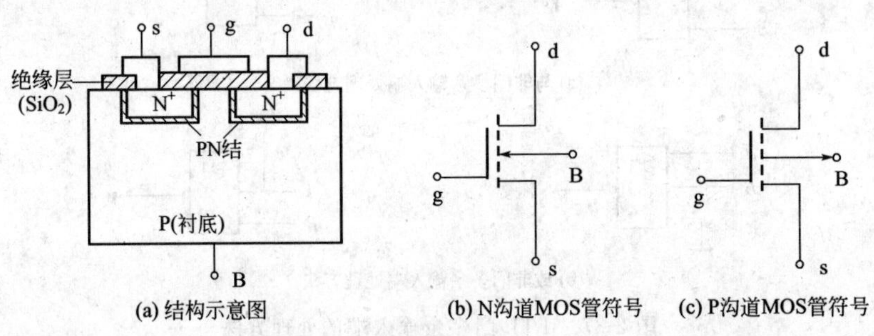

图 2-38 MOS 管的结构和符号

由如图 2-39 所示的 N 沟道增强型 MOS 管的输出特性可看出，MOS 管也有三个工作区域：可变电阻区（也称非饱和区）、恒流区（也称饱和区）及夹断区。

在可变电阻区域中，可以通过改变 u_{GS} 的大小（即压控的方式）来改变漏-源电阻的阻值；在恒流区域中，i_D 近似为 u_{GS} 电压控制的电流源，MOS 管处于放大状态；在夹断区域中，$i_D=0$，MOS 管处于截止状态。$U_{GS(th)}$ 为 MOS 管的开启电压，N 沟道 MOS 管的 $U_{GS(th)}>0$，P 沟道 MOS 管的 $U_{GS(th)}<0$。当 MOS 管栅-源极的外加电压 $|u_{GS}|>|U_{GS(th)}|$ 时，管子导通，否则，管子截止。

MOS 管和三极管一样，既具有电流放大特性，又具有开关特性。MOS 管的开关特性正是利用了其夹断，即截止和可变电阻的特性。在夹断区，MOS 管相当于一个断开了的开关；在可变电阻区，MOS 管相当于一个电阻很低且闭合了的开关。

2. CMOS 反相器

CMOS 反相器是 CMOS 集成门电路的一种基本结构，其组成与特性具有普遍性。

(1) 电路组成及其工作原理

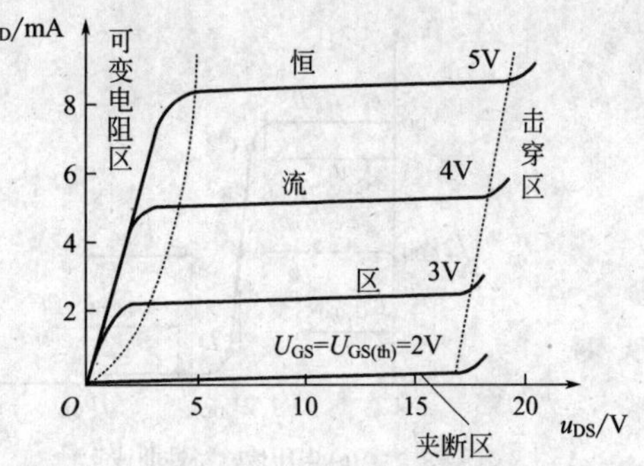

图 2-39　N 沟道增强型 MOS 管的输出特性曲线

① 电路组成。以 N 沟道增强型 MOS 管为驱动管、以 P 沟道增强型 MOS 管为负载，按照互补对称形式连接起来构成 CMOS 反相器。两个 MOS 管的栅极接在一起作为输入端；两管的漏极接在一起作为输出端，两管特性对称。N 沟道增强型 MOS 管和 P 沟道增强型 MOS 管开启电压分别为 $U_{GS(th)N}$、$U_{GS(th)P}$，且 $U_{GS(th)N}>0$、$U_{GS(th)P}<0$，但二者大小相等。CMOS 反相器电路结构如图 2-40 所示。

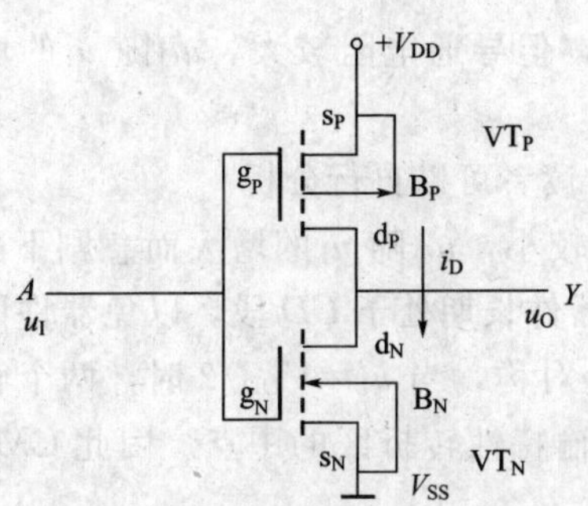

图 2-40　CMOS 反相器电路结构

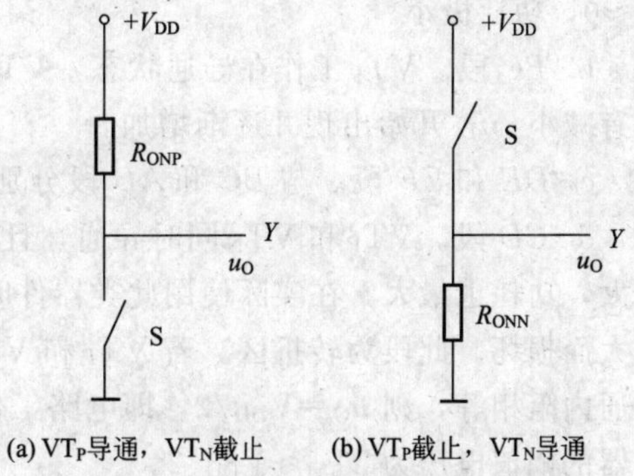

图 2-41　CMOS 反相器简化等效电路

在 2-40 图中，下角标注“N”和“P”分别表示 N 沟道增强型 MOS 管和 P 沟道增强型 MOS 管。

② 工作原理。设 $V_{IH}=10V$，$V_{IL}=0V$，电源电压 $V_{DD}=10V$，$U_{GS(th)N}=2V$，$U_{GS(th)P}=-2V$。

当输入电压为低电平，即 $u_I=V_{IL}=0V$ 时，$u_{GSN}=u_I=0V<u_{GS(th)N}=2V$，$VT_N$ 截止，内阻很高，相当于一个断开了的开关；$|u_{GSP}|=|u_I-V_{DD}|=10V>|u_{GS(th)P}|=2V$，$VT_P$ 导通，而且导通内阻很低。简化等效电路如图 2-41(a) 所示，因此输出为高电平，且接近电源电压，即 $u_O=V_{OH}\approx V_{DD}$。

当输入为高电平，即 $u_I=V_{IH}=10V$ 时，$|u_{GSP}|=|u_I-V_{DD}|=0V<|u_{GS(th)P}|=2V$，$VT_P$ 截止；$u_{GSN}=u_I=10V>u_{GS(th)N}=2V$，$VT_N$ 导通。简化等效电路如图 2-41(b) 所示，因此输出为低电平，且接近于 0V，即 $u_O=V_{OL}\approx 0V$。

由以上讨论可见，输出与输入之间具有逻辑非的关系，即实现了 $Y=\overline{A}$。

在此电路中，无论输入是高电平还是低电平，VT_1 和 VT_2 总是一个工作在导通状态，另一个工作在截止状态，即所谓的互补状态。而 MOS 管截止时电阻非常高，静态电流极小，因此 CMOS 反相器的静态功耗极小，这是 CMOS 电路最突出的一个优点。

(2) CMOS 反相器的特性

① 传输特性曲线。CMOS 反相器的特性曲线包括电压传输特性和电流传输特性，如图 2-42 所示。电压传输特性曲线 $u_O=f(u_I)$，形象具体地描述了输出电压 u_O 与输入电压 u_I 的

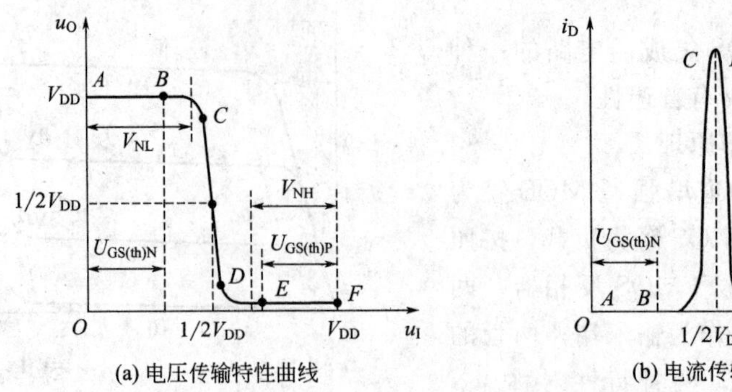

(a) 电压传输特性曲线

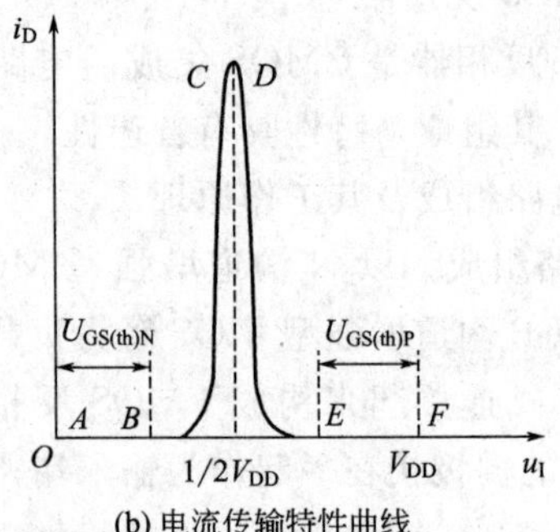

(b) 电流传输特性曲线

图 2-42　CMOS 反相器传输特性曲线

关系；电流传输特性曲线 $i_D=f(u_I)$，形象具体地描述了漏极电流 i_D 与输入电压 u_I 的关系。

a. AB 段。$u_I<U_{GS(th)N}$，VT_P 工作在导通状态，VT_N 工作在截止状态，$u_O\approx V_{DD}$，$i_D\approx 0$，功耗极小。

b. BC 段。VT_P 工作在导通状态，VT_N 开始导通，但导通电阻较大，u_O 随 u_I 的增大而略有减小，i_D 开始出现并逐渐增加。

c. DE 和 EF 段。与 BC 和 AB 段分别是对应的。读者可以自行分析。

d. CD 段。VT_P 和 VT_N 同时导通，且导通电阻都较小，u_O 随 u_I 的增大而急剧下降，i_D 最大，功耗也最大。在实际使用此类器件时，不能使器件长期处于 CD 段，以免器件因功耗过大而损坏。此段为转折区。若 VT_P 和 VT_N 参数完全对称，当 $u_I=V_{DD}/2$ 时，两个管子的导通内阻相等，则 $u_O=V_{DD}/2$，即电路工作在电压传输特性转折区的中点。因此 CMOS 反相器的阈值电压为 $U_{TH}\approx V_{DD}/2$。

② 输入端噪声容限。国产 CC4000 系列 CMOS 电路的性能指标中规定，在输出高、低电平的变化不大于 10% V_{DD} 的条件下，输入信号的低、高电平允许的最大变化量为输入信号的低电平噪声容限 V_{NL} 和输入信号高电平噪声容限 V_{NH}。由图 2-42(a) 可以很明显地看出，V_{NL} 和 V_{NH} 都比较大，接近 $0.5V_{DD}$，测试结果表明，$V_{NL}=V_{NH}\geqslant 0.3V_{DD}$。

提高 CMOS 反相器的输入端噪声容限，可以通过适当提高 V_{DD} 的方法实现，电源电压越高，电路的噪声容限越大，即抗干扰能力越强，而这在 TTL 电路中是办不到的。

③ 输入特性。由于结构的原因，MOS 管必须采取适当的输入保护电路，以防止 MOS 管被击穿。CC4000 系列 CMOS 器件的输入保护电路及输入特性曲线如图 2-43 所示。

在如图 2-43(a) 所示的输入保护电路中，VD_1、VD_2 都是双极型二极管，正向导通电压为 $V_{DF}=0.5\sim 0.7V$，反向击穿电压约为 30V。VD_1 是一种分布式二极管结构，可以通过较大电流，电路符号用一条虚线和两端的两个二极管表示；R_S 的阻值一般在 $1.5\sim 2.5k\Omega$ 之间；C_1 和 C_2 分别表示 VT_P 和 VT_N 的栅极等效电容。

当 $u_I>V_{DD}+V_{DF}$ 时，VD_1 导通，VT_P、VT_N 栅极电位 u_G 等于 $V_{DD}+V_{DF}$，保证加到 C_2 上的电压不超过 $V_{DD}+V_{DF}$；当 $u_I<-0.7V$ 时，VD_2 导通，u_G 等于 $-V_{DF}$，保证加到 C_1 上的电压也不会超过 $V_{DD}+V_{DF}$。由于一般 CMOS 集成电路所使用的电源 V_{DD} 都不超过 18V，所以加到 C_1 和 C_2 上的电压不会超过允许的耐压极限。

根据输入保护电路可以画出 CMOS 反相器的输入特性曲线。因为 MOS 管是电压控制器件，输入电阻极高，静态情况下栅极不会有电流，所以当输入信号 u_I 在工作范围内，即 $-V_{DF}<u_I<V_{DD}+V_{DF}$ 时，输入电流 $i_I\approx 0$；当输入信号 u_I 超出正常工作范围，即 $u_I>$

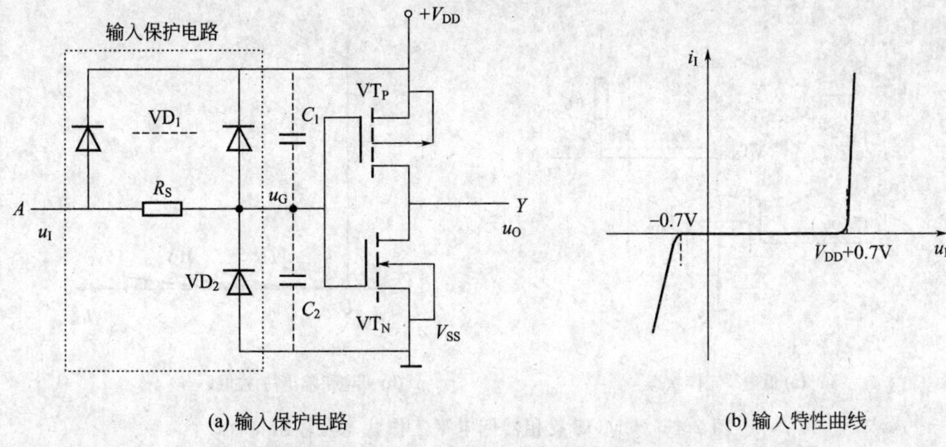

(a) 输入保护电路　　　　(b) 输入特性曲线

图 2-43　CC4000 系列输入保护电路及输入特性曲线

$V_{DD}+V_{DF}$以后，i_I迅速增大；而当 $u_I<-V_{DF}$以后，i_I的绝对值随 u_I绝对值增大而迅速增大，二者的关系近似呈线性关系，其斜率由 R_S 决定。

由以上分析可看出，CMOS 反相器的输入特性所反映的实际上是输入保护网络的特性。当超出正常工作范围时，保护电路动作，实施保护，但如果超过保护电路承受能力，那么反相器就会被损坏。

④ 输出特性。CMOS 门电路与 TTL 门电路一样，输出特性也分为低电平输出特性和高电平输出特性。

a. 高电平输出特性。当输出为高电平，即 $u_O=V_{OH}$时，VT_P 导通，VT_N 截止，电路的工作状态和输出特性曲线如图 2-44 所示。

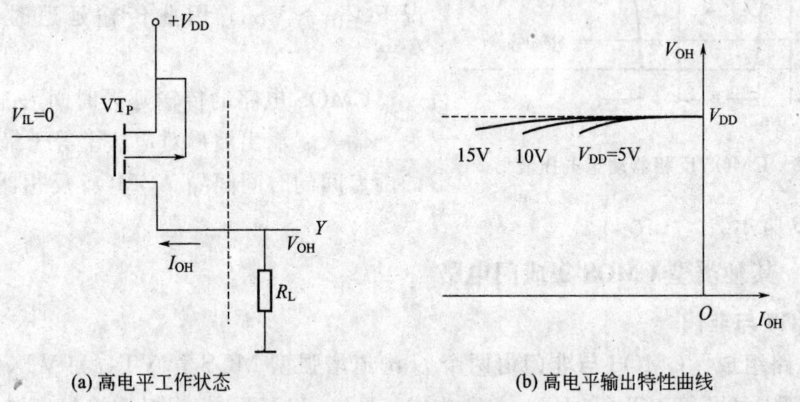

(a) 高电平工作状态　　　　(b) 高电平输出特性曲线

图 2-44　CMOS 反相器高电平工作状态及输出特性

在此状态下，负载电流 I_{OH}是从门电路的输出端流出的，与规定的负载电流的正方向相反。由输出特性曲线看出，随着负载电流 I_{OH}的增加，输出电平 V_{OH}会下降；在同样的 I_{OH}值下，V_{DD}越高，V_{OH}下降得越少。

b. 低电平输出特性。当输出为低电平，即 $u_O=V_{OL}$时，VT_P 截止，VT_N 导通，电路的工作状态和输出特性曲线如图 2-45 所示。

在此状态下，负载电流 I_{OL}是从 V_{DD}经负载电阻 R_L 注入反相器，由输出特性曲线看出，输出电平 V_{OL}随 I_{OL}增加而提高；在同样的 I_{OL}值下，V_{DD}越高，V_{OL}也越低。因为这时的$V_{OL}=$

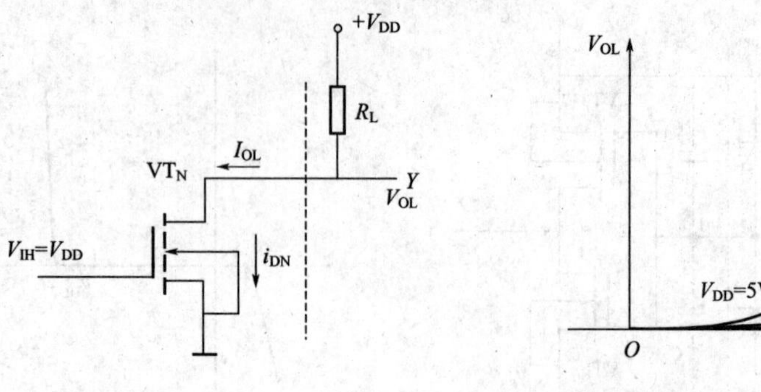

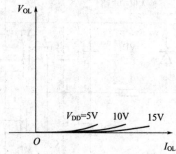

(a) 低电平工作状态　　(b) 低电平输出特性曲线

图 2-45　CMOS 反相器低电平工作状态及输出特性

u_{DSN}，$I_{OL}=i_{DN}$，所以此状态下的输出特性曲线实际上也就是 VT_N 管的漏极特性曲线。

值得注意的是，电源电压 V_{DD} 不同，输出特性曲线不同。当 V_{DD} 减少时，输出低电平会上升，而高电平会下降，反相器带负载能力变差。

⑤ 传输延迟时间。**CMOS** 门电路同 **TTL** 门电路一样，其输出电压的变化也要滞后于输入电压的变化，即产生传输延时 t_P。但是因为 **CMOS** 门电路的输出电阻比 **TTL** 门电路的输出电阻大得多，所以负载电容对传输延迟时间和输出电压的上升时间、下降时间影响更为显著；另外，还有一点有别于 **TTL** 门电路，由于 **CMOS** 门电路的输出电阻受 V_{IH} 大小的影响，而通常情况下 $V_{IH}\approx V_{DD}$，因此传输延迟时间也与 V_{DD} 有关。

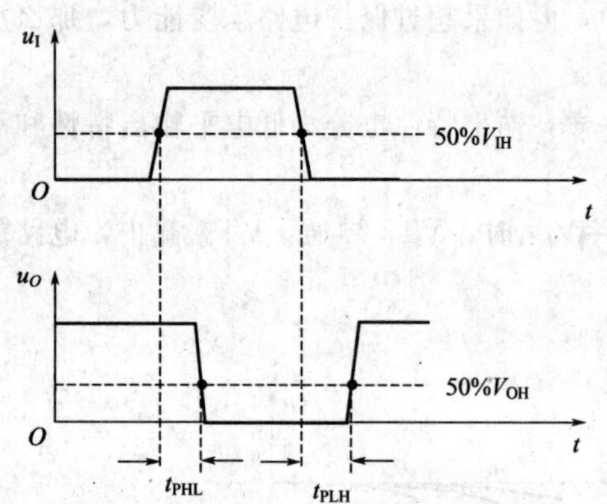

图 2-46　CMOS 反相器动态电压波形

CMOS 电路的传输延迟时间 t_{PLH}、t_{PHL} 定义为：输入、输出波形对应边上等于最大幅度 50% 的两点间的时间间隔。CMOS 反相器动态电压波形如图 2-46 所示。

2.4.2　其他类型 CMOS 集成门电路

1. CMOS 与非门

（1）电路组成　CMOS **与非**门由两个 N 沟道增强型 MOS 管 VT_{N1} 和 VT_{N2} 串联，两个 P 沟道增强型 MOS 管 VT_{P1} 和 VT_{P2} 并联构成，VT_{N2} 和 VT_{P2} 的栅极连接起来作为输入端 A，VT_{N1} 和 VT_{P1} 的栅极连接起来作为另一个输入端 B。CMOS **与非**门的电路结构如图 2-47 所示。

（2）工作原理

① 当输入端 A、B 中只要有一个为低电平，VT_{P1} 和 VT_{P2} 中必有一个导通，VT_{N1} 和 VT_{N2} 中必有一个截止，因此输出端一定为高电平，即 $Y=\mathbf{1}$。

② 当输入端 A、B 均为高电平时，VT_{P1} 和 VT_{P2} 会同时截止，VT_{N1} 和 VT_{N2} 会同时导通，因此输出端一定为低电平，即 $Y=\mathbf{0}$。

综上所述，该电路能够实现**与非**的逻辑功能，即 $Y=\overline{AB}$。

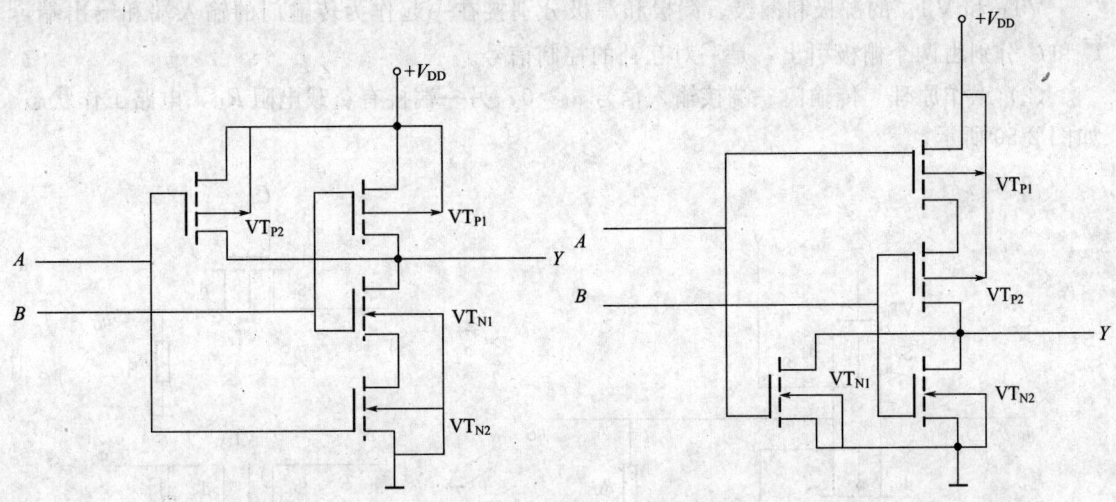

图 2-47　CMOS 与非门的电路结构　　　图 2-48　CMOS 或非门的电路结构

2. CMOS 或非门

(1) 电路组成　CMOS 或非门由两个 N 沟道增强型 MOS 管 VT_{N1} 和 VT_{N2} 并联，两个 P 沟道增强型 MOS 管 VT_{P1} 和 VT_{P2} 串联构成，VT_{N1} 和 VT_{P1} 的栅极连接起来作为输入端 A，VT_{N2} 和 VT_{P2} 的栅极连接起来作为另一个输入端 B。CMOS 或非门的电路结构如图 2-48 所示。

(2) 工作原理

① 当输入端 A、B 均为低电平时，VT_{P1} 和 VT_{P2} 会同时导通，VT_{N1} 和 VT_{N2} 会同时截止，因此输出端一定为高电平，即 $Y=\mathbf{1}$。

② 当输入端 A、B 中只要有一个为高电平时，VT_{P1} 和 VT_{P2} 中必有一个截止，VT_{N1} 和 VT_{N2} 中必有一个导通，因此输出端一定为低电平，即 $Y=\mathbf{0}$。

由此可见，该电路能够实现或非的逻辑功能，即 $Y=\overline{A+B}$。

利用 CMOS 与非门、或非门和反相器还可以组成与门、或门、与或非门、异或门等，就逻辑功能而言，它们与 TTL 门电路并无区别，逻辑符号表示也相同。

3. CMOS 传输门

(1) 电路组成　CMOS 传输门也是 CMOS 门电路的一种基本单元电路，它是利用 P 沟道 MOS 管和 N 沟道 MOS 管的互补性而制成的，电路结构及逻辑符号如图 2-49 所示。

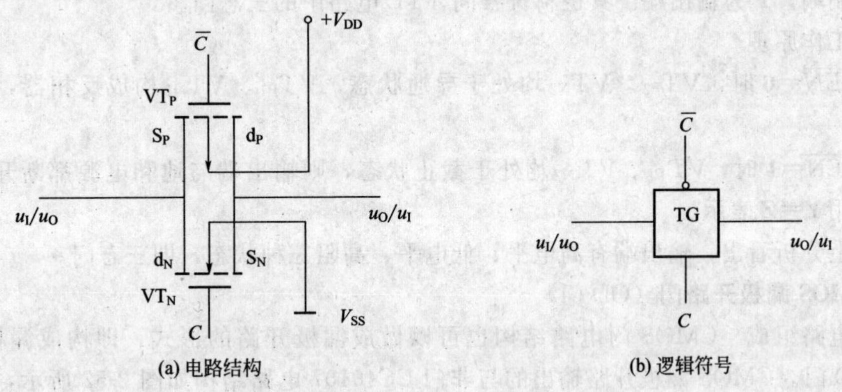

(a) 电路结构　　(b) 逻辑符号

图 2-49　CMOS 传输门电路结构及逻辑符号

VT_P 和 VT_N 的源极和漏极、漏极和源极分别接在一起作为传输门的输入端和输出端，$\overline{C}$ 和 C 分别由两个栅极引出，是一对互补的控制信号。

（2）工作原理　传输门一端接输入信号 $u_I>0$，另一端接有负载电阻 R_L，电路工作状态如图 2-50 所示。

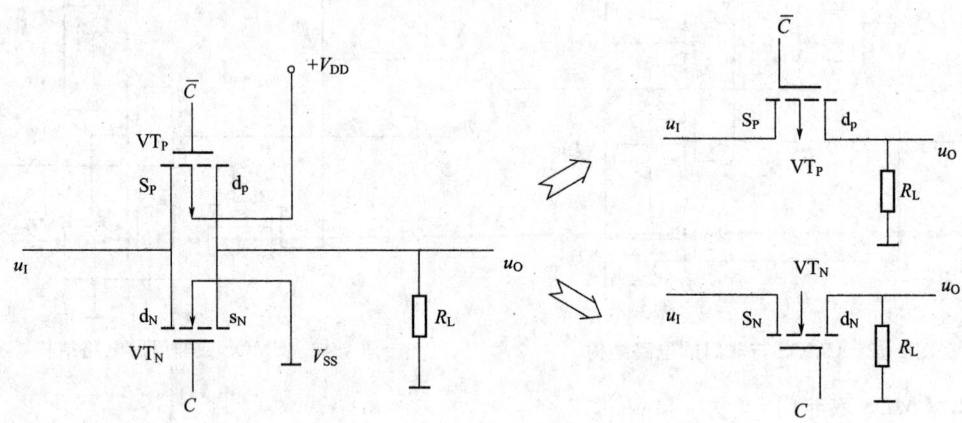

图 2-50　CMOS 传输门电路工作状态

设控制信号 C 和 $\overline{C}$ 的高电平为 V_{DD}，低电平为 0V。

① 当 $C=\mathbf{1}$、$\overline{C}=\mathbf{0}$，即 C 和 $\overline{C}$ 分别为高电平 V_{DD} 和低电平 0V 时，在输入信号 u_I 的变化范围 $0\sim V_{DD}$ 内，VT_P 和 VT_N 至少有一个处于导通状态，输入端与输出端之间呈低阻态（$<1k\Omega$），传输门导通，输入和输出之间等效于开关闭合，即输出 $u_O=u_I$。

② 当 $C=\mathbf{0}$、$\overline{C}=\mathbf{1}$，即 C 和 $\overline{C}$ 分别为低电平 0 和高电平 V_{DD} 时，只要输入信号 u_I 的变化范围不超过 $0\sim V_{DD}$，VT_P 和 VT_N 均处于截止状态，输入端与输出端之间呈高阻态（$>10^9\Omega$），传输门截止，输入与输出之间等效于开关断开。

因为 VT_P 和 VT_N 管的结构对称，漏极和源极可互易使用，因而 CMOS 传输门具有双向传输特性，为双向器件，也称其为双向开关，其输出端和输入端之间可以互易使用。

另外，利用 CMOS 传输门和 CMOS 反相器可构成各种复杂的逻辑电路，例如数据选择器、寄存器等，也可以构成模拟开关。

4. CMOS 三态门

（1）电路组成　CMOS 三态门的电路结构如图 2-51 所示，A 为输入信号；$\overline{EN}$ 为使能端，即控制端；Y 为输出端。其逻辑符号同 TTL 电路中的三态门。

（2）工作原理

① 当 $\overline{EN}=\mathbf{0}$ 时，VT_{P2}、VT_{N2} 均处于导通状态，VT_{P1}、VT_{N1} 构成反相器，所以输出 $\boldsymbol{Y=\overline{A}}$。

② 当 $\overline{\mathrm{EN}}=\mathbf{1}$ 时，VT_{P2}、VT_{N2} 均处于截止状态，则输出端与地和电源都断开，呈现高阻状态，用 $\boldsymbol{Y=Z}$ 表示。

由以上分析看出，输出端有高电平、低电平、高阻三种状态，即三态门。

5. CMOS 漏极开路门（OD 门）

（1）电路组成　CMOS 门电路结构也可以做成漏极开路的形式，即构成漏极开路门，亦称为 OD 门。CMOS 漏极开路输出的**与非**门 CC40107 电路结构如图 2-52 所示，其输出电路为漏极开路的 N 沟道 MOS 管。其逻辑符号同 TTL 电路中的 OC 门。

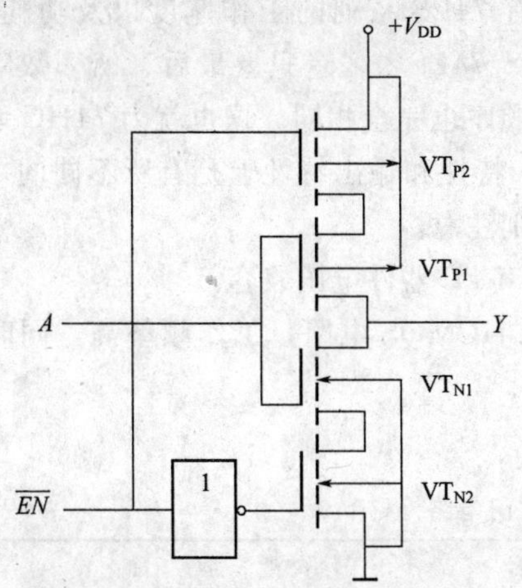

图 2-51　CMOS 三态门的电路结构

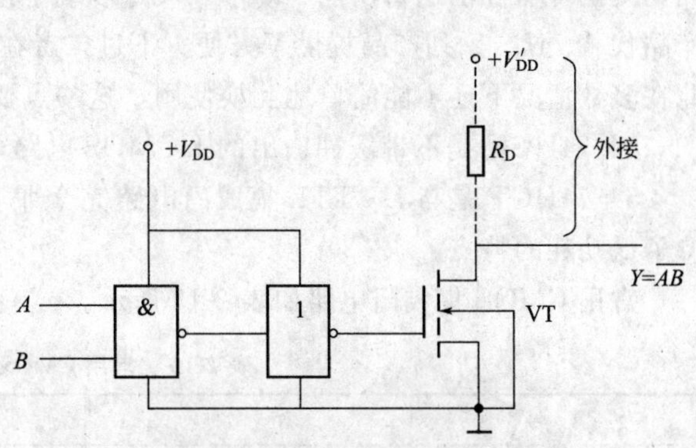

图 2-52　CMOS 漏极开路输出的与非门 CC40107 电路结构

（2）主要特点及用途

① 主要特点

a. 输出电路的 MOS 管漏极开路，而且工作时必须外接电源 V'_{DD} 和电阻 R_D，电路方能工作，实现 $Y=\overline{AB}$。

b. 把几个 OD 门的输出端用导线连接起来就可实现**与**运算，即实现**线与**功能。

c. 带负载能力强。输出为高电平时，I_{OH} 取决于外接电源 V'_{DD} 和电阻 R_D 的大小；输出为低电平时，I_{OL} 取决于输出 MOS 管的容量，OD 门的 I_{OL} 比较大。

② 用途

a. 经常用于输出缓冲/驱动器当中。

b. 用于输出电平的变换。

因为 OD 门输出 MOS 管漏极电源是外接的，$V_{OH}\approx V'_{DD}$，V_{OH} 随 V'_{DD} 的不同而改变，所以电路可以将输入高、低电平 V_{DD} 和 0 转换为输出低、高电平 0 和 V'_{DD}。

计算外接电阻 R_D 的方法同 TTL 门电路中的 OC 门。

＊2. 4. 3　CMOS 集成门电路产品系列及主要特点

CMOS 集成门电路在功耗、噪声容限等参数上优于 TTL 集成门电路，在应用上与 TTL 集成门电路平分秋色。

1. CC4000 和 C000 系列集成门电路

CC4000 系列集成电路符合国家标准，电源电压 V_{DD} 为 3～18V，无论是在输入端，还是在输出端，都加有反相器作为缓冲级，具有对称的驱动能力和输出波形，而且高、低电平的抗干扰能力相同。C000 系列是早期的 CMOS 集成门电路产品，电源电压 V_{DD} 为 7～15V。值得注意的是，C000 系列产品外部端子排列顺序和 CC4000 系列不一样，具体使用时要查阅有关手册。

CC4000 系列产品具有功耗低、噪声容限大、扇出系数大等优点；其缺点是工作速度慢。

2. HCMOS 集成电路

HCMOS 集成电路，即高速 **CMOS** 集成电路，主要有 **54/74** 系列。

54/74HC是带有缓冲输出的HCMOS电路，具有74LS系列的工作速度以及功耗低、工作电源电压范围宽等特点。54/74HC×××与54LS/74LS×××只要最后×××数字相同，则两种器件的逻辑功能、外形、尺寸和端子排列顺序也完全相同。这也就为74HC系列产品代替74LS系列产品提供了方便。不过二者在输入特性和输出特性上是有所不同的，因此在多数情况下还不能简单地互换使用，这一点要特别注意。

54/74HCU是不带缓冲输出的HCMOS电路，与TTL器件电压兼容。

54/74HCT是与LS TTL集成门电路完全兼容的HCMOS电路，工作频率高，同时保持了低功耗的特点。

常用CMOS集成门电路如表2-13所示。

表2-13 常用CMOS集成门电路

型号	名称	型号	名称
CC4001	4-2输入或非门	CC4071	4-2输入或门
CC4002	双4输入或非门	CC4072	双4输入或门
CC4011	4-2输入与非门	CC4073	双3输入与门
CC4012	双4输入与非门	CC4075	双3输入或门
CC4023	3-3输入与非门	CC4078	8输入或非门
CC4025	3-3输入或非门	CC4081	4-2输入与门
CC4069	6反相器	CC4502	6缓冲器(三态)

2.4.4 使用CMOS集成门电路的注意事项

1. 输入处理

输入信号电压需控制在V_{SS}～V_{DD}之间，输入端接低内阻、大电容时，需在输入端和信号源之间串接限流电阻。在使用时，CMOS集成门电路多余输入端的处理要视具体的逻辑功能而定，与门和与非门的多余输入端接高电平；或门和或非门的多余端接低电平，不允许将其做悬空处理。若电路的工作速度不高，不需特别考虑功耗，可将多余端与使用端并联在一起。

2. 输出处理

输出端的电平应在V_{SS}～V_{DD}之间。除OD门或三态门电路外，输出端不能并联使用，以实现线与功能。

3. 电源要求

电源电压应在最大极限电源电压范围内，且严禁将电源极性接反，以避免器件的损坏。

【思考题】

2-4-1 在使用CMOS集成门电路时不宜将输入端悬空的原因是什么？

2-4-2 能否将漏极开路的CMOS集成门的输出端并联使用，为什么？

2-4-3 CMOS集成门电路在使用时应注意哪些事项？

实践练习

2-1 TTL集成门电路逻辑功能的测定

验证TTL集成门电路4-2输入与非门74LS00、4-2输入异或门74LS86、三态门

74LS26（它们的端子排列图如图 2-53 所示）的逻辑功能，并根据结果填写真值表 2-14。在验证过程中注意 TTL 门电路的使用规则。

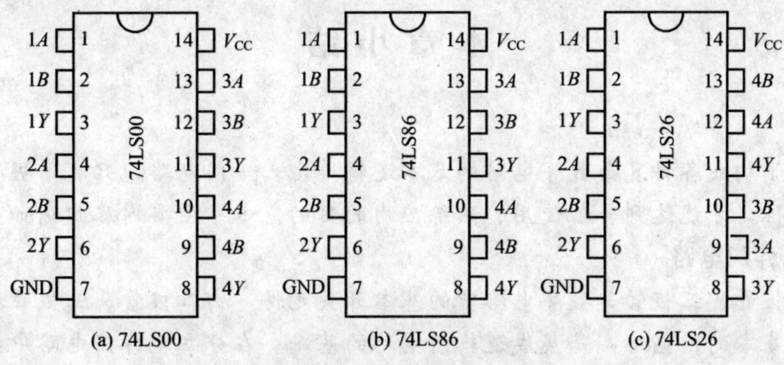

图 2-53　实践练习 2-1 图

表 2-14　TTL 集成门电路与非门、异或门、三态门真值表

输　入		输　出		
A	*B*	74LS00 输出	74LS86 输出	74LS26 输出
0	**0**			
0	**1**			
1	**0**			
1	**1**			

2-2　CMOS 集成门电路逻辑功能的测定

验证 CMOS 集成门电路 4-2 输入**与非**门 CC4011、4-2 输入**与**门 CC4081、4-2 输入**或非**门 CC4001 等的逻辑功能，掌握 COMS 集成门电路使用规则。

2-3　由 4-2 输入**与非**门 74LS00、6 反相器 74LS04 实现如图 2-54 所示电路的连接，测定电路逻辑功能，根据结果填写真值表 2-15；根据给定的输入信号 *A*、*B*、*C* 的波形绘制输出信号 *Y* 的波形。

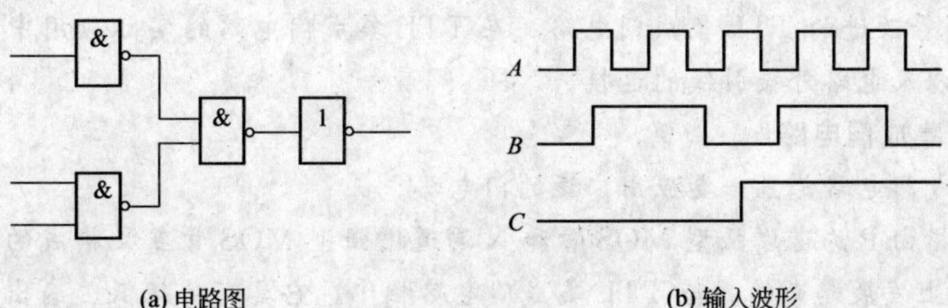

图 2-54　实践练习 2-3 图

表 2-15　真值表

输入			输出	输入			输出
A	*B*	*C*	*Y*	*A*	*B*	*C*	*Y*
0	**0**	**0**		**1**	**0**	**0**	
0	**0**	**1**		**1**	**0**	**1**	
0	**1**	**0**		**1**	**1**	**0**	
0	**1**	**1**		**1**	**1**	**1**	

本章小结

本章介绍了构成各种复杂数字电路的基本逻辑单元——门电路，只有掌握了它们的逻辑功能和电气特性，才能达到合理使用、熟练应用的目的。本章主要内容归纳如下。

1. 分立元件门电路

半导体二极管、三极管是数字电路中的基本开关元件，由二极管、三极管构成的门电路是最简单、最基本的门电路，是集成逻辑门电路的基础。在分立元件门电路中，重点介绍了由二极管构成的**与**门、**或**门及三极管**反相**器，通过学习这部分知识，可以具体体会**与**、**或**、**非**这三种基本逻辑运算，将其与半导体电子电路联系起来，也可掌握用电子电路实现**与**、**或**、**非**的原理。

2. TTL 集成门电路

TTL 集成门电路是本章的重点内容，主要介绍了 TTL **反相**器、**与非**门、**或非**门、**与或非**门、**异或**门等门电路，同时也介绍了在电路结构及特性方面别具特色的三态门、OC 门。TTL 门电路在输入端和输出端的电路结构上具有相同性，因此可以通过不同的组合获得更多、更复杂的门电路。对于各种 TTL 集成门电路，应掌握其电路的组成、工作原理及逻辑功能。

集成门电路是具体的电子器件，逻辑功能是通过电气特性来实现的。TTL 集成门电路中重点介绍了 TTL **反相**器的电压传输特性、输入输出特性、输入端噪声容限、输入端负载特性以及传输延迟时间等，这些特性对于 TTL 门电路乃至 TTL 集成电路同样适用。

TTL 集成门电路的种类繁多，应用非常广泛。为了满足用户在提高速度和降低功耗方面的要求，先后出现了 74 系列、74H 系列、74S 系列、74LS 系列以及 54H 系列、54S 系列、54LS 系列等改进的 TTL 集成门电路。在 TTL 集成门电路的实际应用中，应注意多余输入端的处理以及电路外接引线的连接。

3. CMOS 集成门电路

CMOS 集成门电路是另一类应用广泛的门电路。

CMOS 是指由 P 沟道增强型 MOS 管和 N 沟道增强型 MOS 管互补构成的门电路，是在 NMOS 的基础上发展起来的。与 TTL 集成门电路相比，它具有功耗低、扇出系数大、噪声容限大等优点，因而得到广泛应用。

本章系统介绍了 **CMOS 反相**器、**与非**门、**或非**门、**传输**门、**三态**门及 **OD** 门的电路组成、工作原理及实现的逻辑功能，重点介绍了 CMOS **反相**器的电气特性，即传输特性、输入输出特性、输入端噪声容限及传输延迟时间等，这不仅对 **CMOS** 门电路适用，而且也适用于 **CMOS** 集成电路。

CMOS 集成门电路在功耗、噪声容限等参数上优于 **TTL** 集成门电路，在应用上与 TTL 集成门电路平分秋色。其主要系列包括 **CC4000**、**C000** 系列和 **HCMOS** 电路。

在实际使用 **CMOS** 集成门电路时，要注意输入、输出的处理，并正确使用电源，以避免器件的损坏。

习　题　2

2-1　试写出如图 2-55 所示的各门电路输出信号表达式，并根据给定输入端电压波形画出各门电路输出端信号波形。

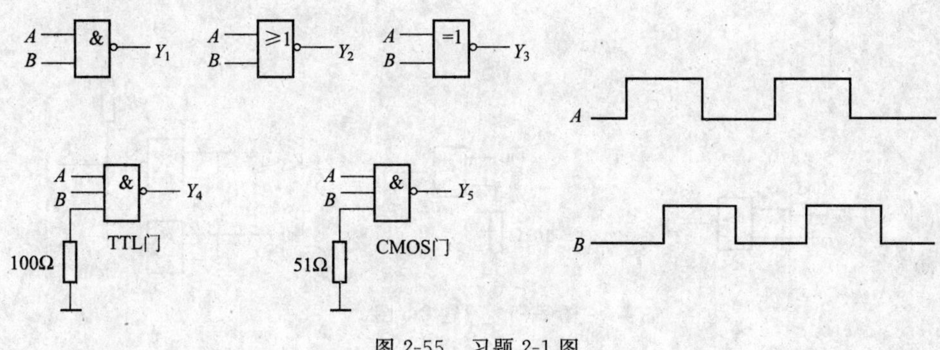

图 2-55　习题 2-1 图

2-2　试画出如图 2-56 所示的电路输出端信号波形。

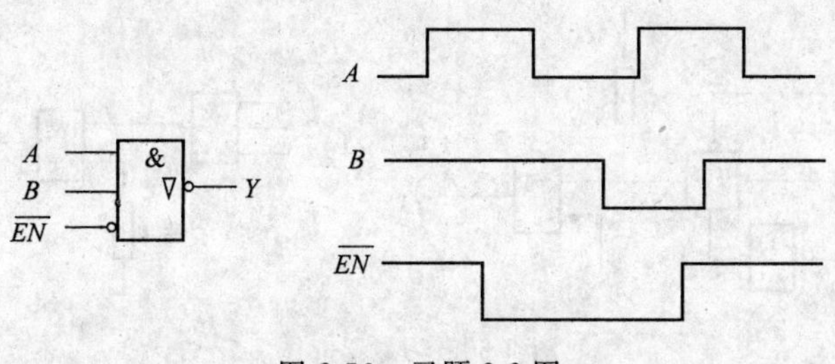

图 2-56　习题 2-2 图

2-3　试判断如图 2-57 所示的 TTL 门电路输出状态。

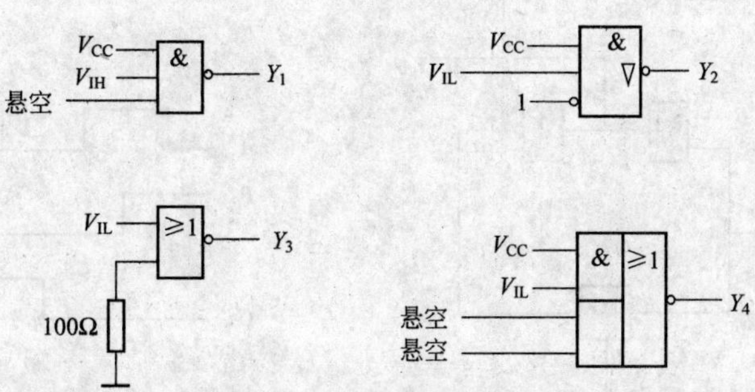

图 2-57　习题 2-3 图

2-4　由 TTL 门电路组成的各逻辑电路如图 2-58 所示，试判断电路能否实现各图所要求的逻辑功能。若不能，如何改变电路接法，方可实现？

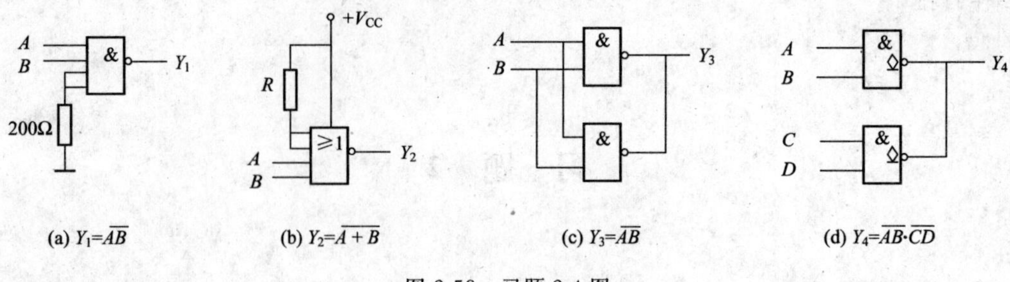

图 2-58　习题 2-4 图

2-5　试指出如图 2-59 所示的 CMOS 门电路的输出状态。

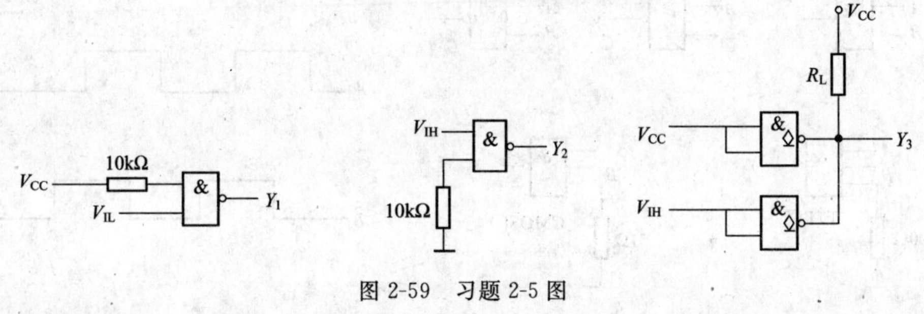

图 2-59　习题 2-5 图

2-6　试写出如图 2-60 所示的电路输出端逻辑表达式。

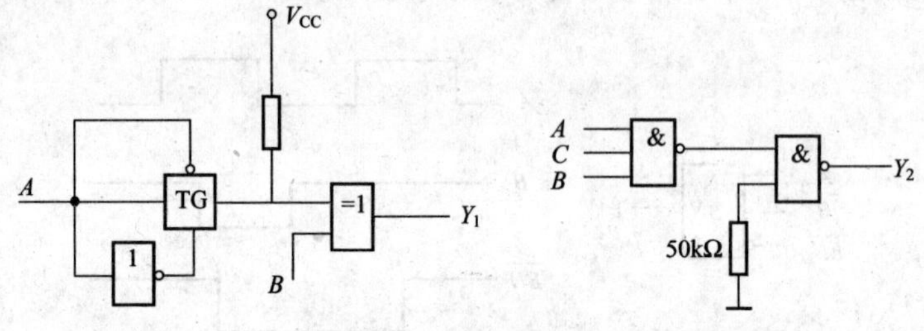

图 2-60　习题 2-6 图

2-7　CMOS 门电路如图 2-61 所示，试分析此门电路逻辑功能，并根据给定输入端及控制端信号波形画出输出端信号波形。

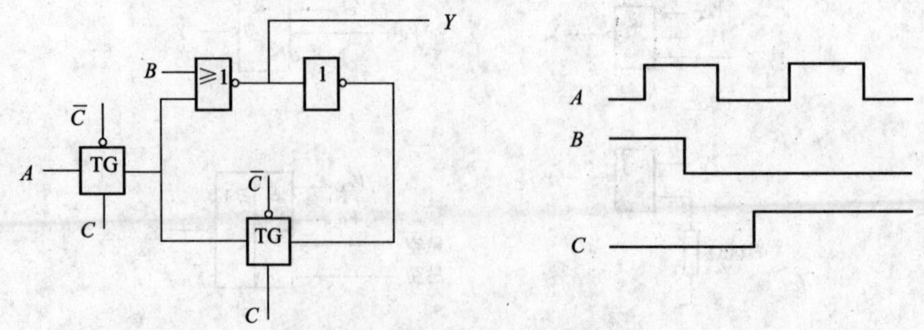

图 2-61　习题 2-7 图

2-8　试写出如图 2-62 所示的电路的逻辑表达式，并根据输入端信号波形画出输出端信号波形。

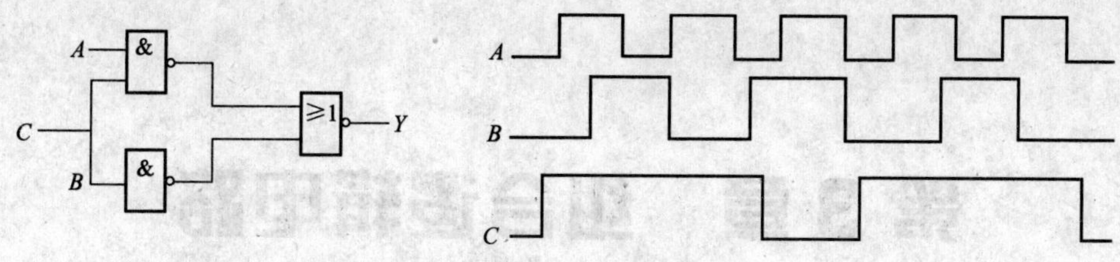

图 2-62　习题 2-8 图

2-9　计算如图 2-63 所示的电路中电阻 R_C 的阻值范围。其中 G_1、G_2、G_3 为 74LS 系列 OC 门，G'_1、G'_2、G'_3 为 74LS 系列与非门。$I_{OH}=100\mu A$，$I_{OL}=8mA$，$I_{IH}=20\mu A$，$|I_{IL}|=0.4mA$；$V_{OH}\geqslant 3.2V$，$V_{OL}\leqslant 0.4V$，$V'_{CC}=5V$。

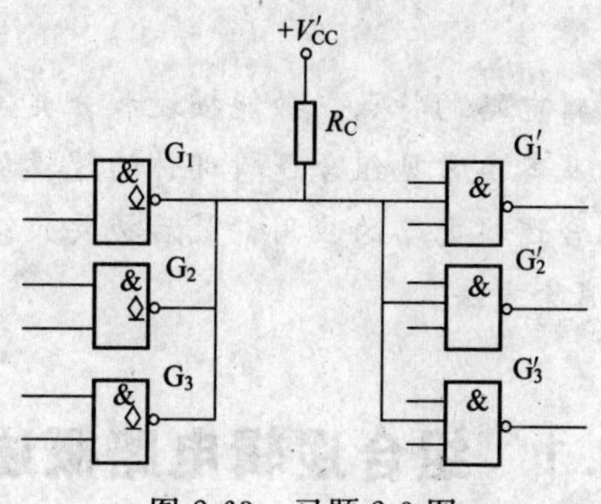

图 2-63　习题 2-9 图

第 3 章　组合逻辑电路

【内容提要】

组合逻辑电路一般由若干个基本逻辑单元组合而成，它的基础是逻辑代数和逻辑门电路。

本章将首先介绍组合逻辑电路的特点、功能描述和分类，然后重点介绍组合逻辑电路的分析方法、设计方法以及各类常见组合逻辑部件的逻辑功能、使用方法、应用举例及各种常用中规模集成的组合逻辑电路的应用，最后扼要介绍组合逻辑电路中产生竞争-冒险现象的原因和常用的消除方法。

3.1　组合逻辑电路概述

根据电路结构和逻辑功能的不同，可以将数字电路分为两大类逻辑电路，一类称作组合逻辑电路，另一类称作时序逻辑电路。本章将要讨论的是组合逻辑电路。

3.1.1　组合逻辑电路的特点

1. 电路结构特点

任意时刻电路的输出仅取决于该时刻各个输入变量的状态，而与电路原来状态无关，这样的逻辑电路称为组合逻辑电路，简称组合电路。从电路结构上看，它是由逻辑门电路组成，既不包含记忆单元，也没有从输出到输入的反馈连接。

图 3-1　组合逻辑电路的示意框图

2. 逻辑功能特点

组合逻辑电路的示意框图如图 3-1 所示。

在图 3-1 中，I_0、I_1、…、I_{n-1}是输入（逻辑）变量，Y_0、Y_1、…、Y_{m-1}是输出（逻辑）变量。输出变量与输入变量之间的逻辑关系可以一般地表示为

$$
\begin{aligned}
Y_0 &= F_0(I_0, I_1, \cdots, I_{n-1}) \\
Y_1 &= F_1(I_0, I_1, \cdots, I_{n-1}) \\
&\vdots \\
Y_{m-1} &= F_{m-1}(I_0, I_1, \cdots, I_{n-1})
\end{aligned}
$$

或者写成向量函数的形式

$$Y(t_n) = F[I(t_n)] \tag{3-1}$$

式中的 t_n 表示时间。

式(3-1) 表示 t_n 时刻电路的稳定输出 $Y(t_n)$ 仅决定于 t_n 时刻的输入 $I(t_n)$，$Y(t_n)$ 与

$I(t_n)$的函数关系用 $F[I(t_n)]$ 表示。若把 $Y(t_n)=F[I(t_n)]$ 看作组合逻辑函数，则可以把组合电路看成是这种函数的电路实现。

3.1.2　组合逻辑电路的逻辑功能描述及分类

1. 逻辑功能描述

从功能特点看，组合电路是组合逻辑函数的电路实现，那么用来表示逻辑函数的几种方法——真值表、卡诺图、逻辑表达式、时序图和逻辑图等，都可以用来表示组合电路的逻辑功能。

2. 组合电路的分类

按照逻辑功能特点不同划分，组合电路分为加法器、数值比较器、编码器、译码器、数据选择器和分配器等。

按照使用基本开关元件不同划分，组合电路又分为 CMOS、TTL 等类型。

按照电路集成度的不同，组合电路又可以分成小规模集成电路（Small Scale Integration，SSI)、中规模集成电路（Medium Scale Integration，MSI)、大规模集成电路（Large Scale Integration，LSI）和超大规模集成电路（Very Large Scale Integration，VLSI）等。

【思考题】

3-1-1　数字电路分为哪两类？

3-1-2　什么叫组合逻辑电路？组合逻辑电路有何特点？

3.2　组合逻辑电路的分析和设计

3.2.1　组合逻辑电路的一般分析方法

组合逻辑电路的分析就是从给定的逻辑图出发，通过分析输入变量与输出变量之间的逻辑关系，找到电路逻辑功能的过程。一般情况下，在得到组合电路的真值表（真值表是组合电路逻辑功能最基本的描述方法）后，还需要做简单文字说明，指出其功能特点。

通过下面例子，详细说明组合电路的一般分析方法和步骤。

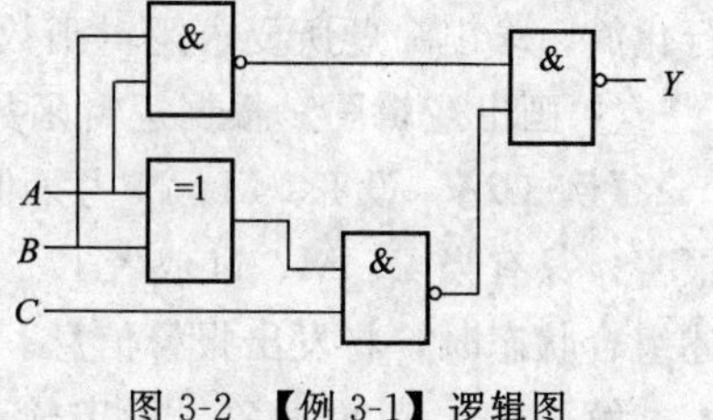

图 3-2 【例 3-1】逻辑图

【例 3-1】 分析如图 3-2 所示的电路的逻辑功能。

解：(1) 根据逻辑图，写出输出函数表达式

$$Y=\overline{\overline{(A\oplus B)C}\cdot\overline{AB}}$$

(2) 进行化简

$$Y=\overline{\overline{(A\oplus B)C}\cdot\overline{AB}}=AB+AC+BC$$

(3) 列真值表，如表 3-1 所示。

(4) 确定逻辑功能

由真值表可以看出，输入端有两个或两个以上为 **1**，输出即为 **1**，所以该电路为三变量多数表决电路。

由【例 3-1】可以总结出任何一个组合逻辑电路分析的一般步骤如下。

① 根据给定的逻辑图写出输出函数的逻辑表达式。

表 3-1　例 3-1 的真值表

输　入			输　出	输　入			输　出
A	*B*	*C*	*Y*	*A*	*B*	*C*	*Y*
0	**0**	**0**	**0**	**1**	**0**	**0**	**0**
0	**0**	**1**	**0**	**1**	**0**	**1**	**1**
0	**1**	**0**	**0**	**1**	**1**	**0**	**1**
0	**1**	**1**	**1**	**1**	**1**	**1**	**1**

② 用公式法或卡诺图法化简，求出输出函数的最简**与-或**式。

③ 列出输出函数真值表（见表 3-1）。

④ 说明给定电路的逻辑功能。

3.2.2　组合逻辑电路的基本设计方法

组合逻辑电路的设计方法与分析方法相反，它是由给定的逻辑功能或逻辑要求出发，求得实现这个逻辑功能或逻辑要求的逻辑电路。

根据给定的实际逻辑问题，设计出最佳（或最简）的组合电路，这是设计组合逻辑电路时要完成的工作。最简是指电路所用的器件数最少，器件的种类最少，而且器件间的连线也最少，若以逻辑门作为电路的基本单元，即指所用门的数目最少，各门输入端的数目和电路的级数也最少。

组合逻辑电路的设计，可按如下步骤进行。

① 进行逻辑抽象

a. 分析设计要求，设定输入变量和输出变量，一般用输入变量表示引起事件的原因，输出变量表示事件的结果。

b. 状态赋值，即用 **1** 和 **0** 表示变量的有关状态。

c. 根据事件的因果关系列出真值表。

② 写出逻辑表达式并化简。根据真值表写出输出函数表达式，用公式法或卡诺图法进行化简，求出命题所要求逻辑函数的最简式。

③ 画出逻辑图。根据逻辑函数的最简式，画出与之相对应的逻辑图。

【例 3-2】 设 L、M、N 为某保密锁的 3 个按键，当 L 键单独按下时，锁既不打开也不报警；只有当 L、M、N 或者 L、M 或者 L、N 分别同时按下时，锁才能打开；当不符合上述组合状态时，将发出报警信息。试用**与非**门设计此保密锁的逻辑电路。

解：（1）逻辑抽象。设定输入、输出变量，并赋值　3 个输入信号：取三个按键 L、M、N 的状态为输入变量，分别用 *A*、*B*、*C* 表示，并规定按下为 **1**，未按下为 **0**；**2** 个输出信号：取锁的状态为输出量之一，用 *F* 表示，并规定锁打开为 **1**，锁未开为 **0**；取报警状态为另一输出量，用 *G* 表示，并规定报警为 **1**，不报警为 **0**；

（2）依题意列真值表　如表 3-2 所示。

表 3-2　【例 3-2】的真值表

输入			输出		输入			输出	
A	*B*	*C*	*F*	*G*	*A*	*B*	*C*	*F*	*G*
0	**0**	**0**	**0**	**0**	**1**	**0**	**0**	**0**	**0**
0	**0**	**1**	**0**	**1**	**1**	**0**	**1**	**1**	**0**
0	**1**	**0**	**0**	**1**	**1**	**1**	**0**	**1**	**0**
0	**1**	**1**	**0**	**1**	**1**	**1**	**1**	**1**	**0**

(3) 写函数表达式　并化简

$$F=A\overline{B}C+AB\overline{C}+ABC=AC+AB=\overline{\overline{AC}\cdot\overline{AB}}$$

$$G=\overline{A}\,\overline{B}C+\overline{A}B\overline{C}+\overline{A}BC=\overline{A}C+\overline{A}B=\overline{\overline{\overline{A}C}\cdot\overline{\overline{A}B}}$$

(4) 画出逻辑图　如图 3-3 所示。

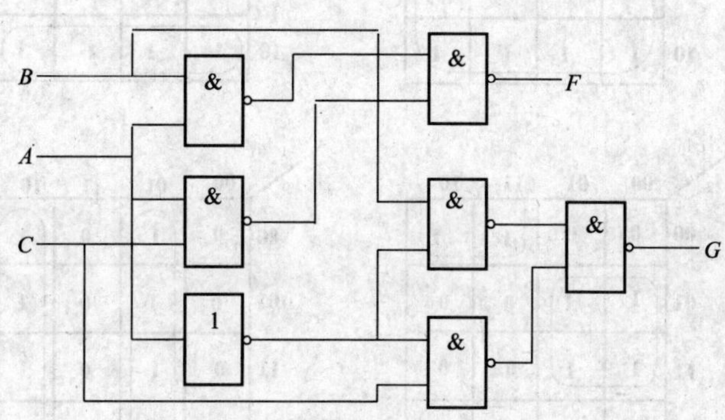

图 3-3　【例 3-2】逻辑图

【例 3-3】 设计一个代码转换电路，输入为 4 位二进制代码，输出为 4 位循环码。

解：(1) 逻辑抽象　4 位二进制代码对应 4 个输入信号，分别用 A_3、A_2、A_1 和 A_0 表示；4 位循环码对应 4 个输出信号，分别用 Y_3、Y_2、Y_1 和 Y_0 表示。

(2) 依题意列真值表　如表 3-3 所示。

表 3-3　【例 3-3】真值表

二进制代码				循环码				二进制代码				循环码			
A_3	A_2	A_1	A_0	Y_3	Y_2	Y_1	Y_0	A_3	A_2	A_1	A_0	Y_3	Y_2	Y_1	Y_0
0	0	0	0	0	0	0	0	1	0	0	0	1	1	0	0
0	0	0	1	0	0	0	1	1	0	0	1	1	1	0	1
0	0	1	0	0	0	1	1	1	0	1	0	1	1	1	1
0	0	1	1	0	0	1	0	1	0	1	1	1	1	1	0
0	1	0	0	0	1	1	0	1	1	0	0	1	0	1	0
0	1	0	1	0	1	1	1	1	1	0	1	1	0	1	1
0	1	1	0	0	1	0	1	1	1	1	0	1	0	0	1
0	1	1	1	0	1	0	0	1	1	1	1	1	0	0	0

(3) 由真值表写表达式，并利用卡诺图化简　卡诺图如图 3-4 所示。

得到表达式：

$$Y_3=A_3$$

$$Y_2=\overline{A}_3A_2+A_3\overline{A}_2=A_3\oplus A_2$$

$$Y_1=A_2\overline{A}_1+\overline{A}_2A_1=A_2\oplus A_1$$

$$Y_0=\overline{A}_1A_0+A_1\overline{A}_0=A_2\oplus A_1$$

(4) 画出逻辑图　如图 3-5 所示。

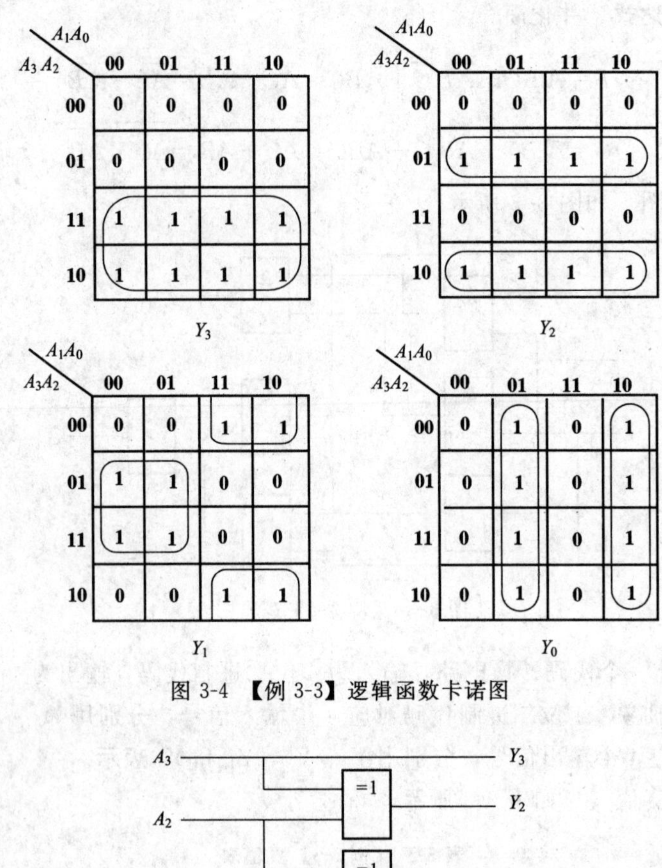

图 3-4 【例 3-3】逻辑函数卡诺图

图 3-5 【例 3-3】逻辑图

【思考题】

3-2-1 简述组合逻辑电路的一般分析步骤。

3-2-2 简述组合逻辑电路的一般设计步骤。

3-2-3 用与非门设计一个组合电路，其输入是一个 4 位二进制数，当该数大于 9 时输出为 **1**，否则输出为 **0**。

3.3 常用的组合逻辑部件

实现各种逻辑功能的组合电路，五花八门不胜枚举，不必要、也不可能一一列举。重要的是通过一些典型电路的分析，弄清基本概念，掌握基本方法。本节只对数字电路中经常使用到的几种组合逻辑部件进行讨论，这些电路包括：加法器、数值比较器、编码器、译码器、数据选择器和数据分配器等。

3.3.1 加法器

两个二进制数之间的算术运算，无论加、减、乘、除，都可以看作是用若干步加法运算进行的。因此，加法器是构成算术运算器的基本单元。

1. 半加器

如果不考虑来自低位的进位，仅将两个 1 位二进制数相加，称为半加。实现半加运算的电路称为半加器。

两个 1 位二进制数相加，例如 A_i 和 B_i 相加，有三种情况：**0+0=0；0+1=1；1+1=10**。可见半加结果有两个输出：半加和、向高位的进位。两个 1 位二进制数相加的真值表如表 3-4 所示，其中 A_i、B_i 为两个加数，S_i 为本位和数，C_i 为向高位产生的进位。

表 3-4　半加器真值表

输入		输出		输入		输出	
A_i	B_i	S_i	C_i	A_i	B_i	S_i	C_i
0	**0**	**0**	**0**	**1**	**0**	**1**	**0**
0	**1**	**1**	**0**	**1**	**1**	**0**	**1**

由真值表可以写出它的输出表达式为：

$$\begin{cases} S_i=\overline{A}_iB_i+A_i\overline{B}_i=A_i\oplus B_i \\ C_i=A_iB_i \end{cases} \tag{3-2}$$

其逻辑图及逻辑符号如图 3-6 所示。可见，半加器是由一个**异或**门和一个**与**门组成的。

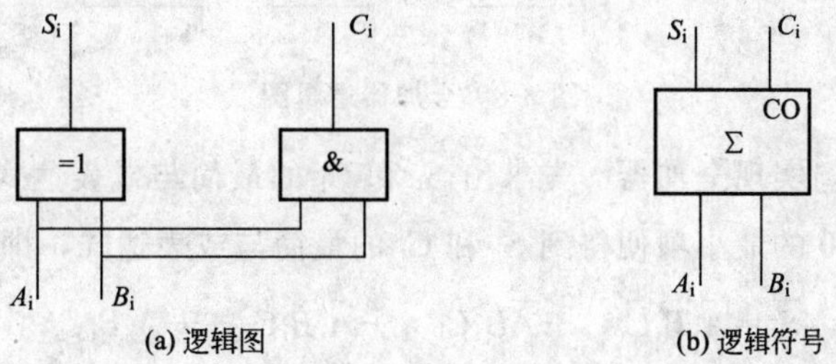

(a) 逻辑图　　(b) 逻辑符号

图 3-6　半加器

2. 全加器

在将两个多位二进制数相加时，不仅考虑本位两个二进制数相加，而且还考虑来自低位进位数相加的逻辑运算称为全加。实现全加运算的逻辑电路称为全加器。

全加器真值表如表 3-5 所示，输入端有 3 个：其中 A_i、B_i 为两个加数，C_{i-1} 为来自低位的进位数；输出端有 2 个：S_i 为本位和数，C_i 为向高位产生的进位。

表 3-5　全加器真值表

输入			输出		输入			输出	
A_i	B_i	C_{i-1}	S_i	C_i	A_i	B_i	C_{i-1}	S_i	C_i
0	**0**	**0**	**0**	**0**	**1**	**0**	**0**	**1**	**0**
0	**0**	**1**	**1**	**0**	**1**	**0**	**1**	**0**	**1**
0	**1**	**0**	**1**	**0**	**1**	**1**	**0**	**0**	**1**
0	**1**	**1**	**0**	**1**	**1**	**1**	**1**	**1**	**1**

根据表 3-5 所示的真值表，可以分别画出如图 3-7 所示的 S_i 和 C_i 的卡诺图。

由如图 3-7 所示的卡诺图可得

$$\begin{cases} S_i=\overline{A}_i\overline{B}_iC_{i-1}+\overline{A}_iB_i\overline{C}_{i-1}+A_i\overline{B}_i\overline{C}_{i-1}+A_iB_iC_{i-1}=A_i\oplus B_i\oplus C_{i-1} \\ C_i=A_iB_i+A_iC_{i-1}+B_iC_{i-1}=(A_i\oplus B_i)C_{i-1}+A_iB_i \end{cases} \tag{3-3}$$

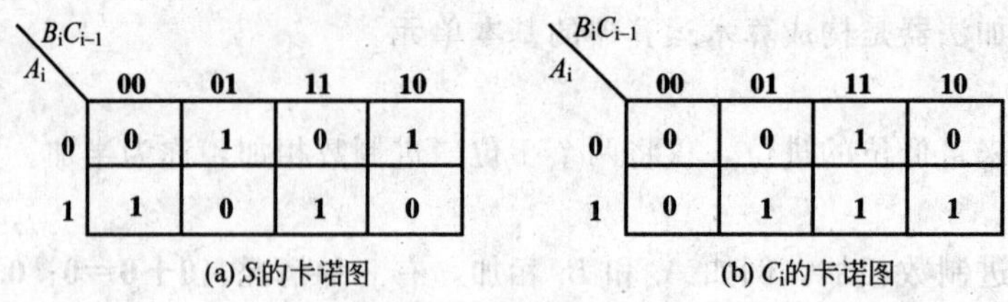

图 3-7 输出函数的卡诺图

(1) 利用**与**门、**或**门实现全加器　根据式(3-3) 的 S_i 和 C_i 的表达式可直接画出如图3-8所示的逻辑图。

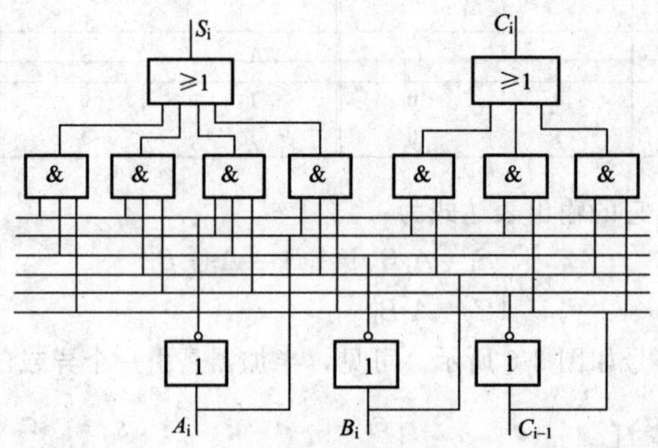

图 3-8 全加器逻辑图

(2) 利用**与或非**门实现全加器　先求出 $\overline{S_i}$ 和 $\overline{C_i}$ 的最简**与或**表达式。在如图 3-7 所示的卡诺图中，合并值为 **0** 的最小项便得到 $\overline{S_i}$ 和 $\overline{C_i}$ 的最简**与或**表达式，即

$$\begin{cases}\overline{S_i}=\overline{A_i}\,\overline{B_i}\,\overline{C_{i-1}}+\overline{A}B_iC_{i-1}+A_i\overline{B_i}C_{i-1}+A_iB_i\overline{C_{i-1}}\\ \overline{C_i}=\overline{A_i}\,\overline{B_i}+\overline{A_i}\,\overline{C_{i-1}}+\overline{B_i}\,\overline{C_{i-1}}\end{cases}$$

再取反得到 S_i 和 C_i 的最简**与或非**表达式，

$$\begin{cases}S_i=\overline{\overline{S_i}}=\overline{\overline{A_i}\,\overline{B_i}\,\overline{C_{i-1}}+\overline{A_i}B_iC_{i-1}+A_i\overline{B_i}C_{i-1}+A_iB_i\overline{C_{i-1}}}\\ C_i=\overline{\overline{C_i}}=\overline{\overline{A_i}\,\overline{B_i}+\overline{A_i}\,\overline{C_{i-1}}+\overline{B_i}\,\overline{C_{i-1}}}\end{cases}\tag{3-4}$$

然后根据式(3-4) 画出逻辑图，如图 3-9 所示。

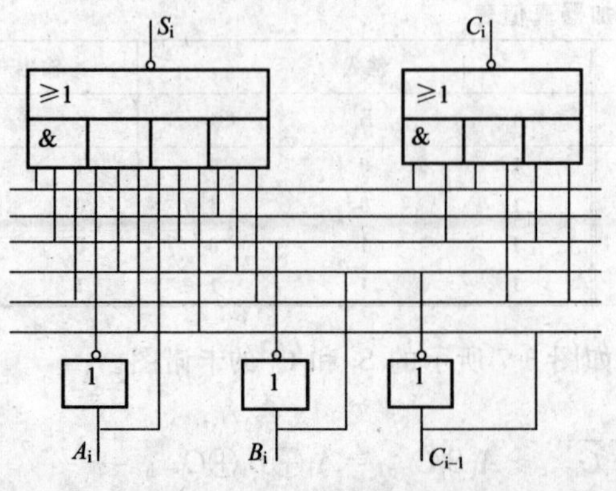

图 3-9 用**与或非**门和反相器构成的全加器的逻辑图

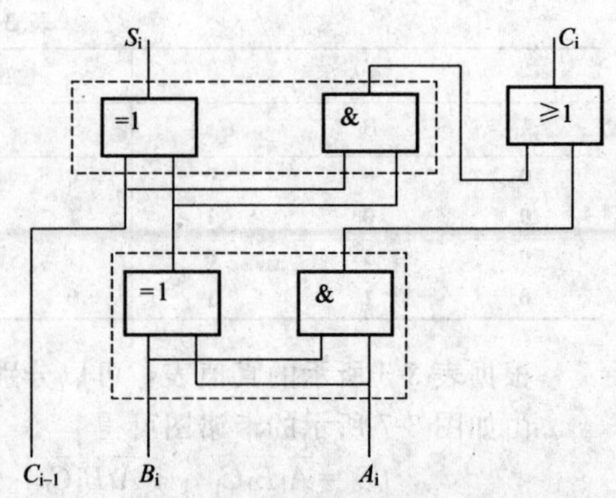

图 3-10 半加器构成的全加器逻辑图

(3) 利用半加器实现全加器　根据式(3-3)

$$\begin{cases} S_i = A_i \oplus B_i \oplus C_{i-1} \\ C_i = (A_i \oplus B_i) C_{i-1} + A_i B_i \end{cases}$$

利用半加器可构成全加器，其逻辑图如图 3-10 所示。虚线框内为半加器，由此可以知道一个全加器可以由两个半加器和一个**或**门组成。

事实上，图 3-9 示出的就是双全加器 74LS183 的 1/2 逻辑图。全加器的逻辑符号如图 3-11 所示。

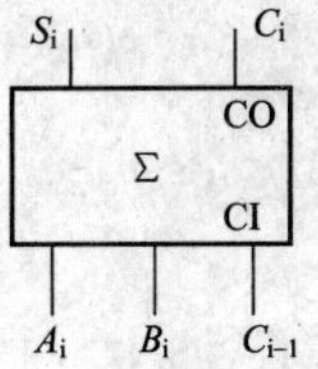

图 3-11　全加器的逻辑符号

3. 多位数加法器

实现多位二进制数相加的加法器，可根据进位信号连接方式不同，分为串行进位加法器和超前进位加法器。

(1) 4 位串行进位加法器　把多个全加器依次级联起来，便可构成多位串行加法器。由 4 个全加器构成的 4 位加法器的逻辑图如图 3-12 所示。

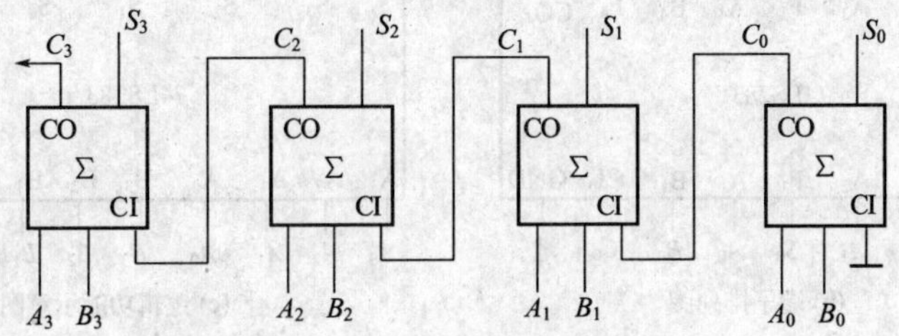

图 3-12　4 位串行进位加法器的逻辑图

从串行进位加法器中不难看出，最高位的运算，必须等到所有低位运算依次结束，送来进位信号之后才能进行，因此其运算速度受到限制。为了提高加法运算速度，可采用超前进位方式。

(2) 超前进位加法器　所谓超前进位加法器，就是在做加法运算时，各位数的进位信号由输入二进制数直接产生的加法器。4 位二进制加法器中，第 1 位全加器的输入进位信号的表达式为

$$C_0 = A_0 B_0 + A_0 C_{0-1} + B_0 C_{0-1} = A_0 B_0 + (A_0 + B_0) C_{0-1}$$

第 2 位全加器的输入进位信号的表达式为

$$C_1 = A_1 B_1 + (A_1 + B_1) C_0 = A_1 B_1 + (A_1 + B_1)[A_0 B_0 + (A_0 + B_0) C_{0-1}]$$

第 3 位全加器的输入进位信号的表达式为

$$\begin{aligned} C_3 &= A_3 B_3 + (A_3 + B_3) C_2 \\ &= A_3 B_3 + (A_3 + B_3)\{A_2 B_2 + (A_2 + B_2)\{A_1 B_1 + (A_1 + B_1)[A_0 B_0 + (A_0 + B_0) C_{0-1}]\}\} \end{aligned}$$

显而易见，只要 $A_3 A_2 A_1 A_0$、$B_3 B_2 B_1 B_0$ 和 C_{0-1} 给出之后，便可按上述表达式直接确定 C_3、C_2、C_1、C_0。因此，如果用门电路实现上述逻辑关系，并将结果送到相应全加器的进位输入端，就会极大地提高加法器运算速度，因为高位的全加运算再也不需等待了。4 位超前进位加法器就是由四个全加器和相应的进位逻辑电路组成的，其逻辑结构示意图、集成 4 位超前进位加法器 74LS283 端子排列图及逻辑功能示意图如图 3-13所示。

3.3.2　数值比较器

在数字电路中，经常需要比较两个数的大小，或者确定二者是否相等。实现比较功能的

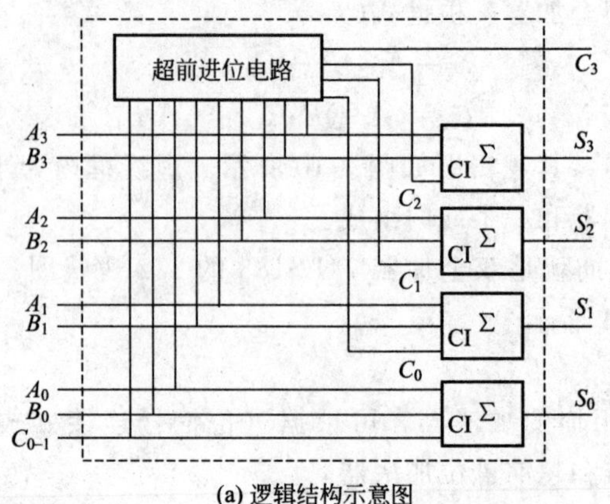

(a) 逻辑结构示意图

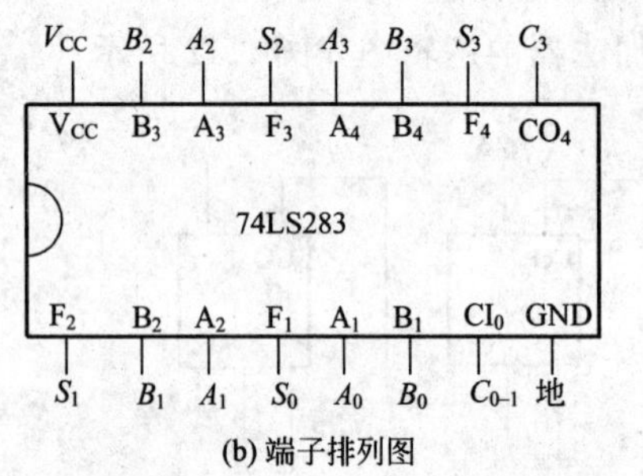

(b) 端子排列图

(c) 逻辑功能示意图

图 3-13　4 位超前进位加法器

电路叫数值比较器。

1. 1 位数值比较器

两个 1 位二进制数 A 和 B 进行数值比较，其比较结果有三种情况。

① $A>B$，比较器输出 $Y_{(A>B)}=\mathbf{1}$。

② $A=B$，比较器输出 $Y_{(A=B)}=\mathbf{1}$。

③ $A<B$，比较器输出 $Y_{(A<B)}=\mathbf{1}$。

根据上述三种情况，列出 1 位数值比较器的真值表，如表 3-6 所示。

表 3-6　1 位数值比较器的真值表

A	B	$Y_{(A>B)}$	$Y_{(A=B)}$	$Y_{(A<B)}$
0	**1**	**0**	**0**	**1**
1	**0**	**1**	**0**	**0**
1	**1**	**0**	**1**	**0**
0	**0**	**0**	**1**	**0**

由真值表可得到逻辑表达式

$$\begin{cases} Y_{(A>B)}=A\overline{B} \\ Y_{(A=B)}=\overline{A}\,\overline{B}+AB \\ Y_{(A<B)}=\overline{A}B \end{cases} \tag{3-5}$$

根据式(3-5) 可画出 1 位数值比较器的逻辑图，如图 3-14 所示。

2. 多位数值比较器

进行两个多位数比较大小时，必须从最高位开始，依次逐位进行比较，而且只有在高位相等时，才需比较低位，直到比较出结果为止。

以 4 位数值比较器为例，比较两个 4 位二进制数 $A=A_3A_2A_1A_0$、$B=B_3B_2B_1B_0$，比较结果用 $Y_{(A>B)}$、$Y_{(A=B)}$、$Y_{(A<B)}$ 表示。首先比较 A_3 和 B_3，若 $A_3>B_3$，则 $A>B$，$Y_{(A>B)}=\mathbf{1}$，$Y_{(A=B)}=Y_{(A<B)}=\mathbf{0}$；若 $A_3=B_3$，就必须比较通过 A_2 和 B_2 来确定 A 和 B 的大小，以此类推，最终一定能确定出结果。

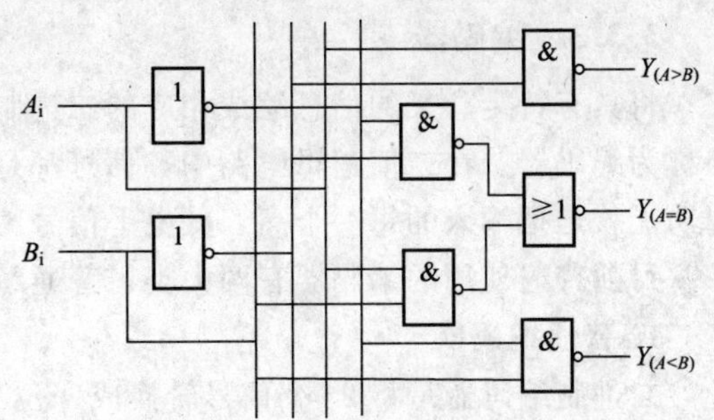

图 3-14　1 位数值比较器的逻辑图

把实现数值比较功能的电路集成在一个芯片上，便构成集成数值比较器。4 位数值比较器 CC14585 逻辑图如图 3-15 所示。

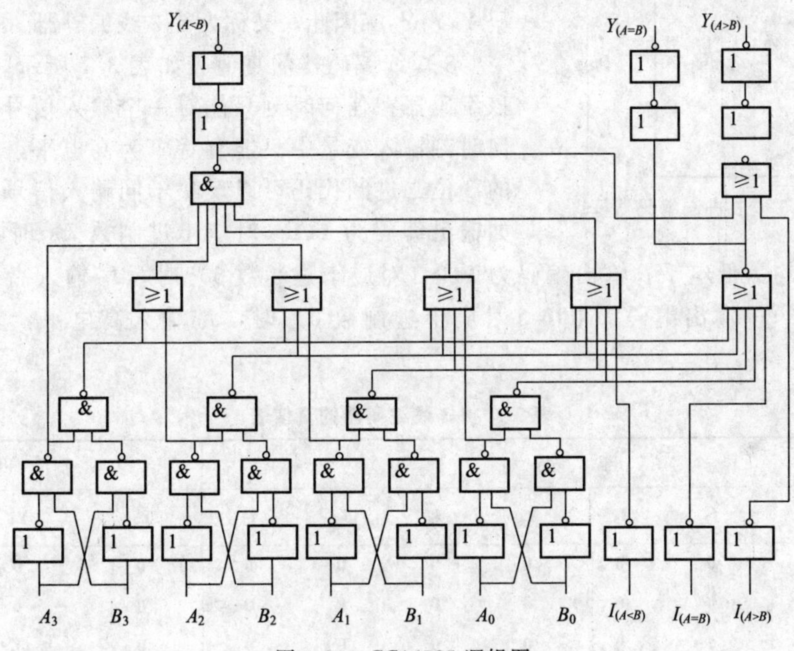

图 3-15　CC14585 逻辑图

在图 3-14 中，$Y_{(A<B)}$、$Y_{(A=B)}$ 和 $Y_{(A>B)}$ 为总的比较结果；$A_3\sim A_0$ 和 $B_3\sim B_0$ 为两个相比较的 4 位数的输入端；$I_{(A<B)}$、$I_{(A=B)}$ 和 $I_{(A>B)}$ 为扩展端，供片间连接时使用。

若只比较两个 4 位二进制数，则将扩展端 $I_{(A<B)}$ 接低电平，而将 $I_{(A=B)}$ 和 $I_{(A>B)}$ 接高电平，即 $I_{(A<B)}=\mathbf{0}$、$I_{(A=B)}=I_{(A>B)}=\mathbf{1}$。

4 位数值比较器 CC14585 逻辑功能示意图如图 3-16 所示。

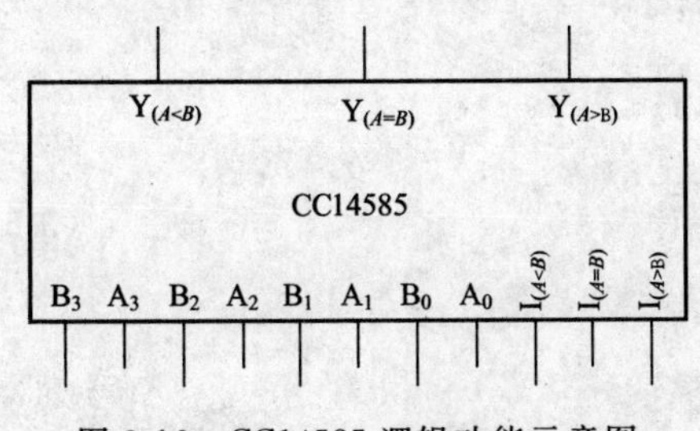

图 3-16　CC14585 逻辑功能示意图

若要比较两个 4 位以上的二进制数，则需要使用两片以上的 CC14585 组成位数更多的数值比较器。

除了以上所介绍的产品以外，目前生产的数值比较器还有采用其他电路结构形式的产品。由于电路结构不同，扩展端的用法也不完全相同，使用时要格外注意。

3.3.3 编码器

将具有特定意义的信息编成相应的二进制代码的过程就是编码。实现编码功能的逻辑电路称为编码器。在二值逻辑电路中，信号都是以高、低电平形式给出的。因此，编码器的逻辑功能就是把输入的每一个高、低电平信号编成一个对应的二进制代码。

目前普遍使用的编码器有两大类：普通编码器和优先编码器。

1. 普通编码器

二进制编码器是将 2^n 个信号转换成 n 位二进制代码的电路。显然，在该电路中，2^n 个输入变量对应有 n 个输出变量。

下面以 3 位二进制普通编码器为例，来分析普通编码器的工作原理，3 位二进制编码器框图如图 3-17 所示。其中输入端是 $I_0 \sim I_7$，共计 8 个需要编码的信号，高电平有效；输出端为 3 位二进制代码 $Y_2Y_1Y_0$。因此，又称为 8-3 线编码器。

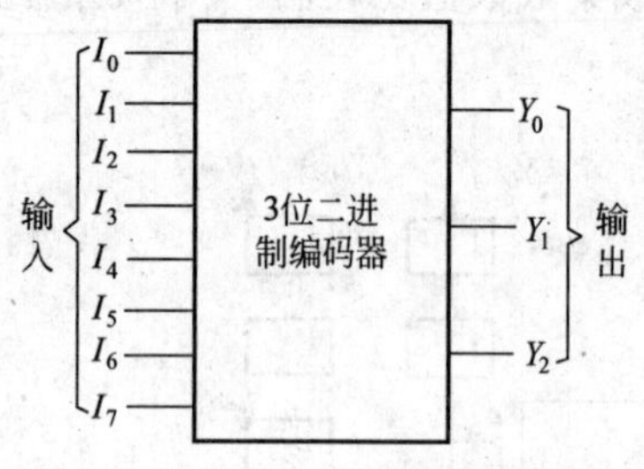

图 3-17 3 位二进制编码器框图

8-3 线编码器的真值表如表 3-7 所示。由表可知，该编码器在任何时刻只能对一个输入信号编码，即任何时刻输入变量中只能有一个为高电平，编码器输出的 3 位二进制代码可以反映不同输入信号的状态，例如输出编码为 **111**（对应十进制数 7）时，I_7 输入高电平，其余均为低电平；输出编码为 **110**（对应十进制数 6）时，I_6 输入高电平，其余均为低电平……输出编码为 **000**（对应十进制数 0）时，I_0 输入高电平，其余均为低电平。

表 3-7 8-3 线编码器的真值表

输入								输出		
I_0	I_1	I_2	I_3	I_4	I_5	I_6	I_7	Y_2	Y_1	Y_0
1	0	0	0	0	0	0	0	0	0	0
0	1	0	0	0	0	0	0	0	0	1
0	0	1	0	0	0	0	0	0	1	0
0	0	0	1	0	0	0	0	0	1	1
0	0	0	0	1	0	0	0	1	0	0
0	0	0	0	0	1	0	0	1	0	1
0	0	0	0	0	0	1	0	1	1	0
0	0	0	0	0	0	0	1	1	1	1

由表 3-7 可写出 8-3 线编码器的输出函数表达式为：

$$\begin{cases} Y_0 = \overline{\overline{I_1} \cdot \overline{I_3} \cdot \overline{I_5} \cdot \overline{I_7}} \\ Y_1 = \overline{\overline{I_2} \cdot \overline{I_3} \cdot \overline{I_6} \cdot \overline{I_7}} \\ Y_2 = \overline{\overline{I_4} \cdot \overline{I_5} \cdot \overline{I_6} \cdot \overline{I_7}} \end{cases} \tag{3-6}$$

3 位二进制编码器逻辑图如图 3-18 所示。

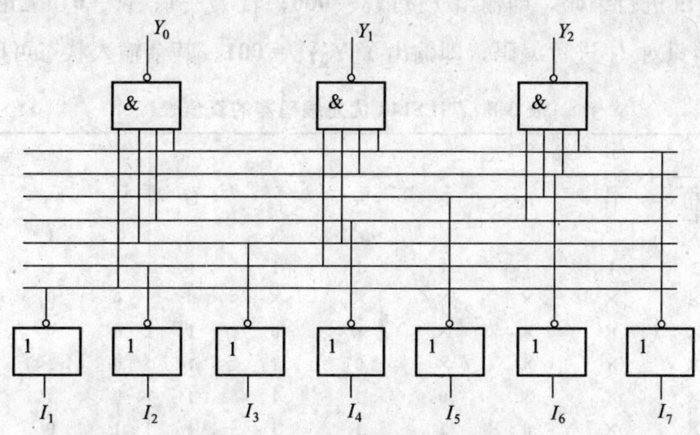

图 3-18　3 位二进制编码器逻辑图

2. 优先编码器

很显然，在普通编码器中，若要保证编码器可靠工作，任何时刻只允许输入一个编码信号，否则输出将出现混乱，编码器无法正常工作。在实际系统中，需要根据输入信号的优先权的高低来进行编码的编码器称为优先编码器。

在优先编码器中，允许几个输入信号同时输入，但电路只对其中优先权最高的一个输入信号进行编码。输入信号的优先权在设计编码器时就已经排好队了。

集成优先编码器的种类较多，下面以 74LS 系列中的 8-3 线二进制优先编码器 74LS148 为例进行介绍。

74LS148 优先编码器的端子排列图和逻辑功能示意图如图 3-19 所示，输入端有要进行优先编码的 8 个输入信号 $\overline{I}_0 \sim \overline{I}_7$，输出端有 3 个输出信号 $\overline{Y}_2$、$\overline{Y}_1$、$\overline{Y}_0$，表示 3 位二进制代码。除此之外，为了扩展电路的功能和增加使用的灵活性，在 74LS148 逻辑电路中附加了控制电路，其中 $\overline{S}$ 为选通输入端，其上的“—”和图中的“∘”均表示输入低电平有效，即只有在 $\overline{S}=\mathbf{0}$ 的条件下，编码器才能正常工作，而 $\overline{S}=\mathbf{1}$ 时，输出端均被封锁在高电平；$\overline{Y}_S$ 为选通输出端，$\overline{Y}_S=\mathbf{0}$ 时，“编码器工作，但无信号输入”；$\overline{Y}_{EX}$ 为扩展端，$\overline{Y}_{EX}=\mathbf{0}$ 时，“编码器工作，且有信号输入”。输入和输出均以低电平作为有效信号。

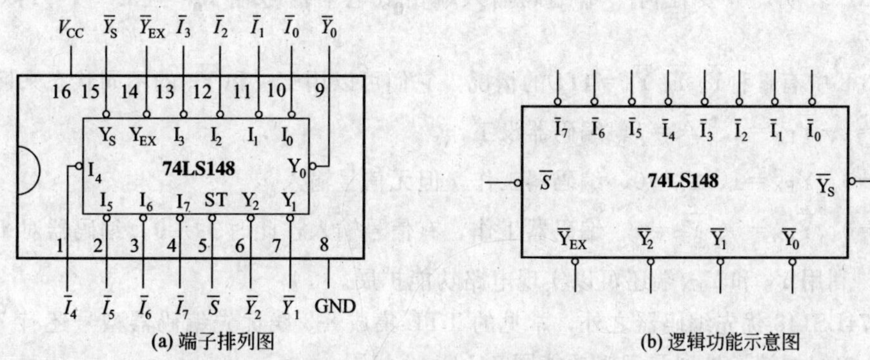

图 3-19　74LS148 优先编码器

74LS148 优先编码器的真值表如表 3-8 所示。在输入端 8 个输信号 $\overline{I}_0 \sim \overline{I}_7$ 中，$\overline{I}_7$ 的优先权最高，$\overline{I}_0$ 的优先权最低。只要 $\overline{I}_7=\mathbf{0}$，无论其他输入端有无输入信号（表中用×表示无输入信

号），编码器只对 $\overline{I}_7$ 进行编码，即输出 $\overline{Y}_2\overline{Y}_1\overline{Y}_0=\mathbf{000}$；若 $\overline{I}_7=\mathbf{1}$、$\overline{I}_6=\mathbf{0}$，无论其他输入端有无输入信号，编码器只对 $\overline{I}_6$ 进行编码，即输出 $\overline{Y}_2\overline{Y}_1\overline{Y}_0=\mathbf{001}$。其余输入状态可以此分析完成。

表 3-8　74LS148 优先编码器的真值表

输　入									输　出				
$\overline{S}$	$\overline{I}_0$	$\overline{I}_1$	$\overline{I}_2$	$\overline{I}_3$	$\overline{I}_4$	$\overline{I}_5$	$\overline{I}_6$	$\overline{I}_7$	$\overline{Y}_2$	$\overline{Y}_1$	$\overline{Y}_0$	$\overline{Y}_S$	$\overline{Y}_{EX}$
1	×	×	×	×	×	×	×	×	1	1	1	1	1
0	1	1	1	1	1	1	1	1	1	1	1	0	1
0	×	×	×	×	×	×	×	0	0	0	0	1	0
0	×	×	×	×	×	×	0	1	0	0	1	1	0
0	×	×	×	×	×	0	1	1	0	1	0	1	0
0	×	×	×	×	0	1	1	1	0	1	1	1	0
0	×	×	×	0	1	1	1	1	1	0	0	1	0
0	×	×	0	1	1	1	1	1	1	0	1	1	0
0	×	0	1	1	1	1	1	1	1	1	0	1	0
0	0	1	1	1	1	1	1	1	1	1	1	1	0

很显然，在 $\overline{S}=\mathbf{0}$ 编码器正常工作状态下，允许 $\overline{I}_0\sim\overline{I}_7$ 当中同时有几个输入端为低电平，而编码器的工作状态不会混乱。

依据表 3-8，可以得到 74LS148 优先编码器的输出函数表达式

$$\begin{cases}\overline{Y}_2=\overline{(I_4+I_5+I_6+I_7)\cdot S}\\ \overline{Y}_1=\overline{(I_2\overline{I}_4\overline{I}_5+I_3\overline{I}_4\overline{I}_5+I_6+I_7)\cdot S}\\ \overline{Y}_0=\overline{(I_1\overline{I}_2\overline{I}_4\overline{I}_6+I_3\overline{I}_4\overline{I}_6+I_5\overline{I}_6+I_7)\cdot S}\end{cases}\tag{3-7}$$

选通输出端

$$\overline{Y}_S=\overline{\overline{I}_0\overline{I}_1\overline{I}_2\overline{I}_3\overline{I}_4\overline{I}_5\overline{I}_6\overline{I}_7 S}\tag{3-8}$$

式(3-8) 表明，只有当所有的编码输入端都是高电平，即没有编码输入，而且 $S=\mathbf{1}$ 时，$\overline{Y}_S$ 才是低电平。

扩展端

$$\overline{Y}_{EX}=\overline{(I_0+I_1+I_2+I_3+I_4+I_5+I_6+I_7)\cdot S}\tag{3-9}$$

式(3-9) 表明，只要任何一个编码输入端由低电平信号输入，且 $S=\mathbf{1}$，$\overline{Y}_{EX}$ 就为低电平。

在表 3-8 中有 3 种 $\overline{Y}_2\ \overline{Y}_1\ \overline{Y}_0=\mathbf{111}$ 的情况，它们可以用 $\overline{Y}_{EX}$ 和 $\overline{Y}_S$ 的不同状态来区分，即

① $\overline{S}=1$、$\overline{Y}_{EX}=1$、$\overline{Y}_S=1$，编码器没工作。

② $\overline{S}=0$、$\overline{Y}_{EX}=1$、$\overline{Y}_S=0$，编码器工作，但无信号输入。

③ $\overline{S}=0$、$\overline{Y}_{EX}=0$、$\overline{Y}_S=1$，编码器工作，有信号输入，此时 $\overline{I}_0=\mathbf{0}$，编码器对 $\overline{I}_0$ 编码。

另外，利用 $\overline{Y}_S$ 和 $\overline{Y}_{EX}$ 端还可以实现电路功能扩展。

除了 74LS148 优先编码器之外，常见的 TTL 集成 8-3 线优先编码器型号还有 74148 和 74LS348，它们的端子排列及逻辑功能同 74LS148 相同。

3. 集成编码器的级联

在级联应用时，高位片的选通输出端 $\overline{Y}_S$ 与低位片的选通输入端 $\overline{S}$ 相连，可以扩展优先编码功能；而扩展端 $\overline{Y}_{EX}$ 可以用作输出位的扩展端。

若将两片 8-3 线优先编码器按上述原则级联起来，便可以构成 16-4 线优先编码器，电路连接图如图 3-20 所示。

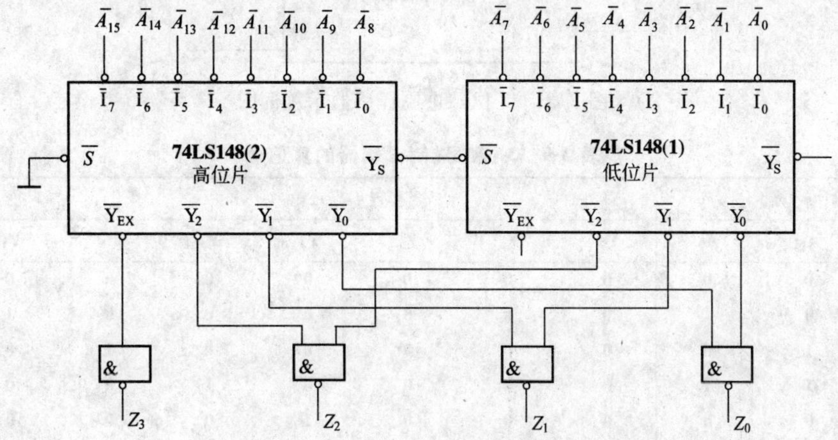

图 3-20　16-4 线优先编码器电路连接图

$\overline{A}_{15}$优先权最高，$\overline{A}_0$ 优先权最低。按照优先权顺序的要求，只有高位片无信号输入（其 $\overline{Y}_S$=**0** 时），才允许低位片对其输入信号进行编码，即其 $\overline{S}$=**0**。因此只要把高位片的选通输出端 $\overline{Y}_S$ 与低位片的选通输入端 $\overline{S}$ 相连即可满足这一点。

另外，高位片有信号输入时，其 $\overline{Y}_{EX}$=**0**；无信号输入时，$\overline{Y}_{EX}$=**1**，把它可以作为输出编码的第 4 位。编码器输出的低 3 位应是两片输出 $\overline{Y}_2$、$\overline{Y}_1$、$\overline{Y}_0$ 的逻辑或（用与非门实现）。

当 $\overline{A}_{15}$～$\overline{A}_8$ 中任何一个输入信号为 **0** 时，则高位片的 $\overline{Y}_{EX}$=**0**，Z_3=**1**，$\overline{Y}_S$=**1**。由于高位片的 $\overline{Y}_S$=**1**，使得低位片的 $\overline{S}$=**1**，低位片被封锁。

当 $\overline{A}_{15}$～$\overline{A}_8$ 全为高电平，即无编码信号输入时，高位片 $\overline{Y}_{EX}$=**1**，Z_3=**0**，$\overline{Y}_S$=**0**；由于高位片的 $\overline{Y}_S$=**0**，使得低位片的 $\overline{S}$=**0**，处于编码状态。

例如，$\overline{A}_9$=**0**，则高位片 $\overline{Y}_2\overline{Y}_1\overline{Y}_0$=**110**，$Z_3$=**1**；低位片输出 $\overline{Y}_2\overline{Y}_1\overline{Y}_0$=**111**。于是编码器最终输出 $Z_3Z_2Z_1Z_0$=**1001**。

再如，$\overline{A}_3$=**0**，则高位片 $\overline{Y}_2\overline{Y}_1\overline{Y}_0$=**111**，$Z_3$=**0**；低位片输出 $\overline{Y}_2\overline{Y}_1\overline{Y}_0$=**100**。于是编码器最终输出 $Z_3Z_2Z_1Z_0$=**0011**。

3.3.4　译码器

译码是编码的逆过程，是把代码的特定含义翻译出来的过程。译码器的逻辑功能是将每一个输入的二进制代码译成对应的高、低电平信号输出。

1. 二进制译码器

二进制译码器就是把二进制代码所有的组合状态翻译出来的电路。如果输入变量为 n 位二进制代码，对应的输出变量就应有 2^n 个。下面以 3 位二进制译码器为例，来分析二进制译码器的工作原理，其框图如图 3-21 所示。该译码器有 3 个输入端，输入 3 位二进制代码 $A_2A_1A_0$，有 $2^3=8$ 个输出端 Y_0～Y_7，因此也称为 3-8 线译码器。

当输入信号 $A_2A_1A_0$ 为 **000** 时，Y_0 为 **1**，Y_1～Y_7 均为 **0**；输入信号为 **001** 时，Y_1 为 **1**，其他输出均为 **0**，以此类推。3 位二进制译码器的真值表如表 3-9 所示。

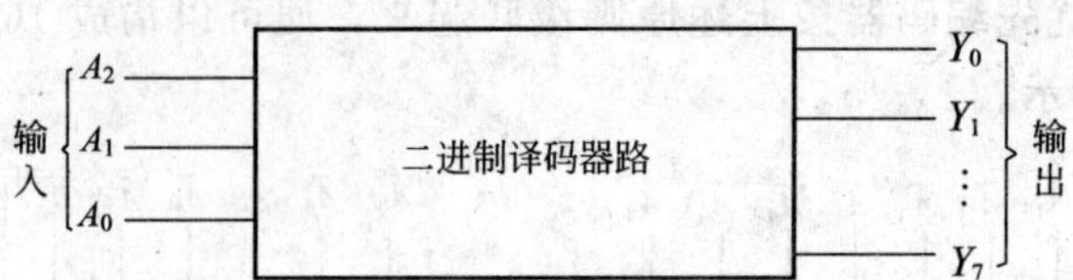

图 3-21　3 位二进制译码器示意框图

表 3-9　3 位二进制译码器的真值表

输入			输出							
A_2	A_1	A_0	Y_7	Y_6	Y_5	Y_4	Y_3	Y_2	Y_1	Y_0
0	0	0	0	0	0	0	0	0	0	1
0	0	1	0	0	0	0	0	0	1	0
0	1	0	0	0	0	0	0	1	0	0
0	1	1	0	0	0	0	1	0	0	0
1	0	0	0	0	0	1	0	0	0	0
1	0	1	0	0	1	0	0	0	0	0
1	1	0	0	1	0	0	0	0	0	0
1	1	1	1	0	0	0	0	0	0	0

由表 3-9 所示真值表可直接得到逻辑表达式

$$\begin{cases} Y_0=\overline{A}_2\overline{A}_1\overline{A}_0=m_0\text{，}Y_4=A_2\overline{A}_1\overline{A}_0=m_4 \\ Y_1=\overline{A}_2\overline{A}_1A_0=m_1\text{，}Y_5=A_2\overline{A}_1A_0=m_5 \\ Y_2=\overline{A}_2A_1\overline{A}_0=m_2\text{，}Y_6=A_2A_1\overline{A}_0=m_6 \\ Y_3=\overline{A}_2A_1A_0=m_3\text{，}Y_7=A_2A_1A_0=m_7 \end{cases} \tag{3-10}$$

根据式(3-10) 画出逻辑图，如图 3-22 所示。

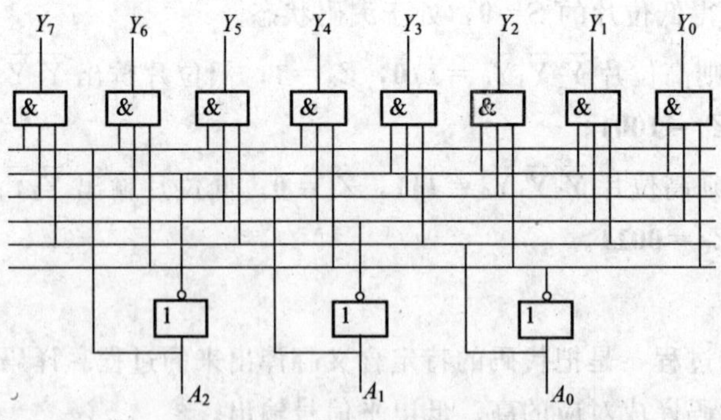

图 3-22　3 位二进制译码器逻辑图

由于译码器各个输出信号逻辑表达式的基本形式是有关输入信号的与运算，所以它的逻辑图是由与门组成的阵列，这也是译码器基本电路结构的一个显著特点。

在一个芯片上，把如图 3-22 所示电路的输出端的与门换成与非门，再加上控制门（控制电路），并将它们集成在一块芯片上，称控制电路，便构成集成 3-8 线译码器 74LS138。

74LS138 译码器的端子排列图和逻辑功能示意图如图 3-23 所示。该译码器有 3 个输入端，输入 3 位二进制代码 A_2、A_1、A_0，8 个输出端 $\overline{Y}_0\sim\overline{Y}_7$，且低电平有效。除此之外，它还附加有 3 个选通控制端，也称作使能端 S_1、$\overline{S}_2$ 和 $\overline{S}_3$，其中 $\overline{S}_2$ 和 $\overline{S}_3$ 也是低电平有效，例如输入信号为 $A_2A_1A_0$=**000** 时，$\overline{Y}_0$=**0**，$\overline{Y}_1 \sim \overline{Y}_7$ 均为 **1**。输入信号 $A_2A_1A_0$=**001** 时，$\overline{Y}_1$=**0**，其他输出均为 **1**，以此类推。

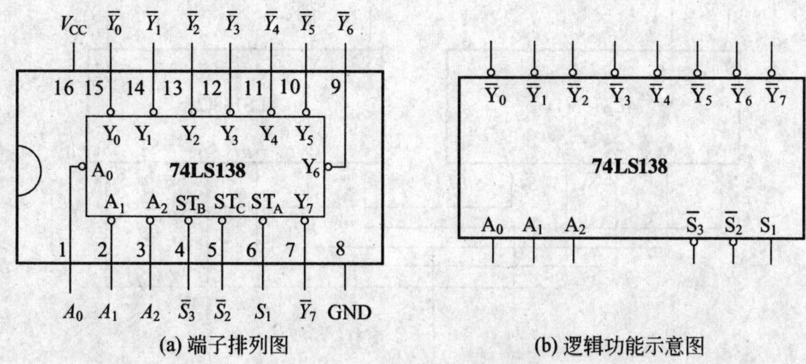

图 3-23　74LS138 译码器

74LS138 译码器的真值表如表 3-10 所示。

表 3-10　74LS138（3-8 线）**译码器的真值表**

输入					输出							
S_1	$\overline{S}_2+\overline{S}_3$	A_2	A_1	A_0	$\overline{Y}_7$	$\overline{Y}_6$	$\overline{Y}_5$	$\overline{Y}_4$	$\overline{Y}_3$	$\overline{Y}_2$	$\overline{Y}_1$	$\overline{Y}_0$
0	×	×	×	×	1	1	1	1	1	1	1	1
×	1	×	×	×	1	1	1	1	1	1	1	1
1	0	0	0	0	1	1	1	1	1	1	1	0
1	0	0	0	1	1	1	1	1	1	1	0	1
1	0	0	1	0	1	1	1	1	1	0	1	1
1	0	0	1	1	1	1	1	1	0	1	1	1
1	0	1	0	0	1	1	1	0	1	1	1	1
1	0	1	0	1	1	1	0	1	1	1	1	1
1	0	1	1	0	1	0	1	1	1	1	1	1
1	0	1	1	1	0	1	1	1	1	1	1	1

依据表 3-10 可以看出以下两点。

① 当 S_1=**0** 或 $\overline{S}_2+\overline{S}_3$=**1** 时，译码被禁止，译码器的输出端全为 **1**，即为无效信号（输出信号低电平有效）。

② 只有当 S_1=**1**、$\overline{S}_2+\overline{S}_3$=**0** 时，译码器才正常工作，完成译码操作。输出信号取决于输入信号的组合。74LS138 译码器的输出函数表达式

$$\begin{cases} \overline{Y}_0=\overline{\overline{A}_2\overline{A}_1\overline{A}_0}=\overline{m_0}, & \overline{Y}_4=\overline{A_2\overline{A}_1\overline{A}_0}=\overline{m_4} \\ \overline{Y}_1=\overline{\overline{A}_2\overline{A}_1A_0}=\overline{m_1}, & \overline{Y}_5=\overline{A_2\overline{A}_1A_0}=\overline{m_5} \\ \overline{Y}_2=\overline{\overline{A}_2A_1\overline{A}_0}=\overline{m_2}, & \overline{Y}_6=\overline{A_2A_1\overline{A}_0}=\overline{m_6} \\ \overline{Y}_3=\overline{\overline{A}_2A_1A_0}=\overline{m_3}, & \overline{Y}_7=\overline{A_2A_1A_0}=\overline{m_7} \end{cases} \tag{3-11}$$

式(3-11) 说明，$\overline{Y}_0 \sim \overline{Y}_7$ 同时是 A_2、A_1、A_0 这三个变量的全部最小项的译码输出，所以也把这种译码器叫作最小项译码器。

选通控制端 S_1、$\overline{S}_2$ 和 $\overline{S}_3$ 也叫作“片选”输入端，利用片选的作用可以将多个芯片连接起来，以扩展译码器的功能。

2. 二进制译码器的级联

当输入二进制代码的位数比较多时，可以把几个二进制译码器级联起来完成其译码操作。两片 74LS138（3-8 线）级联起来构成的 4-16 线译码器如图 3-24 所示。

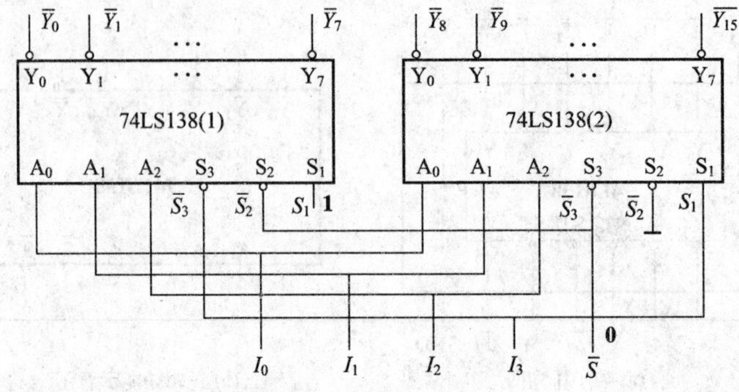

图 3-24　4-16 线译码器

输入 4 位二进制代码 $I_3I_2I_1I_0$ 的范围是 **0000～1111**，当高位 I_3=**0**，即 $I_3I_2I_1I_0$ 为 **0000～0111** 时，片（1）的 $\overline{S}_3$=**0** 工作，片（2）的 S_1=**0** 被禁止，电路将 $I_3I_2I_1I_0$ 的 **0000～0111** 这 8 个代码译成$\overline{Y}_0$～$\overline{Y}_7$ 8 个低电平信号；当 I_3=**1** 时，片（1）的$\overline{S}_3$=**1** 被禁止，片（2）的 S_1=**1** 工作，电路将 $I_3I_2I_1I_0$ 的 **1000～1111** 这 8 个代码译成$\overline{Y}_8$～$\overline{Y}_{15}$ 8 个低电平信号。整个级联电路的使能端是 $\overline{S}$，当 $\overline{S}$=**0** 时级联电路工作，完成对输入 4 位二进制代码 $I_3I_2I_1I_0$ 的译码；当 $\overline{S}$=**1** 时级联电路被禁止，输出$\overline{Y}_0$～$\overline{Y}_{15}$均为 **1**。

3. 显示译码器

现以七段数码显示译码器为例介绍显示译码器，其结构示意图如图 3-25 所示。它是由七段发光二极管构成的二-十进制译码器，输入的是 8421BCD 码，输出是七段数码管显示的字形信号 a、b、c、d、e、f、g。

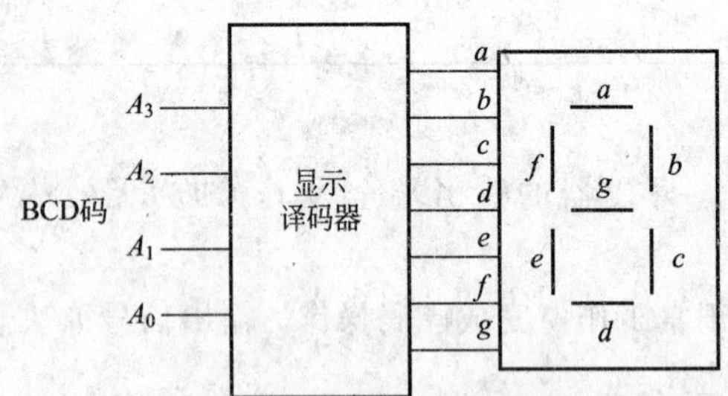

图 3-25　七段数码显示译码器结构示意图

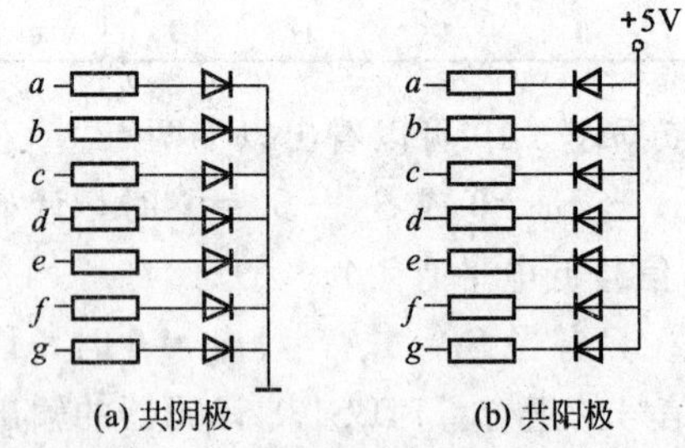

图 3-26　七段发光二极管的两种接法

这种显示电路通常有共阴极和共阳极两种接法，共阴极是将发光二极管的负极全部接地；共阳极是将发光二极管的正极全部接正电压，如图 3-26 所示。若采用共阴极数码管，其真值表如表 3-11 所示。

表 3-11　显示译码器真值表

输入				输出							显示字符
A_3	A_2	A_1	A_0	a	b	c	d	e	f	g	
0	**0**	**0**	**0**	**1**	**1**	**1**	**1**	**1**	**1**	**0**	0
0	**0**	**0**	**1**	**0**	**1**	**1**	**0**	**0**	**0**	**0**	1

续表

输入				输出							显示字符
A_3	A_2	A_1	A_0	a	b	c	d	e	f	g	
0	**0**	**1**	**0**	**1**	**1**	**0**	**1**	**1**	**0**	**1**	2
0	**0**	**1**	**1**	**1**	**1**	**1**	**1**	**0**	**0**	**1**	3
0	**1**	**0**	**0**	**0**	**1**	**1**	**0**	**0**	**1**	**1**	4
0	**1**	**0**	**1**	**1**	**0**	**1**	**1**	**0**	**1**	**1**	5
0	**1**	**1**	**0**	**0**	**0**	**1**	**1**	**1**	**1**	**1**	6
0	**1**	**1**	**1**	**1**	**1**	**1**	**0**	**0**	**0**	**0**	7
1	**0**	**0**	**0**	**1**	**1**	**1**	**1**	**1**	**1**	**1**	8
1	**0**	**0**	**1**	**1**	**1**	**1**	**0**	**0**	**1**	**1**	9

3.3.5　数据选择器

在选择控制信号作用下，从多路数据中选择其中一路输出的电路称为数据选择器，简称 MUX。

1. 数据选择器概念

现以四选一数据选择器为例介绍数据选择器，其示意框图如图 3-27 所示。其输入信号有 4 路数据 $D_0 \sim D_3$ 和两个选择控制端，即地址输入端 A_0、A_1；输出信号 Y 可以是 4 路信号中的任意一路。究竟是哪一路，由选择控制信号决定。

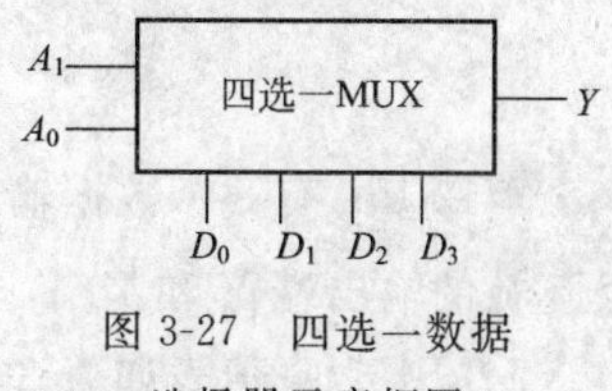

图 3-27　四选一数据选择器示意框图

当 $A_1A_0=\mathbf{00}$ 时，$Y=D_0$；$A_1A_0=\mathbf{01}$ 时，$Y=D_1$；$A_1A_0=\mathbf{10}$ 时，$Y=D_2$；$A_1A_0=\mathbf{11}$ 时，$Y=D_3$，其真值表如表 3-12 所示。

表 3-12　四选一数据选择器真值表

输入			输出	输入			输出
D	A_1	A_0	Y	D	A_1	A_0	Y
D_0	**0**	**0**	D_0	D_2	**1**	**0**	D_2
D_1	**0**	**1**	D_1	D_3	**1**	**1**	D_3

由表 3-12 可得出输出逻辑表达式

$$Y=D_0\overline{A}_1\overline{A}_0+D_1\overline{A}_1A_0+D_2A_1\overline{A}_0+D_3A_1A_0 \tag{3-12}$$

根据式(3-12) 可画出逻辑图，如图 3-28 所示。

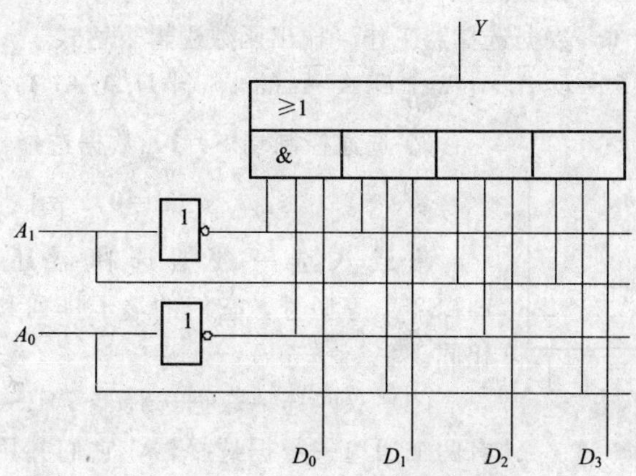

图 3-28　四选一数据选择器逻辑图

2. 集成数据选择器

集成数据选择器的规格、品种较多，例如集成八选一数据选择器和四选一数据选择器，重要的是要能够看懂真值表，理解其逻辑功能。

(1) 集成八选一数据选择器　74LS151 端子排列图和逻辑功能示意图如图 3-29 所示。

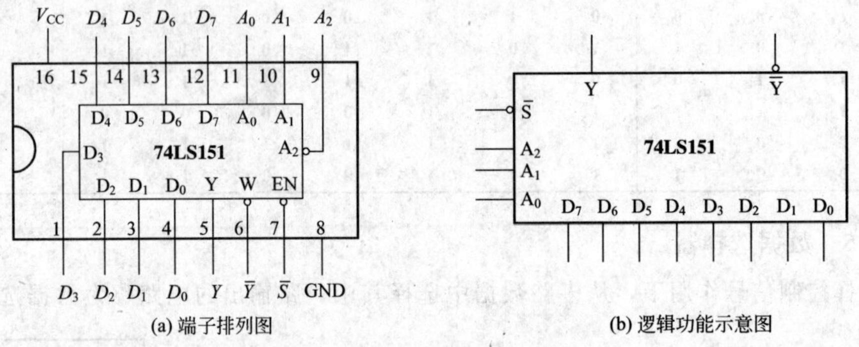

图 3-29　74LS151 数据选择器

74LS151 有 8 个数据输入端 $D_0 \sim D_7$、3 个地址输入端 $A_0 \sim A_2$、一个选通控制端 $\overline{S}$ 和两个互补的输出端 Y 和 $\overline{Y}$。

74LS151 真值表如表 3-13 所示。

表 3-13　74LS151 真值表

输　入					输　出	
$\overline{S}$	D	A_2	A_1	A_0	Y	$\overline{Y}$
1	×	×	×	×	**0**	**1**
0	D_0	**0**	**0**	**0**	D_0	$\overline{D_0}$
0	D_1	**0**	**0**	**1**	D_1	$\overline{D_1}$
0	D_0	**0**	**1**	**0**	D_0	$\overline{D_2}$
0	D_3	**0**	**1**	**1**	D_3	$\overline{D_3}$
0	D_4	**1**	**0**	**0**	D_4	$\overline{D_4}$
0	D_5	**1**	**0**	**1**	D_5	$\overline{D_5}$
0	D_6	**1**	**1**	**0**	D_6	$\overline{D_6}$
0	D_7	**1**	**1**	**1**	D_7	$\overline{D_7}$

由表 3-13 可以看出以下两点。

① 选通控制端 $\overline{S}=\mathbf{0}$，数据选择器工作，输出函数逻辑表达式

$$Y=D_0\overline{A_2}\,\overline{A_1}\,\overline{A_0}+D_1\overline{A_2}\,\overline{A_1}A_0+\cdots+D_7A_2A_1A_0 \tag{3-13}$$

② 选通控制端 $\overline{S}=\mathbf{1}$，数据选择器被禁止，输出

$$Y=\mathbf{0},\overline{Y}=\mathbf{1}$$

集成八选一数据选择器还有 74151、74251 及 74LS251 等型号，它们的端子排列和逻辑功能与 74LS151 相同。

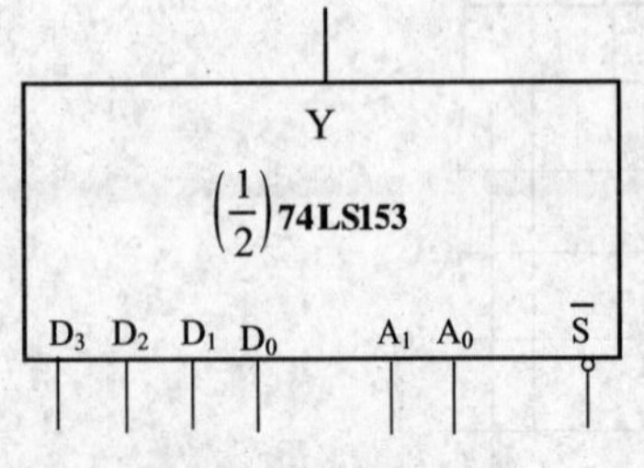

图 3-30　$\left(\frac{1}{2}\right)$74LS153 逻辑功能示意图

(2) 双四选一数据选择器 74LS153　一片 74LS153 上有两个四选一数据选择器，它们共用两个地址输入端 A_0、A_1，但各自具有自己的选通控制端 $\overline{S}$，$\overline{S}$ 低电平有效。

$\left(\frac{1}{2}\right)$74LS153 逻辑功能示意图如图 3-30 所示，它的真值表如表 3-14 所示。

表 3-14　74LS153 的真值表

输入				输出	输入				输出
$\overline{S}$	D	A_1	A_0	Y	$\overline{S}$	D	A_1	A_0	Y
1	×	×	×	**0**	**0**	D_2	**1**	**0**	D_2
0	D_0	**0**	**0**	D_0	**0**	D_3	**1**	**1**	D_3
0	D_1	**0**	**1**	D_1					

由表 3-14 可以看出以下两点。

① 选通控制端 $\overline{S}=\mathbf{0}$，数据选择器工作，输出函数逻辑表达式

$$Y=D_0\overline{A}_1\overline{A}_0+D_1\overline{A}_1A_0+D_2A_1\overline{A}_0+D_3A_1A_0 \tag{3-14}$$

② 选通控制端 $\overline{S}=\mathbf{1}$，数据选择器被禁止，输出

$$Y=\mathbf{0}$$

常见的数据选择器产品除了八选一、四选一以外，还有二选一、十六选一两种类型，它们的工作原理同所讲过的八选一、四选一数据选择器类似，只是数据输入端和地址输入端的数目不相同。

3. 集成数据选择器的扩展

利用集成数据选择器的选通控制端很容易扩展其功能，构成所需的数据选择器。用双四选一数据选择器 74LS153 构成的八选一数据选择器如图 3-31 所示。

8 个数据输入端需要有 3 位地址代码，用上边的四选一数据选择器的选通控制端，如 $\overline{S}_1$ 作为高位地址代码 A_2，而且将 $\overline{A}_2$ 接至下边的四选一数据选择器的选通控制端 $\overline{S}_2$。地址输入信号 A_2 A_1A_0 为 **000**～**111**，共 8 种。

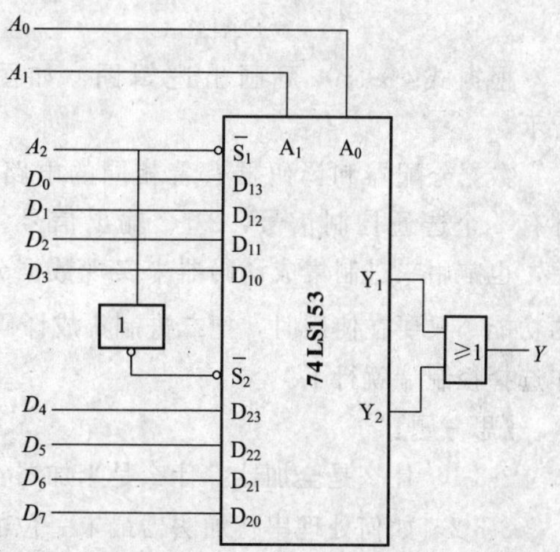

图 3-31　74LS153 构成的八选一数据选择器

当 $A_2=\mathbf{0}$，即地址输入信号 A_2 A_1A_0 为 **000**～**011** 时，上边的数据选择器工作，下边的数据选择器被封锁，所以可从 $D_0\sim D_3$ 中选择某个数据经**或**门输送出去；当 $A_2=\mathbf{1}$，即地址输入信号 $A_2A_1A_0$ 为 **100**～**111** 时，下边的数据选择器工作，上边的数据选择器被封锁，因此可从 $D_4\sim D_7$ 中选择某个数据经**或**门输送出去。该数据选择器的输入、输出之间的逻辑关系式同式(3-13)。

3.3.6　数据分配器

数据分配器的功能与数据选择器相反，它根据地址码的要求，将一路数据分配到指定输出通道上去，数据分配器又称 DEMUX。数据分配器的电路为单输入多输出形式，它有 1 个数据输入端，n 个选择控制端（即地址输入端）和 2^n 个数据输出端，即数据通道，其示意框图如图 3-32 所示。

下面以 1 路-4 路数据分配器为例，来分析数据分配器的工作原理。

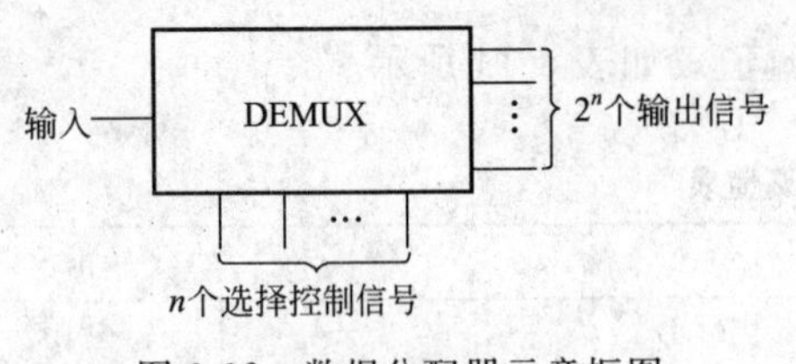

图 3-32　数据分配器示意框图

所谓 1 路-4 路，是指输入信号：1 路输入数据，用 D 表示；输出信号：4 个数据输出，用 Y_0、Y_1、Y_2、Y_3 表示。另外还有两个输入选择控制信号，用 A_0、A_1 表示。当 $A_1A_0=\mathbf{00}$ 时选中输出端 Y_0，即 $Y_0=D$；$A_1A_0=\mathbf{01}$ 时选中输出端 Y_1，即 $Y_1=D$；$A_1A_0=\mathbf{10}$ 时选中输出端 Y_2，即 $Y_2=D$；$A_1A_0=\mathbf{11}$ 时选中输出端 Y_3，即 $Y_3=D$。其真值表如表 3-15 所示。

表 3-15　1 路-4 路分配器的真值表

输　入			输　出			
	A_1	A_0	Y_0	Y_1	Y_2	Y_3
D	**0**	**0**	D	**0**	**0**	**0**
	0	**1**	**0**	D	**0**	**0**
	1	**0**	**0**	**0**	D	**0**
	1	**1**	**0**	**0**	**0**	D

由表 3-15 所示真值表可直接得到逻辑表达式

$$\begin{cases} Y_0=D\overline{A_1}\,\overline{A_0} \\ Y_1=D\overline{A_1}A_0 \\ Y_2=DA_1\overline{A_0} \\ Y_3=DA_1A_0 \end{cases} \tag{3-15}$$

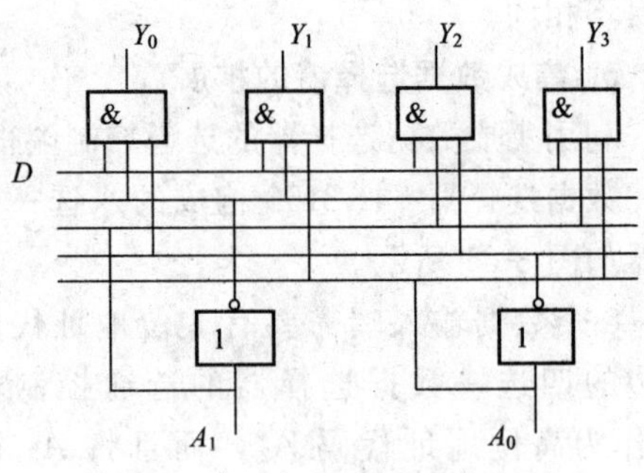

图 3-33　1 路-4 路分配器逻辑图

根据式（3-15）可画出逻辑图，如图 3-33 所示。

数据分配器和译码器有着相同的电路结构，都有 n 个选通控制信号，2^n 个输出信号。实际上，也常用二进制集成译码器来实现数据分配器的功能。只要在使用时，把二进制集成译码器的选通控制端当成数据输入端，二进制代码当作选择控制端就行了。

【思考题】

3-3-1　什么是全加器？什么是半加器？

3-3-2　如何处理串行加法器最末一位的 C_{0-1}？

3-3-3　为了使 74LS138 译码器的第 11 个端子输出低电平，请标出各输入端的逻辑电平。

3-3-4　什么是数据选择器？它有哪些用途？

3.4　中规模组合逻辑电路的应用

本节将通过实例来讨论用译码器、数据选择器和加法器等中规模集成（MSI）组件实现组合逻辑函数的方法。用 MSI 组件实现组合逻辑电路，使设计工作量大为减少，同时还可避免或减少设计中的错误。MSI 组件构成的组合电路体积小，连线少，大大提高了电路的可靠性。

3.4.1　用译码器实现组合逻辑电路

1. 二进制译码器的特点

(1) 功能特点　二进制译码器又称为最小项译码器，其输出端提供了输入变量的全部最小项。

(2) 电路结构特点　二进制集成译码器电路是由**与非**门组成的阵列。这一结构特点决定了二进制集成译码器的输出端所提供的是输入变量最小项的反函数。

2. 用译码器实现组合逻辑电路的基本原理和步骤

(1) 基本原理　在 3.3.4 中已经介绍了二进制译码器的电路结构和工作原理。对于集成 3-8 线译码器，当控制端 $S_1=\mathbf{1}$、$\overline{S}_2+\overline{S}_3=\mathbf{0}$ 时，如果将 A_2、A_1、A_0 作为 3 个输入逻辑变量，则 8 个输出端给出的就是这 3 个输入变量的全部最小项的反函数 $\overline{m}_0\sim\overline{m}_7$，再利用附加的门电路将这些最小项的反函数适当地组合起来，便可产生任何形式的三变量组合逻辑函数。

显然，由于 n 位二进制译码器的输出给出了 n 变量的全部最小项（或最小项的反变量），因此，用 n 变量二进制译码器和**与非**门（当译码器输出为原函数 $\overline{m}_0\sim\overline{m}_{2^n-1}$ 时），或者和**或**门（当译码器输出为原函数 $m_0\sim m_{2^n-1}$ 时）一定能获得任何形式输入变量数不大于 n 的组合逻辑函数。

(2) 基本步骤　以一个具体例子来说明。

【例 3-4】　试用集成译码器设计一个全加器。

解：首先，要确定使用何种译码器。因为全加器有 3 个输入端，即 A_i、B_i、C_{i-1}；两个输出端，即 S_i、C_i，所以应选择集成 3-8 线译码器。在此选择 74LS138 译码器。

然后，写出 S_i 和 C_i 的标准**与非-与非**表达式。由式(3-3) 可知，全加器的输出为

$$\begin{aligned}S_i&=\overline{A}_i\overline{B}_iC_{i-1}+\overline{A}_iB_i\overline{C}_{i-1}+A_i\overline{B}_i\overline{C}_{i-1}+A_iB_iC_{i-1}\\&=m_1+m_2+m_4+m_7=\overline{\overline{m}_1\,\overline{m}_2\,\overline{m}_4\,\overline{m}_7}\end{aligned}$$

$$\begin{aligned}C_i&=\overline{A}_iB_iC_{i-1}+A_i\overline{B}_iC_{i-1}+A_iB_i\\&=\overline{A}_iB_iC_{i-1}+A_i\overline{B}_iC_{i-1}+A_iB_i\overline{C}_{i-1}+A_iB_iC_{i-1}\\&=m_3+m_5+m_6+m_7\\&=\overline{\overline{m}_3\,\overline{m}_5\,\overline{m}_6\,\overline{m}_7}\end{aligned}$$

然后，确定全加器 3 个输入端与 74LS138 译码器 3 个输入端的关系。由以上两式可知，只要令 74LS138 译码器的输入 $A_2=A_i$，$A_1=B_i$，$A_0=C_{i-1}$，则其输出 $\overline{Y}_0\sim\overline{Y}_7$ 就是两式中的 $\overline{m}_0\sim\overline{m}_7$，即

$$S_i=\overline{\overline{Y}_1\,\overline{Y}_2\,\overline{Y}_4\,\overline{Y}_7},\ C_i=\overline{\overline{Y}_3\,\overline{Y}_5\,\overline{Y}_6\,\overline{Y}_7}$$

于是还需要在输出端附加两个**与非**门，才可得到所需的全加器。最后画出逻辑图，如图 3-34 所示。

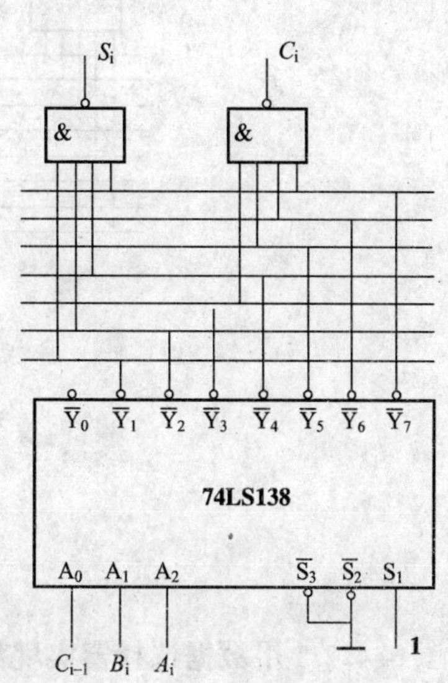

图 3-34　【例 3-4】逻辑图

综上所述，用译码器实现组合逻辑电路的基本步骤如下。

① 要确定所要使用的译码器型号。

② 写出所求函数的标准**与非-与非**表达式，或者**与或**表达式。

③ 确定所求组合电路输入端与译码器输入端的关系。

④ 画出逻辑图。

【例 3-5】 试用集成译码器实现下列组合逻辑函数：

$$Z_1=\overline{A}\,\overline{B}+AB+\overline{B}C$$

$$Z_2=\overline{A}B+\overline{B}C+A\overline{C}$$

$$Z_3=AB+BC+AC$$

解：（1）所求组合逻辑函数有三个输入端，所以选择 74LS138。

（2）按 A、B、C 顺序排列变量，写出组合逻辑函数标准**与非-与非**表达式

$$\begin{aligned}Z_1&=\overline{A}\,\overline{B}+AB+\overline{B}C\\&=\overline{A}\,\overline{B}\,\overline{C}+\overline{A}\,\overline{B}C+A\overline{B}C+AB\overline{C}+ABC\\&=m_0+m_1+m_5+m_6+m_7=\overline{\overline{m_0}\;\overline{m_1}\;\overline{m_5}\;\overline{m_6}\;\overline{m_7}}\end{aligned}$$

$$\begin{aligned}Z_2&=\overline{A}B+\overline{B}C+A\overline{C}\\&=\overline{A}\,\overline{B}C+\overline{A}B\overline{C}+\overline{A}BC+A\overline{B}\,\overline{C}+A\overline{B}C+AB\overline{C}\\&=m_1+m_2+m_3+m_4+m_5+m_6=\overline{\overline{m_1}\;\overline{m_2}\;\overline{m_3}\;\overline{m_4}\;\overline{m_5}\;\overline{m_6}}\end{aligned}$$

$$\begin{aligned}Z_3&=AB+BC+AC=AB\overline{C}+ABC+\overline{A}BC+A\overline{B}C\\&=m_3+m_5+m_6+m_7=\overline{\overline{m_3}\;\overline{m_5}\;\overline{m_6}\;\overline{m_7}}\end{aligned}$$

（3）令 $A_2=A$、$A_1=B$、$A_0=C$，则其输出 $\overline{Y}_0\sim\overline{Y}_7$ 就是 Z_1、Z_2、Z_3 表达式中的 $\overline{m}_0\sim\overline{m}_7$。

$$Z_1=\overline{\overline{Y_0}\;\overline{Y_1}\;\overline{Y_5}\;\overline{Y_6}\;\overline{Y_7}}$$

$$Z_2=\overline{\overline{Y_1}\;\overline{Y_2}\;\overline{Y_3}\;\overline{Y_4}\;\overline{Y_5}\;\overline{Y_6}}$$

$$Z_3=\overline{\overline{Y_3}\;\overline{Y_5}\;\overline{Y_6}\;\overline{Y_7}}$$

（4）画逻辑图，如图 3-35 所示。

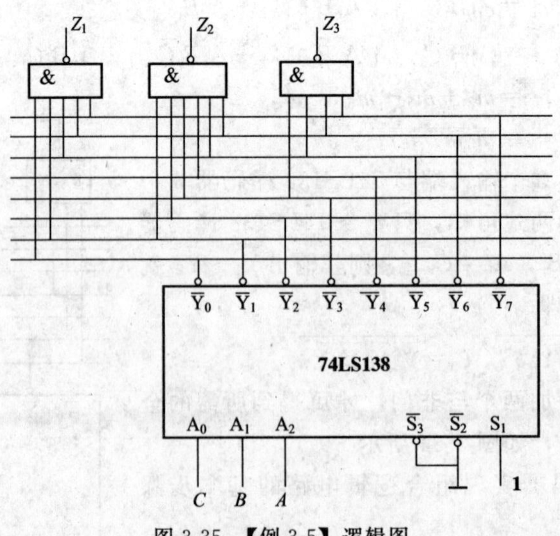

图 3-35 【例 3-5】逻辑图

3.4.2 用数据选择器实现组合逻辑电路

通过观察可以发现数据选择器输出信号逻辑表达式是标准的**与或式**，且提供了选通控制

端的全部最小项。任何一个逻辑函数都可以写成最小项的形式，所以用数据选择器可以很方便地实现逻辑函数。

用数据选择器实现组合逻辑电路的一般步骤如下。

① 确定应选用的数据选择器。根据函数表达式的变量个数确定数据选择器的选通控制端数。若变量个数为 n，则数据选择器的选通控制端数可以是 $k=n-1$，也可以是 $k=n$。

② 写逻辑表达式。将逻辑函数写成标准**与或**式，并写出数据选择器的输出表达式。

③ 对照写出数据选择器各输入变量的表达式。把数据选择器的选通控制端和逻辑函数的逻辑变量分别对应起来，而数据端 D_i 当作 **1** 或 **0** 处理，如数据选择器输出表达式中包含逻辑函数的最小项时，则相应数据端 D_i 取 **1**，而对于逻辑函数中没有的最小项，则相应数据端 D_i 取 **0**。

④ 画出逻辑图。

【例 3-6】 试用数据选择器实现逻辑函数 $Y=AB+AC+BC$。

解：（1）确定数据选择器　逻辑函数 Y 中有 A、B、C 三个变量，数据选择器的选通控制端也应是 3 个，所以选用八选一数据选择器，现选用 74LS151。

（2）将逻辑函数写成标准**与或**式　逻辑函数：$Y=AB+AC+BC=\overline{A}BC+A\overline{B}C+AB\overline{C}+ABC$

数据选择器输出表达式为：

$$Y=\overline{A}_2\overline{A}_1\overline{A}_0D_0+\overline{A}_2\overline{A}_1A_0D_1+\overline{A}_2A_1\overline{A}_0D_2+\overline{A}_2A_1A_0D_3+A_2\overline{A}_1\overline{A}_0D_4+A_2\overline{A}_1A_0D_5+A_2A_1\overline{A}_0D_6+A_2A_1A_0D_7$$

（3）对照写出数据选择器各输入变量的表达式　令 $A_2=A$、$A_1=B$、$A_0=C$，则

$$D_3=D_5=D_6=D_7=\mathbf{1}$$

$$D_0=D_1=D_2=D_4=\mathbf{0}$$

（4）逻辑图如图 3-36 所示。

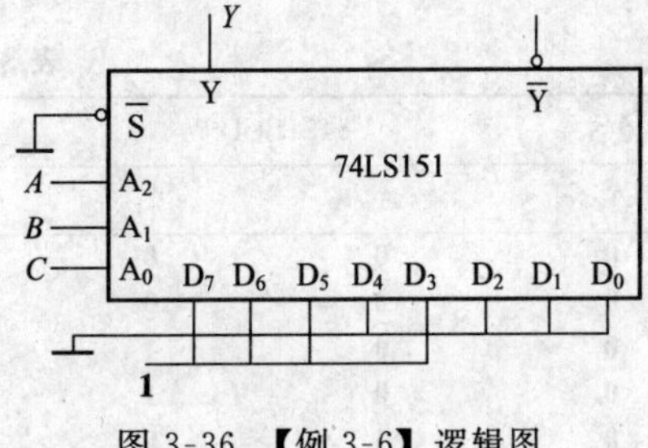

图 3-36　【例 3-6】逻辑图

【例 3-7】 用数据选择器设计一个检奇电路。当输入的 4 位二进制代码中 **1** 的个数为奇数时，其输出为 **1**，否则输出为 **0**。

解：由题意知，检奇电路的输入信号是 4 位二进制代码，现用 A、B、C、D 表示，输出信号是检验结果，用 Y 表示，且可直接列出 Y 的真值表，如表 3-16 所示。

表 3-16　检奇电路输出信号的真值表

A	B	C	D	Y	A	B	C	D	Y
0	0	0	0	0	1	0	0	0	1
0	0	0	1	1	1	0	0	1	0
0	0	1	0	1	1	0	1	0	0
0	0	1	1	0	1	0	1	1	1
0	1	0	0	1	1	1	0	0	0
0	1	0	1	0	1	1	0	1	1
0	1	1	0	0	1	1	1	0	1
0	1	1	1	1	1	1	1	1	0

由表 3-16 所示真值表可得

$$Y=\sum m(1,2,4,7,8,11,13,14)$$

（1）确定数据选择器　逻辑函数 Y 中有 A、B、C、D 4 个变量，数据选择器的选择控制端应是 3 个，所以选用八选一数据选择器，现选用 74LS151。

（2）将逻辑函数写成标准与或式　逻辑函数：

$$Y=\overline{A}\,\overline{B}\,\overline{C}D+\overline{A}\,\overline{B}C\,\overline{D}+\overline{A}B\,\overline{C}\,\overline{D}+\overline{A}BCD+A\,\overline{B}\,\overline{C}\,\overline{D}+A\overline{B}CD+AB\overline{C}D+ABC\overline{D}$$

数据选择器输出表达式为：

$$Y=\overline{A_2}\,\overline{A_1}\,\overline{A_0}D_0+\overline{A_2}\,\overline{A_1}A_0D_1+\overline{A_2}A_1\overline{A_0}D_2+\overline{A_2}A_1A_0D_3+A_2\overline{A_1}\,\overline{A_0}D_4+A_2\overline{A_1}A_0D_5+A_2A_1\overline{A_0}D_6+A_2A_1A_0D_7$$

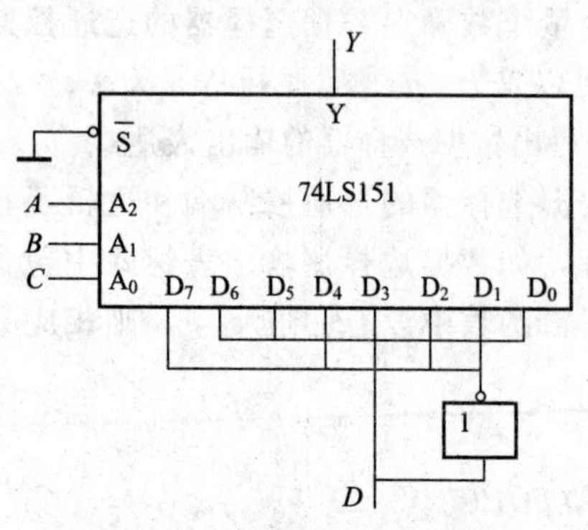

图 3-37 【例 3-7】逻辑图

（3）对照写出数据选择器各输入变量的表达式

令 $A_2=A$、$A_1=B$、$A_0=C$，则

$$D_0=D_3=D_5=D_6=D$$

$$D_1=D_2=D_4=D_7=\overline{D}$$

（4）逻辑图如图 3-37 所示。

3.4.3　用加法器实现组合逻辑电路

如果要产生的逻辑函数能化成变量与变量、变量与常量在数值上相加的形式，这时用加法器设计这个组合逻辑电路会变得非常简单。

【例 3-8】　设计一个代码转换电路，将 8421BCD 码转换成余 3 码。

解： 以 8421BCD 码作为输入，余 3 码作为输出，其转换逻辑关系的真值表如表 3-17 所示。

表 3-17　【例 3-8】真值表

8421BCD 码				余 3 码			
A_3	A_2	A_1	A_0	Y_3	Y_2	Y_1	Y_0
0	0	0	0	0	0	1	1
0	0	0	1	0	1	0	0
0	0	1	0	0	1	0	1
0	0	1	1	0	1	1	0
0	1	0	0	0	1	1	1
0	1	0	1	1	0	0	0
0	1	1	0	1	0	0	1
0	1	1	1	1	0	1	0
1	0	0	0	1	0	1	1
1	0	0	1	1	1	0	0

仔细观察表 3-17 可以发现，余 3 码 $Y_3Y_2Y_1Y_0$ 和 8421BCD 码 $A_3A_2A_1A_0$ 之间始终相差 **0011**，所以不难得出

$$Y_3Y_2Y_1Y_0=A_3A_2A_1A_0+\mathbf{0011}$$

因此，用一片 4 位加法器 74LS283 即可实现代码转换。令 $A_3A_2A_1A_0$ 接 8421BCD 码，$C_{0-1}=B_3=B_2=\mathbf{0}$，$B_1=B_0=\mathbf{1}$，于是就可得所要求的代码转换电路。逻辑图如图 3-38 所示。

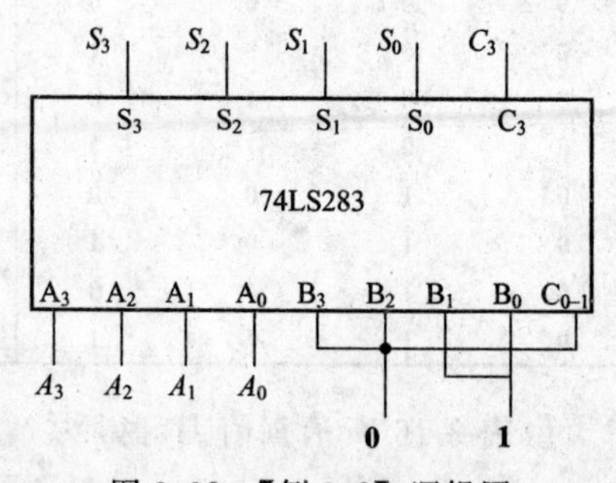

图 3-38 【例 3-8】逻辑图

【思考题】

3-4-1　试用数据选择器 74LS151 实现全加器。

3-4-2　试用二进制集成译码器 74LS138 实现 1 路-8 路数据分配器。

3-4-3　当逻辑函数的变量个数多于地址码的个数时，如何用数据选择器实现逻辑函数？

3.5　组合电路中的竞争-冒险

3.5.1　竞争-冒险的概念及其产生原因

1. 竞争-冒险的概念

在实际电路中，信号从输入端传输到输出端，存在着不同的延迟时间。如果传输延迟时间过长，就可能出现信号尚未传输到输出端，输入信号的状态又发生了改变的情况，这样会使电路的逻辑功能遭到破坏，引起电路工作不可靠，严重时甚至无法正常工作。这种在输入信号改变状态时，输出端出现不应有的尖峰脉冲信号的现象叫作竞争-冒险。

2. 产生竞争-冒险的原因

在数字电路中，任何一个门电路只要有两个输入信号同时向相反方向变化（即由 **01** 变为 **10**，或者相反），其输出端就可能产生干扰脉冲，现以如图 3-39(a) 所示的 TTL **与**门为例进行简要说明。

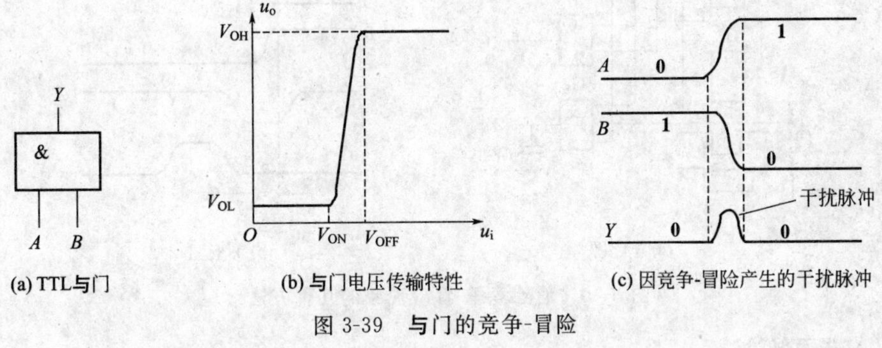

(a) TTL与门　　(b) 与门电压传输特性　　(c) 因竞争-冒险产生的干扰脉冲

图 3-39　与门的竞争-冒险

因 $Y=AB$，当 AB 取值为 **01** 或 **10** 时，Y 的值应恒为 **0**，然而在 AB 由 **01** 变为 **10** 过程中却产生了干扰脉冲，出现这种现象的原因如下。

① 由如图 3-39(b) 所示的**与**门电压传输特性可以看出，信号 A、B 不可能突变，其状态的改变都要经历一段极短的过渡时间。

② 信号 A、B 改变状态的时间有先有后，因为它们经过的传输路径长短不同，门电路的传输时间也不可能完全一样。

上述原因使得信号 A 先上升到关门电平 V_{OFF}，信号 B 后下降到开门电平 V_{ON}，这样在**与**门的输出端 Y 就产生了正向干扰脉冲，如图 3-39(c) 所示。当然，如果是 B 先下降到开门电平 V_{ON}，A 后上升到关门电平 V_{OFF}，由于在信号改变状态过程中**与**门始终被封住，显然不会产生干扰脉冲。

这里说电路中存在竞争-冒险，并不等于一定有干扰脉冲产生，然而，在设计时，既不可能知道传输路径和门电路传输时间的准确数值，也无法知道各个波形上升时间和下降时间的微小差异，因此只能说有产生干扰脉冲的可能性，这也就是冒险一词的具体含义。

3.5.2 消除竞争-冒险的方法

有很多方法可以检查一个组合电路中是否存在竞争-冒险，其中最简单易行的方法是逐级列出电路的真值表，通过真值表找出哪些门的输入信号有发生竞争，即有一个信号从 **0** 变为 **1**，而另一个信号同时从 **1** 变为 **0** 这种现象存在的可能。然后，判断是否会在整个电路的输出端产生干扰脉冲。如果有可能，则存在竞争-冒险，否则就不存在。如果电路存在竞争-冒险，负载却又对脉冲敏感，那么就应设法消除竞争-冒险。下面是四种常用的消除竞争-冒险的方法。

1. 引入封锁脉冲

引入一个负脉冲可以消除因竞争-冒险所产生的干扰脉冲，如图 3-40(b) 所示波形图中的负脉冲 P_1。这个引入的负脉冲 P_1 在输入信号发生竞争的时间内，把可能产生干扰脉冲的门封住，从而消除竞争-冒险。负脉冲 P_1 又称作封锁脉冲。

从图 3-40(b) 的波形图上可以看到，封锁脉冲 P_1 必须与输入信号的转换同步，而且它的宽度不应小于电路从一个稳态到另一个稳态所需要的过渡时间 Δt。

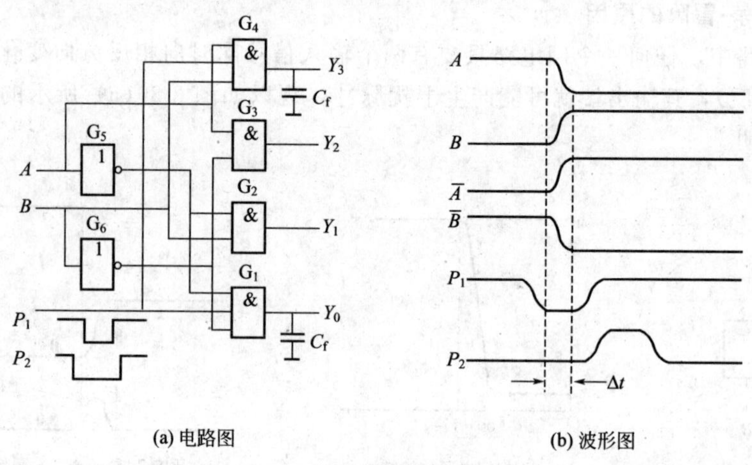

(a) 电路图　　(b) 波形图

图 3-40　消除竞争-冒险现象的几种方法

2. 引入选通脉冲

在电路中引进一个选通脉冲，如图 3-40 所示电路图和波形图中的 P_2，也是一种消除竞争-冒险的方法。选通脉冲 P_2 的作用时间要在电路到达新的稳定状态之后，这样 G_1、G_4 的输出端就不再会有干扰脉冲出现。但是，这时 G_1、G_4 正常的输出信号也变成了脉冲形式，而且它们的宽度也与选通脉冲相同，例如，当输入信号变为 **11** 以后，Y_3 并不马上变成 **1**，而要等到 P_2 出现时，它才给出一个正脉冲。

3. 接入滤波电容

一般来说，竞争-冒险所产生的干扰脉冲一般很窄，所以若在输出端并接一个不大的滤波电容，如图 3-40(a) 所示电路中的 C_f，即可消除干扰脉冲。干扰脉冲的传输时间通常与门电路的传输时间在同一个数量级上，所以在 TTL 电路中，只要 C_f 为几百皮法，把干扰脉冲削弱至开门电平以下就不是问题。

4. 修改逻辑设计，增加冗余项

由单个变量改变状态而引起的竞争-冒险可以通过增加冗余项的方法消除，例如给定的逻辑函数

$$Y=AB+\overline{A}C$$

其逻辑图如图 3-41 所示。显然，当 $B=C=\mathbf{1}$ 时，有

$$Y=AB+\overline{A}C=A\cdot\mathbf{1}+\overline{A}\cdot\mathbf{1}=A+\overline{A}$$

因此，当 A 从 $\mathbf{1}\to\mathbf{0}$，或从 $\mathbf{0}\to\mathbf{1}$ 时，在门 G_4 的输入端会发生竞争，输出有可能出现干扰脉冲。根据 1.3.2 节中所介绍的吸收律，即式(1-12)，增加冗余项 BC，于是函数表达式可改写为

$$Y=AB+\overline{A}C+BC$$

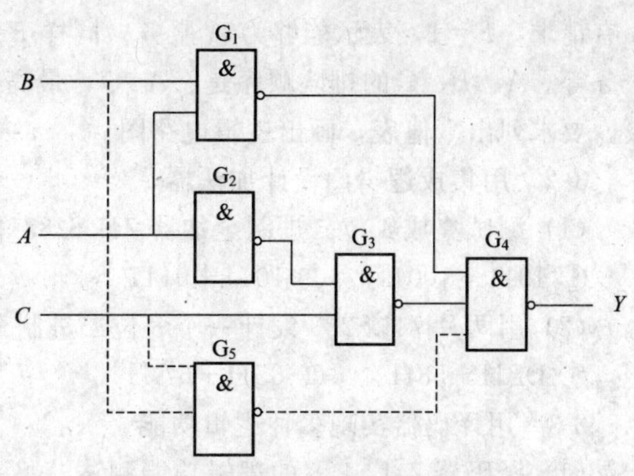

图 3-41　修改逻辑以消除竞争-冒险

同时在电路中也相应地增加门 G_5。这样当 A 改变状态时，由于门 G_5 输出的低电平封住了门 G_4，因此不会再发生竞争-冒险。

对组合电路中单个输入变量发生状态改变时，是否存在竞争-冒险，有一个简便的分析方法，即写出函数的**与或**表达式，画出函数的卡诺图，检查有无几何相邻的乘积项（最小项），若有几何相邻的乘积项，则电路存在竞争-冒险，否则就不存在。

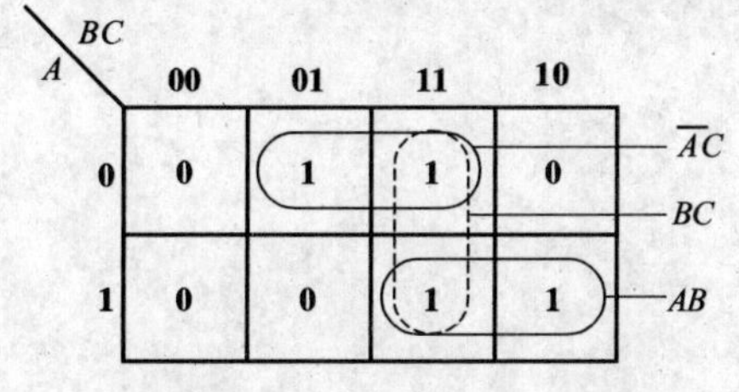

图 3-42　$Y=\overline{AB}+\overline{A}C$ 的卡诺图

函数 $Y=AB+\overline{A}C$ 的卡诺图如图 3-42 所示。其中 $AB=ABC+AB\overline{C}$，$\overline{A}C=\overline{A}BC+\overline{A}\,\overline{B}C$。

显然，有几何相邻最小项，即 $m_7=ABC$ 和 $m_3=\overline{A}BC$，因此有竞争-冒险存在。如果在表达式中增加一项由这两个相邻最小项组成的乘积项，即 $m_7+m_3=BC$，则可消除单个变量 A 改变状态时产生的竞争-冒险。

四种方法相比较而言，第 1、2 两种方法相对简单，而且器件的数目不需要增加。但它们有一个共同的局限性，这就是必须找到一个封锁脉冲或选通脉冲，而且对这个脉冲的宽度和产生的时间是有严格要求的。接入滤波电容的方法同样也具备简单易行的优点，如果运用得当，有时可以得到最理想的结果。

【思考题】

3-5-1　什么叫竞争？什么叫冒险？产生的原因是什么？

3-5-2　如何判别简单组合逻辑电路是否存在竞争-冒险现象？

3-5-3　消除竞争-冒险现象主要有哪些方法？

实践练习

3-1　用**与非**门设计组合逻辑电路

(1) 一判别电路的要求：当输入 A、B 同为高电平或同为低电平时，输出 Y 为高电平；输入端电平不一致时，输出 Y 为低电平。要求列出真值表，画出逻辑电路图。

(2) 一个供电控制电路：3 个工厂由 A、B 两个变电站供电，如 1 个工厂用电，由 A 站供电；如两个工厂用电，则由 B 站供电；如 3 个工厂同时用电，则由 A、B 两个站供电。要求列出真值表，画出逻辑电路图。

(3) 按优先权排队电路要求：输入为 A、B、C，输出为 F、W、Y。当 $A=1$ 时，表示

A 有请求，$F=1$，表示能够为 A 服务；同样 $B=1$，表示 B 有请求，$W=1$，表示能够为 B 服务等。A、B、C 的排队顺序是：$A=1$，最高优先级；$B=1$，次优先级；$C=1$，普通优先级。要求列出真值表，画出逻辑电路图。

3-2　用集成逻辑门设计加法器

(1) 测试集成 4 位二进制全加器 74LS283 的逻辑功能，并做下列计算。

① 1011＋1001　　② 1011＋0111

(2) 用两片 74LS283 设计一个 8 位二进制全加器，要求画出逻辑图，并进行如下计算：

① DBH＋58H　　② 35H＋6AH

3-3　用译码器实现多种逻辑功能

(1) 译码器 74LS138 的逻辑功能测试。将 74LS138 译码器接入实验箱，按端子定义接好电源、地及其他信号线，输出端与指示灯连接，观察测试结果是否与表 3-10 结果一致。

(2) 用 3-8 线译码器和与非门实现逻辑函数。

(3) 用 4-10 线译码器构成 10 路输出的数据分配器。

3-4　用数据选择器实现多种逻辑功能

(1) 测试八选一数据选择器的逻辑功能。

(2) 用双四选一数据选择器和与非门实现一位全加器。

(3) 用数据选择器实现 $Y=AB+BC$。

本 章 小 结

本章介绍了组合逻辑电路的分析和设计，常用逻辑电路。主要内容归纳如下。

1. 组合逻辑电路概述

组合逻辑电路在功能上的特点是任意时刻的输出仅取决于该时刻的输入，而与电路过去的状态无关；它在电路结构上的特点是只包含门电路，而没有记忆单元。

2. 组合逻辑电路的分析和设计

组合逻辑电路的分析步骤是根据已知的逻辑图，写出逻辑表达式，再经过化简列出真值表，最后分析出逻辑电路的功能。

3. 常用组合逻辑电路

重点有选择地介绍几种常用的组合逻辑电路：加法器、数值比较器、编码器、译码器、数据选择器和数据分配器等，通过对它们的分析，具体地讲述组合逻辑电路的分析方法和设计方法。

4. 组合逻辑电路的分析和设计

组合逻辑电路的设计步骤是根据给定的逻辑要求，列出真值表并写出逻辑表达式，再化简逻辑函数，最后画出逻辑图。

5. 中规模组合逻辑电路应用

由于一些种类的组合逻辑电路使用得特别频繁，因此为了使用方便，将它们制成了标准化的中规模集成器件，供用户直接使用。这些器件包括编码器、译码器、加法器、数据选择器等。灵活地运用这些器件，还可以设计出任何其他逻辑功能的组合逻辑电路。

6. 组合电路中的竞争-冒险

组合电路中，在输入变量的状态发生变化时，输出会产生尖峰脉冲，这就是组合电路中的竞争-冒险。对脉冲信号敏感的电路中，需要检查电路中是否存在竞争-冒险。如果发现竞争-冒险存在，应采取措施加以消除。

本章学习的重点是逻辑函数的化简、逻辑电路的分析方法和设计方法，而具体的逻辑电路不必去记忆。

习　题　3

3-1　试写出如图 3-43 所示电路输出信号的逻辑表达式，并说明其功能。

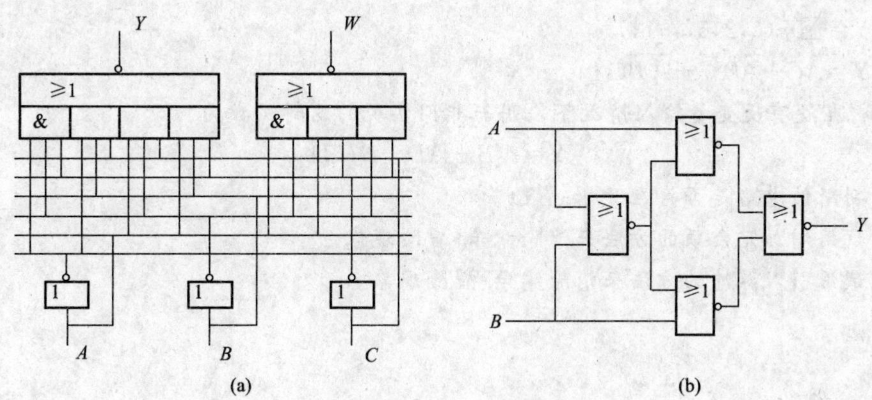

图 3-43　习题 3-1 逻辑图

3-2　化简下列函数，并用最少的**与非**门实现它们。

(1) $Y_1 = A\overline{B} + A\overline{C}D + \overline{A}C$

(2) $Y_2 = \sum m(0,2,8,10,12,14,15)$

3-3　试用**与非**门设计一个四变量判奇电路——4 个变量中有奇数个 **1** 时输出为 **1**，否则为 **0**。

3-4　某控制室有红黄两个故障指示灯，用来表示 3 台设备的工作情况。当只有 1 台设备发生故障时，黄灯亮；若有 2 台设备同时发生故障时，红灯亮；当 3 台设备都发生故障时，红、黄两灯同时亮。试用**与非**门设计一个控制指示灯的组合逻辑电路。

3-5　试设计一个裁判表决电路，比赛时有 A、B、C 3 个裁判员及总裁判 D，当总裁判 D 认为合格时算 2 票，而 A、B、C 裁判认为合格时分别算 1 票。多数认为合格时算通过，输出为 **1**，少数认为合格时输出为 **0**。

3-6　试设计一个由 2421BCD 码转换为余 3BCD 码的代码转换电路，要求用**与非**门实现。

3-7　分别设计能够实现下列要求的组合电路，其中输入为 4 位二进制正整数。

(1) 能被 5 整除时输出为 **1**，否则为 **0**。

(2) 大于或等于 5 时输出为 **1**，否则为 **0**。

3-8　试用两片 4 位数值比较器 CC14585 构成一个 8 位数值比较器，画出其逻辑电路图。

3-9　试用两片八选一数据选择器芯片和必要的门电路构成一个十六选一数据选择器，画出其逻辑电路图。

3-10　试用集成二进制译码器 74LS138 和**与非**门实现全减器。

3-11　试画出用集成二进制译码器 74LS138 和门电路产生如下多输出逻辑函数的逻辑图。

$$\begin{cases} Y_1 = AC \\ Y_2 = \overline{A}\,\overline{B}C + A\overline{B}\,\overline{C} + BC \\ Y_3 = \overline{B}\,\overline{C} + AB\overline{C} \end{cases}$$

3-12　试用数据选择器 74LS153 分别实现下列逻辑函数。

(1) $Y = \sum m(1,2,4,7)$

(2) $Y = \sum m(3,5,6,7)$

3-13　试用数据选择器 74LS151 分别实现下列逻辑函数。

(1) $Y = \sum m(0,2,5,7,14)$

(2) $Y = AC + \overline{A}B\overline{C} + \overline{A}\,\overline{B}C$

3-14　在没有反变量输入情况下，用与非门实现的逻辑函数为

$$Y = \overline{A}\,\overline{B} + AD + \overline{B}\,\overline{C}\,\overline{D}$$

(1) 判断该电路是否存在竞争-冒险。

(2) 试用增加冗余项的方法来消除竞争-冒险现象。

(3) 试用引入脉冲的方法来消除竞争-冒险现象。

第 4 章　时序逻辑电路

【内容提要】

时序逻辑电路是由基本门电路和触发器组成的。它是一种输出不仅与当前输入状态有关，还与原来状态有关的具有记忆功能的电路。它和组合逻辑电路一样，都是数字电路的重要组成部分。触发器是具有记忆功能的基本逻辑单元。

本章将首先介绍触发器的各种电路结构和工作原理，并对触发器进行逻辑功能上的分类，然后介绍两种时序逻辑电路：计数器和寄存器的结构和工作原理，最后介绍中规模集成时序逻辑电路的应用。

4.1 概　　述

4.1.1 时序逻辑电路的组成和特点

1. 电路组成

在时序逻辑电路（简称时序电路）中，任意时刻的输出信号不仅取决于当前的输入信号，而且还取决于电路原来的状态。或者说，还与以前的输入有关。时序电路的这种逻辑功能特点是有别于组合电路的，应格外注意。时序电路的结构示意图如图 4-1 所示。

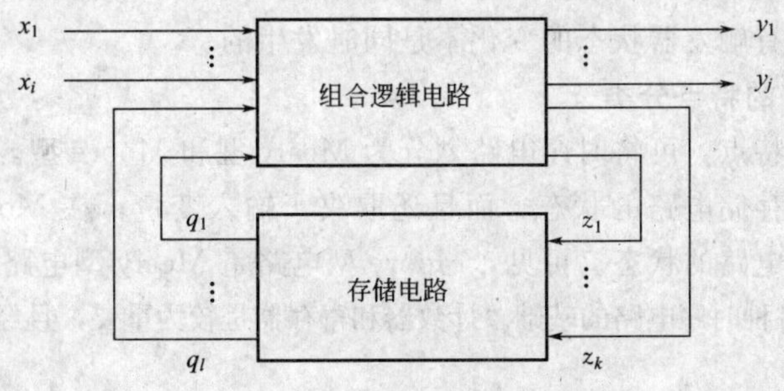

图 4-1　时序电路的结构示意图

时序电路通常包含两部分，一部分是组合逻辑电路，这部分已经在第 3 章介绍过了；另一部分是由触发器构成的存储电路，这一部分将在 4.2 节讲解。

2. 时序电路的特点

时序电路在电路结构上有两个显著特点：第一，由组合逻辑电路和存储电路两部分组成，而存储电路在时序电路中是必不可少的；第二，存储电路的输出状态必须反馈到组合逻辑电路的输入端，与输入信号一起决定组合逻辑电路的输出。

值得注意的是，在有些具体的时序电路中，并不具备如结构特点所述的完整形式，比如，有的时序电路中没有组合逻辑电路部分，而有的时序电路又可能没有输入逻辑变量，但存储电路是绝对不可缺少的，所以，它们在逻辑功能上仍具有时序电路的基本特征。

4.1.2 时序逻辑电路逻辑功能表示方法

1. 逻辑表达式

在如图 4-1 所示的时序电路的结构示意图中，$X(x_1, x_2, \cdots, x_i)$ 代表输入信号，$Y(y_1, y_2, \cdots, y_j)$ 代表输出信号，$Z(z_1, z_2, \cdots, z_k)$ 代表存储电路输入信号，$Q(q_1, q_2, \cdots, q_l)$ 代表存储电路输出信号。这些信号之间的逻辑关系可以用三个向量函数来描述，即

$$Y(t_n)=F[X(t_n), Q(t_n)] \tag{4-1}$$

$$Z(t_n)=G[X(t_n), Q(t_n)] \tag{4-2}$$

$$Q(t_{n+1})=H[X(t_n), Q(t_n)] \tag{4-3}$$

式(4-3) 中，t_n、t_{n+1}是相邻的两个离散时间。

式(4-1) 称作输出方程，式(4-2) 称作驱动方程或激励方程，式(4-3) 称作状态方程。

2. 状态表、卡诺图、状态图和时序图

一般来说，时序电路的逻辑功能可以用输出方程、驱动方程和状态方程来描述，但为了更直观地描述时序电路的工作过程和逻辑功能，通常还要做出状态转换真值表（简称状态表)、卡诺图、状态转换图（简称状态图）和时序波形图（简称时序图)。

值得注意的是，在时序电路的状态表、卡诺图、状态图和时序图中要反应时序电路的现态和次态。更具体的作法将在后面结合具体电路进行说明。

4.1.3 时序逻辑电路的分类

1. 根据逻辑功能分类

按照逻辑功能划分，比较典型的时序电路有寄存器、计数器、读/写存储器等。

2. 根据触发器动作特点分类

根据存储电路中触发器动作特点的不同，时序电路又分为同步时序电路和异步时序电路。在同步时序电路中，所有触发器状态的变化都是在同一时钟信号操作下同时发生的；在异步时序电路中，所有触发器状态的变化不是同时发生的。

3. 根据输出信号的特点分类

根据输出信号的特点，可将时序电路划分为 Mealy 型和 Moore 型。在 Mealy 型电路中，输出信号不仅取决于存储电路的状态，而且还取决于输入变量；在 Moore 型电路中，输出信号仅仅取决于存储电路的状态。可见，Moore 型电路是 Mealy 型电路的一种特例。

双稳态触发器是各种时序电路的基础。计数器和寄存器是较为重要，且经常使用的时序电路。

【思考题】

4-1-1 时序电路有什么特点？它和组合逻辑电路的区别是什么？

4-1-2 什么是同步时序电路？什么是异步时序电路？

4-1-3 描述时序电路的功能有哪些常用的方法？

4.2 集成触发器

前面介绍的组合逻辑电路没有记忆功能，某一时刻的输出完全取决于该时刻的输入状态。而触发器是具有记忆功能的基本逻辑电路，能存储一位二进制代码，构成存储电路，是

时序电路不可缺少的重要组成部分。触发器的种类很多，根据逻辑功能的不同可分为 RS、JK、D、T 触发器等；按照电路结构形式的不同，可划分为基本 RS 触发器、同步 RS 触发器、主从触发器和边沿触发器。所有触发器都具有如下两个基本特点。

① 具有两个能自行保持的稳定状态：**0** 状态和 **1** 状态。

② 根据不同的输入信号可以置成 **0** 状态或 **1** 状态。

4.2.1　RS 触发器

1. 基本 RS 触发器

基本 RS 触发器是各种触发器电路中结构形式最简单的一种。

基本 RS 触发器是由两个**与非**门的输入和输出交叉连接起来构成的，它的逻辑图和逻辑符号如图 4-2 所示。$\overline{R}_D$和 $\overline{S}_D$为输入信号，低电平有效；Q 和 $\overline{Q}$ 为输出信号，在触发器处于稳定状态时，它们输出的状态相反。

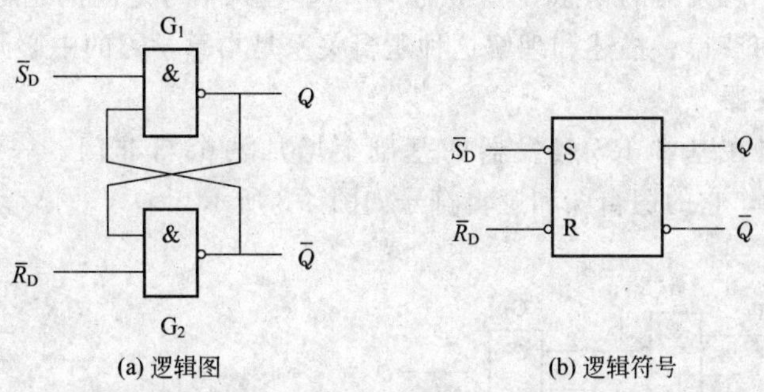

(a) 逻辑图　　(b) 逻辑符号

图 4-2　基本 RS 触发器

下面分析基本 RS 触发器的逻辑功能。

(1) 当 $\overline{R}_D$=**0**、$\overline{S}_D$=**1** 时，触发器置 **0**　因为 $\overline{R}_D$=**0**，G_2 输出 $\overline{Q}$=**1**，这样 G_1 输入都为 **1**，所以输出 Q=**0**，触发器置 **0**，即触发器为复位状态，故 $\overline{R}_D$也称为复位端或置 **0** 端，低电平有效。

(2) 当 $\overline{R}_D$=**1**、$\overline{S}_D$=**0** 时，触发器置 **1**　因为 $\overline{S}_D$=**0**，G_1 输出 Q=**1**，这样 G_2 输入都为 **1**，所以输出 $\overline{Q}$=**0**，触发器置 **1**，即触发器为置位状态，故 $\overline{S}_D$也称为置位端或置 **1** 端，低电平有效。

(3) 当 $\overline{R}_D$=**1**、$\overline{S}_D$=**1** 时，触发器保持原状态不变　如果原来的输出 Q=**0**，则 G_2 输出 $\overline{Q}$=**1**，将 $\overline{Q}$=**1** 反馈到 G_1 的输入端，输出 Q=**0**，触发器保持原来的 **0** 状态；如果原来的输出 Q=**1**，则 G_1 输出 $\overline{Q}$=**0**，将 $\overline{Q}$=**0** 反馈到 G_2 的输入端，输出 Q=**1**，触发器保持原来的 **1** 状态。这种由过去的状态决定现在状态的功能就是触发器的记忆功能。

(4) 当 $\overline{R}_D$=**0**、$\overline{S}_D$=**0** 时，触发器状态不定　由于 $\overline{R}_D$=$\overline{S}_D$=**0**，显然 $\overline{Q}$=Q=**1**，对触发器来说，既不是 **0** 态，也不是 **1** 态，这是一种非正常状态。而且，在 $\overline{R}_D$和 $\overline{S}_D$同时回到 **1** 以后，无法断定触发器将回到 **0** 还是回到 **1**。

基本 RS 触发器的状态表如表 4-1 所示。其中 Q^n 称为初态（或现态），即触发器接收输入信号之前所处的状态；Q^{n+1} 称为次态，即触发器接收输入信号之后所处的新的状态，它不仅与输入状态有关，而且还与触发器的初态 Q^n 有关。这种含有状态变量的状态表又称作触发器的特性表。

表 4-1　基本 RS 触发器的状态表

$\overline{R}_D$	$\overline{S}_D$	Q^n	Q^{n+1}	说　明
0	**0**	**0**	**1**①	$\overline{Q}^{n+1}=\mathbf{1}$①
0	**0**	**1**	**1**①	
0	**1**	**0**	**0**	置 **0**
0	**1**	**1**	**0**	
1	**0**	**0**	**1**	置 **1**
1	**0**	**1**	**1**	
1	**1**	**0**	**0**	保持
1	**1**	**1**	**1**	

① $\overline{R}_D$、$\overline{S}_D$的 **0** 状态同时消失以后输出状态不定。

值得注意的是：触发器的初态 Q^n、次态 Q^{n+1} 和输入信号之间的逻辑关系是贯穿本章始终的基本问题，如何获得、描述和理解这种逻辑关系是本章学习的中心问题之一。

2. 同步 RS 触发器

同步 RS 触发器在基本 RS 触发器的基础上增加两个**与非**门、一个时间节拍控制信号——时钟脉冲 CP，它的逻辑图和逻辑符号如图 4-3 所示。

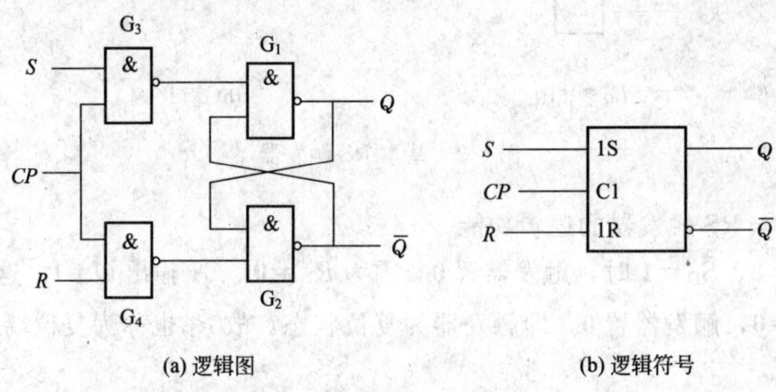

(a) 逻辑图　　(b) 逻辑符号

图 4-3　同步 RS 触发器

同步 RS 触发器的逻辑功能如下。

① 当 $CP=\mathbf{0}$ 时，G_3 和 G_4 被封锁，输出都为 **1**，触发器保持原来状态不变，即 $Q^{n+1}=Q^n$。

② 当 $CP=\mathbf{1}$ 时，G_3 和 G_4 解除封锁，有以下四种情况。

a. 当 $R=S=\mathbf{0}$ 时，G_3 和 G_4 输出都为 **1**，触发器保持原来状态不变，$Q^{n+1}=Q^n$。

b. 当 $R=\mathbf{0}$，$S=\mathbf{1}$ 时，G_3 输出为 **0**，G_4 输出为 **1**，触发器置 **1**，$Q^{n+1}=\mathbf{1}$。

c. 当 $R=\mathbf{1}$，$S=\mathbf{0}$ 时，G_3 输出为 **1**，G_4 输出为 **0**，触发器置 **0**，$Q^{n+1}=\mathbf{0}$

d. 当 $R=S=\mathbf{1}$ 时，G_3 和 G_4 输出为 **0**，$Q^{n+1}=\overline{Q}^{n+1}=\mathbf{1}$，触发器状态不定。

由以上分析可知，同步 RS 触发器根据 CP 的节拍触发翻转，其状态表如表 4-2 所示。根据同步 RS 触发器的状态表可写出其特性方程：

$$\begin{cases}Q^{n+1}=S+\overline{R}Q^n \\ RS=\mathbf{0}\ \text{（约束条件）}\end{cases}\quad (CP=1\ \text{期间有效}) \tag{4-4}$$

表 4-2　同步 RS 触发器的状态表

CP	R	S	Q^n	Q^{n+1}	说　明
0	×	×	×	Q^n	
1	0	0	0	0	保持
1	0	0	1	1	
1	0	1	0	1	置 1
1	0	1	1	1	
1	1	0	0	0	置 0
1	1	0	1	0	
1	1	1	0	1①	$\overline{Q}^{n+1}=1$①
1	1	1	1	1①	

① R_D、S_D的 **0** 状态同时消失以后输出状态不定。

4.2.2　边沿触发器

边沿触发器只有在时钟脉冲 CP 的有效边沿（上升沿或下降沿）到来时刻，才按照输入信号的状态进行翻转，而在其他时间内，电路的状态不会发生改变，从而提高了触发器的可靠性和抗干扰能力。

1. 边沿 JK 触发器

边沿 JK 触发器的逻辑图和逻辑符号如图 4-4 所示。该电路中包含一个由**与或非门** G_1 和 G_2 组成的基本 RS 触发器和两个输入控制门 G_3 和 G_4。而且 G_3 和 G_4 的传输延迟时间大于基本 RS 触发器的翻转时间。在逻辑符号中，CP 输入端处的“＞”表示边沿触发的动作特点；“ ∘ ”表示触发器属于下降沿动作型。

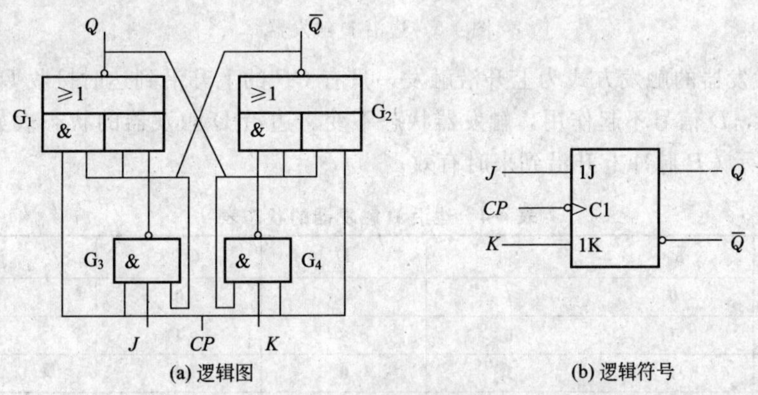

(a) 逻辑图　　　(b) 逻辑符号

图 4-4　边沿 JK 触发器

边沿 JK 触发器的状态表如表 4-3 所示，其中“↓”表示 CP 脉冲下降沿到来时有效。

表 4-3　边沿 JK 触发器的状态表

CP	J	K	Q^n	Q^{n+1}	说　明
×	×	×	×	Q^n	
↓	0	0	0	0	保持
↓	0	0	1	1	
↓	0	1	0	0	置 0
↓	0	1	1	0	
↓	1	0	0	1	置 1
↓	1	0	1	1	
↓	1	1	0	1①	翻转
↓	1	1	1	0①	

① R_D、S_D 的 **0** 状态同时消失以后输出状态不定。

根据表 4-3 所示状态表可写出边沿 JK 触发器特性方程：

$$Q^{n+1}=J\overline{Q}^n+\overline{K}Q^n \quad （CP 脉冲下降沿到来时有效） \tag{4-5}$$

2. 边沿 D 触发器

边沿 D 触发器由 6 个与非门组成，G_1 和 G_2 构成基本 RS 触发器，$G_3 \sim G_6$ 为控制门，构成维持阻塞电路。这种边沿 D 触发器又称为维持阻塞触发器，逻辑图和逻辑符号如图 4-5 所示，其中 $\overline{R}_D$ 和 $\overline{S}_D$ 分别称为异步置 **0** 端和异步置 **1** 端（低电平有效），即 $\overline{R}_D$ 和 $\overline{S}_D$ 对触发器的置 **0** 和置 **1** 不受时钟脉冲 CP 的控制。

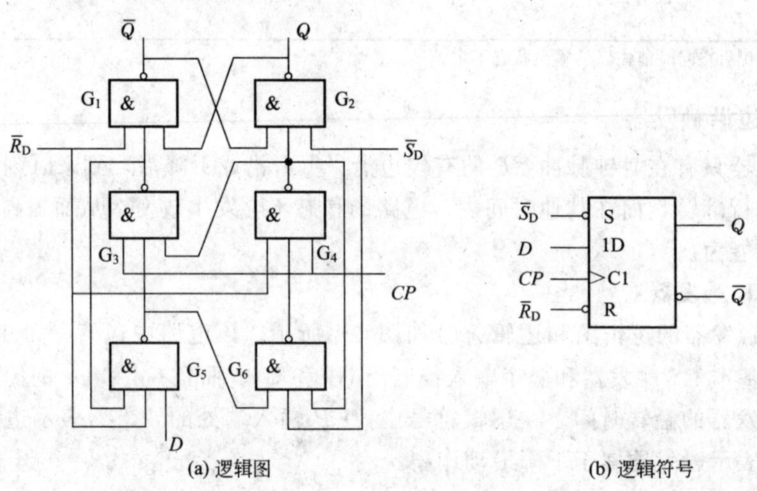

图 4-5　边沿 D 触发器

边沿 D 触发器的触发方式为上升沿触发，只有 CP 的上升沿到达时接收 D 信号；当 CP 的上升沿过后，D 信号不起作用，触发器状态不变。边沿 D 触发器的状态表如表 4-4 所示，其中"↑"表示 CP 脉冲上升沿到来时有效。

表 4-4　边沿 D 触发器的状态表

CP	$\overline{R}_D$	$\overline{S}_D$	D	Q^{n+1}	说　明
×	0	1	×	0	异步置 0
×	1	0	×	1	异步置 1
↑	1	1	0	0	置 0
↑	1	1	1	1	置 1
×	0	0	×	×	不允许

根据表 4-4 所示的状态表可写出边沿 D 触发器特性方程：

$$Q^{n+1}=D \quad （CP 脉冲上升沿到来时有效） \tag{4-6}$$

3. 边沿 T 和 T′触发器

（1）边沿 T 触发器　把边沿 JK 触发器的两个输入端 J、K 接在一起成为一个输入端，用 T 表示，就构成了边沿 T 触发器，逻辑图和逻辑符号如图 4-6 所示，状态表如表 4-5 所示。

表 4-5　边沿 T 触发器的状态表

CP	T	Q^n	Q^{n+1}	说　明
↓	0	0	0	保持
↓	0	1	1	
↓	1	0	1	翻转
↓	1	1	0	

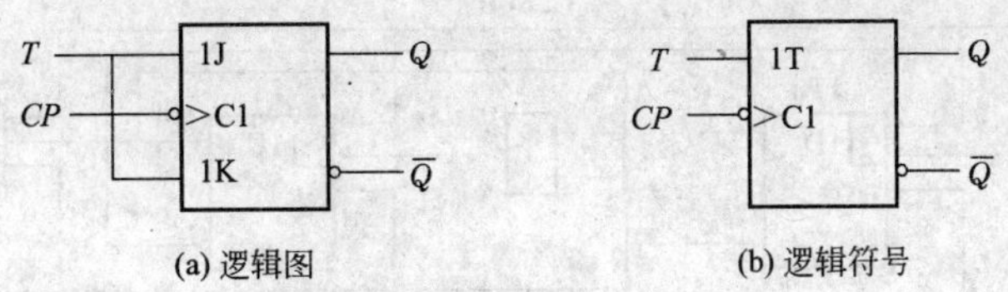

(a) 逻辑图　　(b) 逻辑符号

图 4-6　边沿 T 触发器

根据表 4-5 所示的状态表可写出边沿 T 触发器特性方程为：

$$Q^{n+1}=\overline{T}Q^n+T\,\overline{Q}^n=T\oplus Q^n \quad (CP\text{ 脉冲下降沿到来时有效}) \tag{4-7}$$

(2) 边沿 T′触发器　在边沿 T 触发器中，若 $T=1$，电路便构成边沿 T′触发器。每来一个时钟脉冲就翻转一次，可以作为计数器使用。其逻辑符号如图 4-7 所示，状态表如表 4-6 所示。

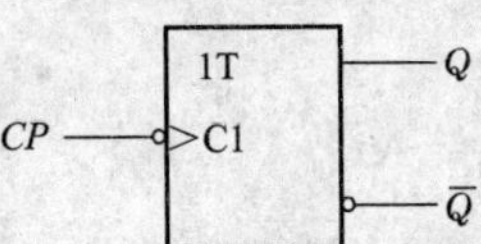

图 4-7　边沿 T′触发器逻辑符号

表 4-6　边沿 T′触发器的状态表

CP	T	Q^n	Q^{n+1}	说　明
↓	1	0	1	翻转
↓	1	1	0	

根据表 4-6 所示的状态表可写出边沿 T′触发器特性方程为：

$$Q^{n+1}=\overline{Q}^n \quad (CP\text{ 脉冲下降沿到来时有效}) \tag{4-8}$$

【思考题】

4-2-1　同步 RS 触发器和基本 RS 触发器的主要区别是什么？

4-2-2　写出 RS、边沿 JK、边沿 D、边沿 T 和边沿 T′触发器的特性方程，列出它们简化特性表。

4-2-3　如何使边沿 JK 触发器实现计数器功能。

4-2-4　如何将边沿 JK 触发器转换为边沿 D 触发器。

4.3　时序逻辑电路的分析

分析一个时序电路，就是要找出给定时序电路的逻辑功能，具体地说，就是要找出电路的状态和输出的状态在输入变量和时钟信号作用下的变化规律。

4.3.1　时序电路的一般分析方法

对时序电路的分析就是根据给定的时序电路，找出其输出方程、驱动方程、状态方程及状态表、状态图和时序图，以获得时序电路的工作情况和逻辑功能的过程。首先以一个实例来详细说明时序电路的一般分析方法和步骤。

【例 4-1】 时序电路如图 4-8 所示，试分析其逻辑功能。

解：(1) 分析逻辑电路图，找出时钟方程（各个触发器时钟信号的逻辑表达式）、输出方程、驱动方程（各个触发器同步输入端信号的逻辑表达式）。

此电路是由两个 D 触发器构成的同步时序电路。

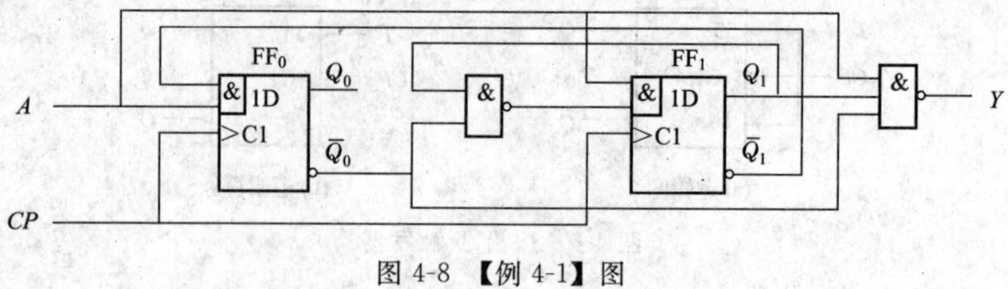

图 4-8 【例 4-1】图

时钟方程

$$CP_0 = CP_1 = CP$$

输出方程

$$Y = \overline{A\,\overline{Q}_0 Q_1} = \overline{A} + Q_0 + \overline{Q}_1$$

驱动方程

$$\begin{cases} D_0 = A\,\overline{Q}_1^n \\ D_1 = A\,\overline{\overline{Q}_0^n Q_1^n} = AQ_0^n + A\,\overline{Q}_1^n \end{cases}$$

（2）分析电路状态的转换情况　在输入信号和时钟信号作用下，电路状态的转换情况可以由状态方程——各个触发器次态输出的逻辑表达式反映出来。状态方程可以通过将触发器的特性方程代入驱动方程而获得。

D 触发器的特性方程为　$Q^{n+1} = D$，将驱动方程代入其中即可得状态方程：

$$\begin{cases} Q_0{}^{n+1} = A\,\overline{Q}_1^n \\ Q_1^{n+1} = AQ_0^n + A\,\overline{Q}_1^n \end{cases}$$

（3）找出状态表和状态图　把给定的初态起始值 Q^n 代入状态方程和输出方程进行计算，求出相应的次态 Q^{n+1} 和输出值。若未给定初态起始值 Q^n，那么就从设定的起始值开始计算。要注意状态方程有效的时钟条件，不具备时钟条件时，触发器将保持原来状态不变。

设初态起始值为 $Q_1^n Q_0^n = \mathbf{00}$。

当 $A = \mathbf{0}$ 时，将初态起始值 $Q_1^n Q_0^n = \mathbf{00}$ 代入状态方程和输出方程得：

$$Q_0{}^{n+1} = \mathbf{0}$$
$$Q_1{}^{n+1} = \mathbf{0}$$
$$Y = \mathbf{1}$$

当 $A = \mathbf{1}$ 时，将初态起始值 $Q_1^n Q_0^n = \mathbf{00}$ 代入状态方程和输出方程得：

$$Q_0{}^{n+1} = \mathbf{1}$$
$$Q_1{}^{n+1} = \mathbf{1}$$
$$Y = \mathbf{1}$$

这一结果再作为新的初态，即 $Q_1^n Q_0^n = \mathbf{11}$ 重新带入状态方程和输出方程，又得到一组新的次态和输出值，依次计算下去，并将计算结果列于表 4-7 中，即得状态表。

要特殊强调的是：最后还要检查一下所得到状态表是否包含了电路所有可能出现的状态。很明显，本例中 $Q_1^n Q_0^n$ 的状态组合共有 4 种，而根据上述计算过程列出的状态表中只有 3 种状态，缺少 **01** 这个状态。将此状态代入状态方程和输出方程进行计算得到

$$Q_0{}^{n+1} = \mathbf{1}$$
$$Q_1{}^{n+1} = \mathbf{1}$$
$$Y = \mathbf{1}$$

把此结果补充到表 4-7 中以后，此状态表才算完整。

表 4-7 【例 4-1】状态表

CP 的顺序	输入	初　态		次　态		输出
	A	Q_1^n	Q_0^n	Q_1^{n+1}	Q_0^{n+1}	Y
×	**0**	×	×	**0**	**0**	**1**
1	**1**	**0**	**0**	**1**	**1**	**1**
2	**1**	**1**	**1**	**1**	**0**	**1**
3	**1**	**1**	**0**	**0**	**0**	**0**
1	**1**	**0**	**1**	**1**	**1**	**1**

根据状态表可以画出状态图，如图 4-9 所示。图中斜线右下方的数码是转换过程中电路产生的输出信号，斜线左上方是电路输入变量取值。

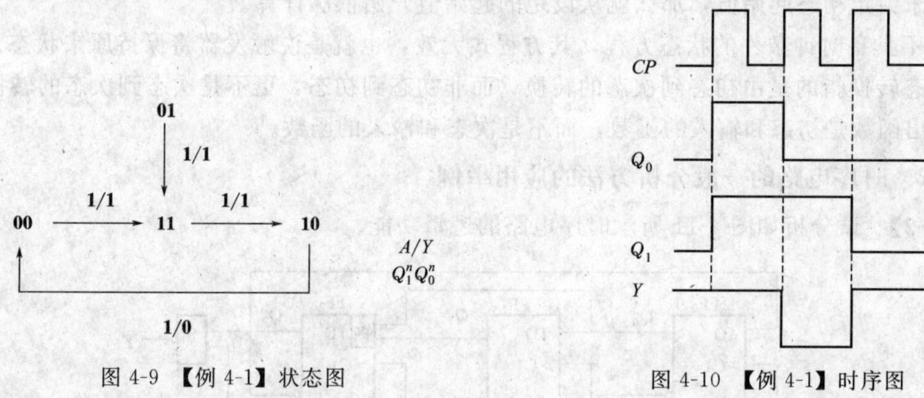

图 4-9 【例 4-1】状态图　　　　图 4-10 【例 4-1】时序图

根据状态表或状态图可以画出时序图，如图 4-10 所示。一般情况下，无效状态在时序图中不体现。

(4) 功能描述

① 由图 4-9 所示的状态图可以看出，如图 4-8 所示电路可以作为一个可控计数器使用。当 $A=\mathbf{0}$ 时电路不工作；当 $A=\mathbf{1}$ 时是一个三进制减法计数器。

② 有效状态、无效状态及自启动的概念。在时序电路中，凡是被利用的状态，称为有效状态，例如图 4-9 中的 **00**、**11**、**10** 都是有效状态，且这 3 个有效状态形成闭合循环，时序电路无论从哪个有效状态开始，输入 3 个时钟脉冲都会回到开始状态，这种闭合循环称为有效循环。

在时序电路中，凡是没有被利用的状态，称为无效状态。图 4-9 中，除去有效状态，还有一种状态 **01**，就是无用状态。

在时序电路中，虽然存在无效状态，但是它们之间没有形成循环，这样的时序电路叫做能够自启动的时序电路，即能从无效状态回到有效循环的时序电路都具有自启动功能；若既有无效状态，它们之间又形成循环——无效循环，这样的时序电路被称为不能自启动的时序电路。

显然，图 4-9 所示的时序电路具有自启动功能。

由【例 4-1】可以归纳出时序电路的一般分析步骤如下。

① 写方程式。根据逻辑图，写出时钟方程和驱动方程；如果有输出，还要写出输出方程。

a. 时钟方程。各个触发器时钟信号的逻辑表达式。

b. 输出方程。时序电路各个输出信号的逻辑表达式。

c. 驱动方程。各个触发器同步输入端信号的逻辑表达式。

② 求状态方程。把驱动方程代入相应触发器的特性方程，即可求出时序电路的状态方程。

③ 进行计算，画出状态表、状态图和时序图。将电路的输入值和初态的取值代入状态方程和输出方程进行计算，求出相应的次态和输出值。将电路状态的转换情况分别用状态表、状态图和时序图表示出来。

④ 描述电路逻辑功能。进一步说明电路的具体功能。

特别要注意以下事项。

a. 电路的初态指的是该电路中所有触发器的初态组合。

b. 任何可能出现的初态和输入取值都不能遗漏掉。

c. 若未给定初态起始值，那么就从设定的起始值开始依次计算。

d. 凡不具备时钟条件的状态方程，其方程式无效，也就是说触发器将保持原来状态。

e. 状态转换指的是由初态到次态的转换，而非初态到初态，更不是次态到次态的转换。

f. 输出函数是初态和输入的函数，而不是次态和输入的函数。

4.3.2 时序电路的一般分析方法的应用举例

【例 4-2】 试分析如图 4-11 所示时序电路的逻辑功能。

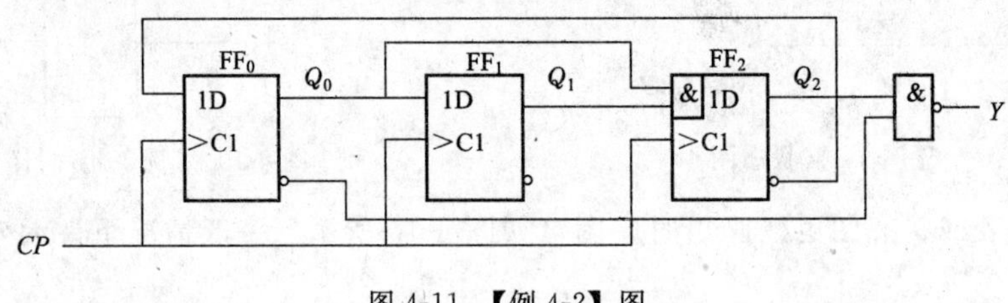

图 4-11 【例 4-2】图

解：(1) 写出方程式

时钟方程

$$CP_0=CP_1=CP_2=CP$$

输出方程

$$Y=\overline{\overline{Q_0^n}Q_2^n}=Q_0^n+\overline{Q_2^n}$$

显然，如图 4-11 所示电路是一个比较简单的 Moore 型时序电路，其输出仅与电路初态有关，而与输入无关。

驱动方程

$$\begin{cases} D_0=\overline{Q_2^n} \\ D_1=Q_0^n \\ D_2=Q_0^nQ_1^n \end{cases}$$

(2) 求出状态方程　将驱动方程代入 D 触发器特性方程，可得状态方程

$$\begin{cases} Q_0^{n+1}=\overline{Q_2^n} \\ Q_1^{n+1}=Q_0^n \\ Q_2^{n+1}=Q_0^nQ_1^n \end{cases}$$

（3）计算出次态值和输出值，并据此画出状态表和状态图、时序图，分别如表 4-8 所示和如图 4-12、图 4-13 所示。

表 4-8　【例 4-2】状态表

CP 的顺序	初　态			次　态			输　出
	Q_2^n	Q_1^n	Q_0^n	Q_2^{n+1}	Q_1^{n+1}	Q_0^{n+1}	Y
1	0	0	0	0	0	1	1
2	0	0	1	0	1	1	1
3	0	1	1	1	1	1	1
4	1	1	1	1	1	0	1
5	1	1	0	0	0	0	0
1	0	1	0	0	0	1	1
1	1	0	0	0	0	0	0
1	1	0	1	0	1	0	1
2	0	1	0	0	0	1	1

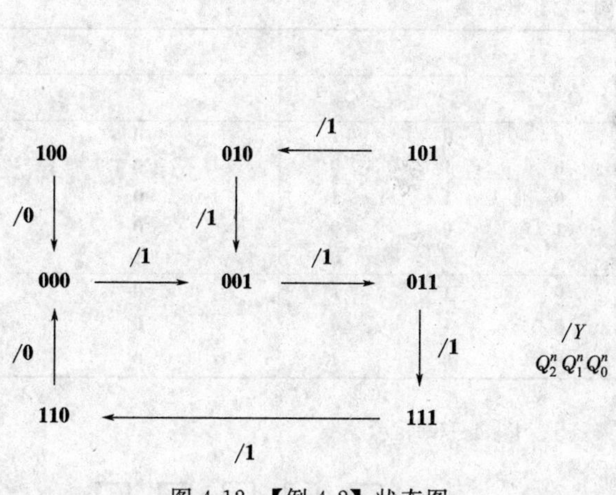

图 4-12　【例 4-2】状态图

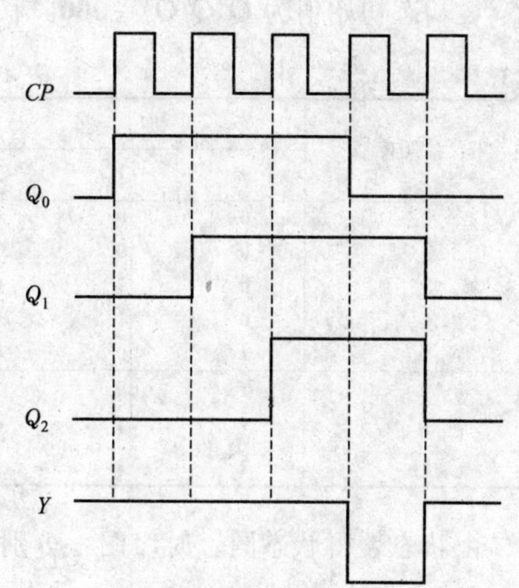

图 4-13　【例 4-2】时序图

（4）描述电路逻辑功能

此电路可以作为五进制计数器使用，且具有自启动功能。

【例 4-3】　试分析如图 4-14 所示时序电路的逻辑功能。

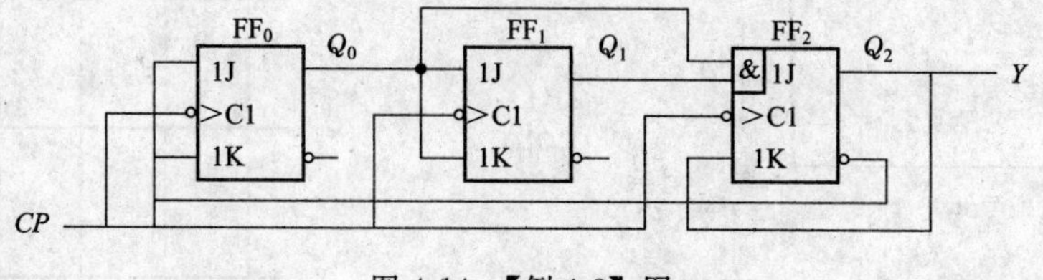

图 4-14　【例 4-3】图

解：（1）写出方程式

时钟方程

$$CP_0 = CP_1 = CP_2 = CP$$

输出方程

$$Y = Q_2^n$$

驱动方程

$$\begin{cases} J_0 = K_0 = \overline{Q}_2{}^n \\ J_1 = K_1 = Q_0^n \\ J_2 = Q_0^n Q_1^n \qquad K_2 = Q_2^n \end{cases}$$

（2）求状态方程

JK 触发器的特性方程

$$Q^{n+1} = J\,\overline{Q}^n + \overline{K}Q^n$$

将驱动方程代入其中，得到

$$Q_0^{n+1} = Q_0^n \odot Q_2^n$$

$$Q_1^{n+1} = Q_0^n \oplus Q_1^n$$

$$Q_2^{n+1} = Q_0^n Q_1^n \overline{Q}_2^n$$

（3）求状态表、状态图和时序图

设初态初始值为 $Q_2^n Q_1^n Q_0^n$ = **000**。状态表如表 4-9 所示。

表 4-9 【例 4-3】状态表

CP 的顺序	初态			次态			输出
	Q_2^n	Q_1^n	Q_0^n	Q_2^{n+1}	Q_1^{n+1}	Q_0^{n+1}	Y
1	**0**	**0**	**0**	**0**	**0**	**1**	**0**
2	**0**	**0**	**1**	**0**	**1**	**0**	**0**
3	**0**	**1**	**0**	**0**	**1**	**1**	**0**
4	**0**	**1**	**1**	**1**	**0**	**0**	**0**
5	**1**	**0**	**0**	**0**	**0**	**0**	**1**
1	**1**	**0**	**1**	**0**	**1**	**1**	**0**
1	**1**	**1**	**0**	**0**	**1**	**0**	**0**
1	**1**	**1**	**1**	**0**	**0**	**1**	**0**

由状态表得状态图、时序图，分别如图 4-15、图 4-16 所示。

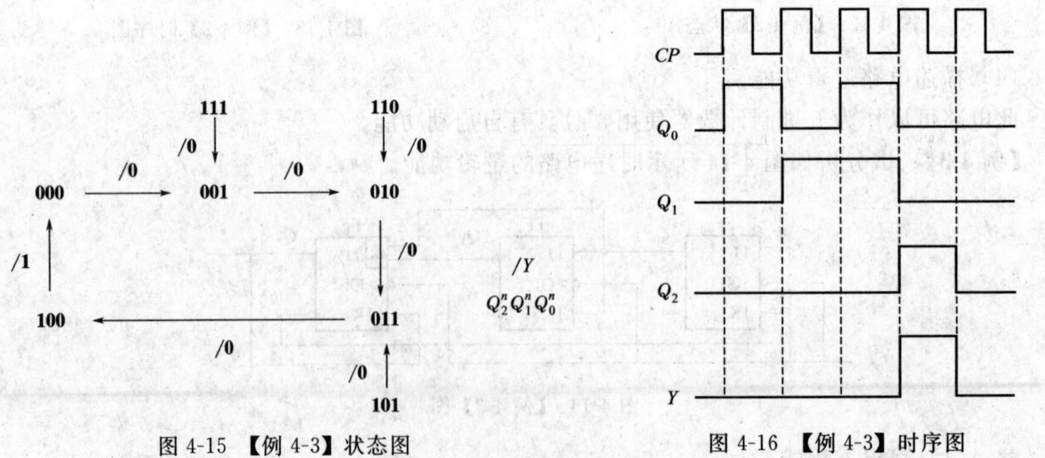

图 4-15 【例 4-3】状态图　　图 4-16 【例 4-3】时序图

（4）功能描述

该电路也可作为五进制计数器使用，但计数顺序并非自然态序。电路具有自启动功能。

【思考题】

4-3-1　分析时序电路有哪些步骤？

4-3-2　什么是有效状态？什么是无效状态？

4-3-3　什么样的电路具有自启动功能？

4.4 计　数　器

计数器主要由触发器构成，是一种具有计数功能的时序电路，也是在计数系统中使用得最多的时序电路。一般情况下，计数器除了计数脉冲 CP 信号之外，很少有另外的输入信号，是一种 Moore 型的时序电路。计数器除可以用于对时钟脉冲计数外，还可以用于定时、分频、产生节拍脉冲和脉冲序列以及进行数字运算等。

计数器的种类很多，按计数器中的触发器是否被同时触发翻转，可分为同步计数器和异步计数器；按计数器中数字的编码方式不同，又可分为二进制计数器、二-十进制计数器和循环码计数器等；按计数过程中计数器的数字的增减，还可分为加法计数器、减法计数器和可逆计数器；按计数器的计数容量的不同，也可分为十进制计数器、十六进制计数器等；按计数器中使用的开关元件的不同，又可分为 TTL 计数器和 CMOS 计数器。

TTL 计数器是一种问世较早，且品种、规格也很多的计数器，多为中规模集成电路。而 CMOS 计数器相对于 TTL 计数器问世要晚些，但品种规格也很多，且集成度可以做得很高。

4.4.1　二进制计数器

1. 同步二进制计数器

所谓同步计数器就是将计数脉冲同时加到计数器中所有触发器的时钟信号输入端，当计数脉冲输入时，所有的触发器将同时触发。

(1) 同步二进制加法计数器　同步二进制加法计数器逻辑图如图 4-17 所示，由 3 个 JK 触发器构成，它们的时钟信号都由 CP 脉冲提供，且下降沿触发。CP 脉冲信号在此也称作计数脉冲。

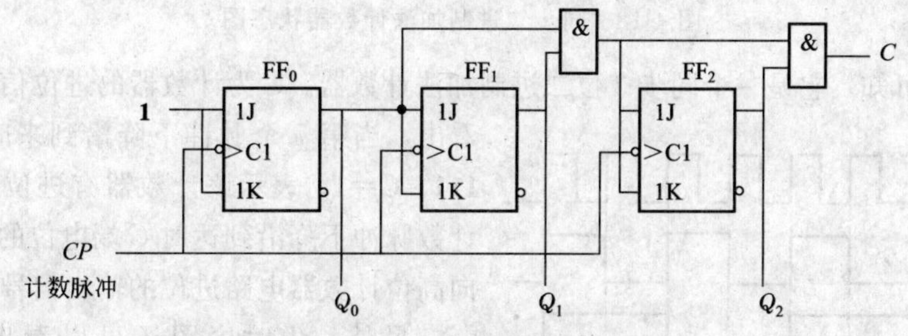

图 4-17　同步二进制加法计数器逻辑图

由逻辑图可得：

时钟方程

$$CP_0=CP_1=CP_2=CP$$

输出方程

$$C=Q_2^nQ_1^nQ_0^n$$

各触发器驱动方程

$$\begin{cases}J_0=K_0=1\\J_1=K_1=Q_0^n\\J_2=K_2=Q_1^nQ_0^n\end{cases}$$

将驱动方程代入 JK 触发器的特性方程 $Q^{n+1}=J\overline{Q}^n+\overline{K}Q^n$，可得到状态方程

$$\begin{cases}Q_0^{n+1}=\overline{Q}_0^n\\ Q_1^{n+1}=Q_0^n\overline{Q}_1^n+\overline{Q}_0^nQ_1^n\\ Q_2^{n+1}=Q_1^nQ_0^n\overline{Q}_2^n+\overline{Q_1^nQ_0^n}Q_2^n\end{cases}$$

假设电路的初态 $Q_2^nQ_1^nQ_0^n=\mathbf{000}$，代入状态方程和输出方程，依次进行计算，求出相应的次态和输出，结果见状态表，如表 4-10 所示。

表 4-10　同步二进制加法计数器状态表

CP	Q_2^n	Q_1^n	Q_0^n	Q_2^{n+1}	Q_1^{n+1}	Q_0^{n+1}	C
1	**0**	**0**	**0**	**0**	**0**	**1**	**0**
2	**0**	**0**	**1**	**0**	**1**	**0**	**0**
3	**0**	**1**	**0**	**0**	**1**	**1**	**0**
4	**0**	**1**	**1**	**1**	**0**	**0**	**0**
5	**1**	**0**	**0**	**1**	**0**	**1**	**0**
6	**1**	**0**	**1**	**1**	**1**	**0**	**0**
7	**1**	**1**	**0**	**1**	**1**	**1**	**0**
8	**1**	**1**	**1**	**0**	**0**	**0**	**1**

由状态表可以画出状态图和时序图，如图 4-18 和图 4-19 所示。

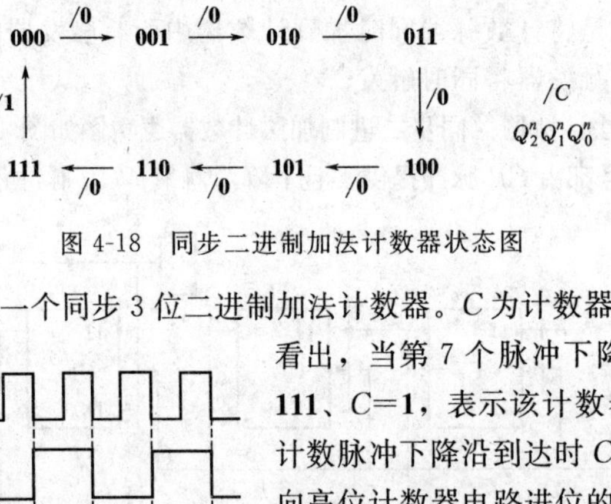

000 —/0→ **001** —/0→ **010** —/0→ **011**

011 —/0→ **100** —/0→ **101** —/0→ **110** —/0→ **111** —/1→ **000**

$/C$

$Q_2^nQ_1^nQ_0^n$

图 4-18　同步二进制加法计数器状态图

由状态图可知，它是一个同步 3 位二进制加法计数器。C 为计数器的进位信号，由时序图看出，当第 7 个脉冲下降沿到来时，$Q_2^nQ_1^nQ_0^n=\mathbf{111}$、$C=\mathbf{1}$，表示该计数器有进位输出。第 8 个计数脉冲下降沿到达时 C 端电位的下降沿可作为向高位计数器电路进位的输出信号。

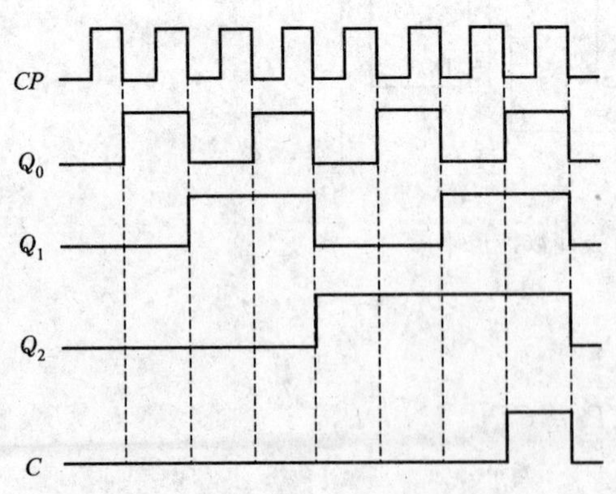

图 4-19　同步二进制加法计数器时序图

另外，由时序图还可以看出，若计数脉冲的频率为 f_0，则 Q_0、Q_1 和 Q_2 端输出脉冲的频率将依次为 $f_0/2$、$f_0/4$ 和 $f_0/8$。由于计数器具有这种分频功能，也将其称作分频器。

(2) 同步二进制减法计数器　用 JK 触发器构成的 3 位同步二进制减法计数器逻辑图如图 4-20 所示，其中 B 为借位输出端。

由逻辑图可得：

输出方程

$$B=\overline{Q}_2^n\overline{Q}_1^n\overline{Q}_0^n$$

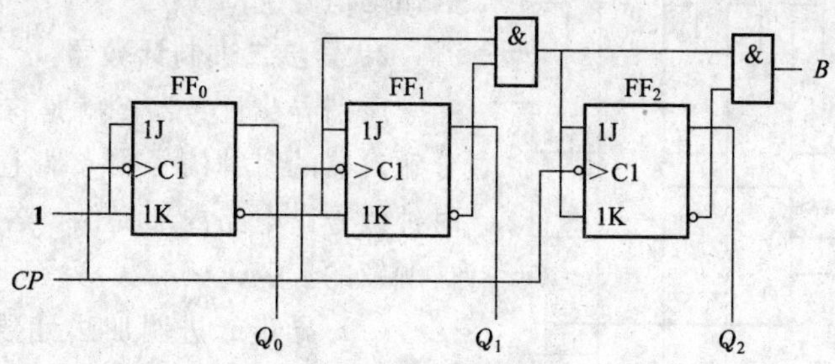

图 4-20　3 位同步二进制减法计数器逻辑图

各触发器驱动方程

$$\begin{cases}J_0=K_0=1\\J_1=K_1=\overline{Q}_0^n\\J_2=K_2=\overline{Q}_1^n\overline{Q}_0^n\end{cases}$$

将驱动方程代入 JK 触发器的特性方程 $Q^{n+1}=J\overline{Q}^n+\overline{K}Q^n$，得到状态方程

$$\begin{cases}Q_0^{n+1}=\overline{Q}_0^n\\Q_1^{n+1}=\overline{Q}_0^n\overline{Q}_1^n+Q_0^nQ_1^n\\Q_2^{n+1}=\overline{Q}_1^n\overline{Q}_0^n\overline{Q}_2^n+\overline{Q_1^nQ_0^n}Q_2^n\end{cases}$$

假设电路的初态 $Q_2^nQ_1^nQ_0^n=\mathbf{111}$，代入状态方程和输出方程，进行计算，求出相应的次态和输出，结果列于状态表中，如表 4-11 所示。

表 4-11　3 位同步二进制减法计数器状态表

CP	Q_2^n	Q_1^n	Q_0^n	Q_2^{n+1}	Q_1^{n+1}	Q_0^{n+1}	B
1	**1**	**1**	**1**	**1**	**1**	**0**	**0**
2	**1**	**1**	**0**	**1**	**0**	**1**	**0**
3	**1**	**0**	**1**	**1**	**0**	**0**	**0**
4	**1**	**0**	**0**	**0**	**1**	**1**	**0**
5	**0**	**1**	**1**	**0**	**1**	**0**	**0**
6	**0**	**1**	**0**	**0**	**0**	**1**	**0**
7	**0**	**0**	**1**	**0**	**0**	**0**	**0**
8	**0**	**0**	**0**	**1**	**1**	**1**	**1**

由状态表可以画出状态图和时序图，如图 4-21 和图 4-22 所示。

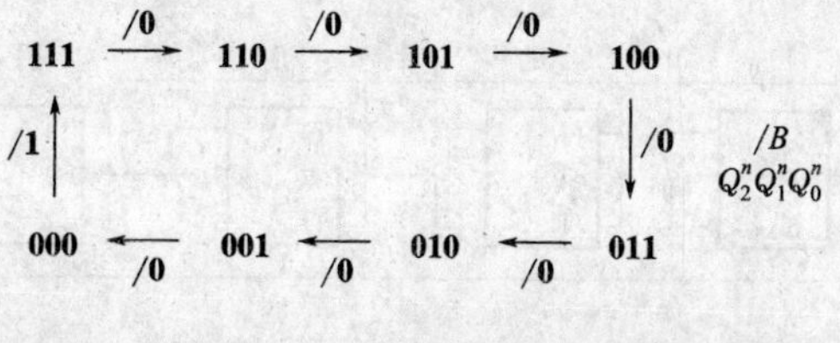

111 —/0→ **110** —/0→ **101** —/0→ **100**

↑/1　　　　　　　　　　　　　　↓/0　　$/B$ ($Q_2^nQ_1^nQ_0^n$)

000 ←/0— **001** ←/0— **010** ←/0— **011**

图 4-21　3 位同步二进制减法计数器状态图

由时序图看出，当第 7 个脉冲下降沿到来时，$Q_2^nQ_1^nQ_0^n=\mathbf{000}$、$B=\mathbf{1}$，表示该计数器有借位输出。第 8 个计数脉冲下降沿到达时 B 端电位的下降沿可作为向高位计数器电路借位

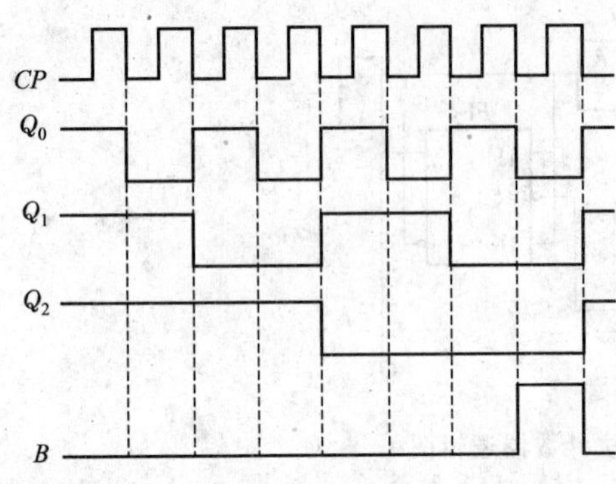

图 4-22　3 位同步二进制减法计数器时序图

的输出信号。

2. 异步二进制计数器

所谓异步计数器，就是将计数脉冲只加到部分触发器的时钟信号输入端上，而其余触发器的时钟信号由电路内部提供，各个触发器不是同时被触发的。

（1）异步二进制加法计数器　4 位异步二进制加法计数器的逻辑图如图 4-23 所示，由 4 个 JK 触发器构成。图中将每个 JK 触发器都接成 T′触发器，低位触发器的输出作为高位触发器的 *CP* 脉冲。

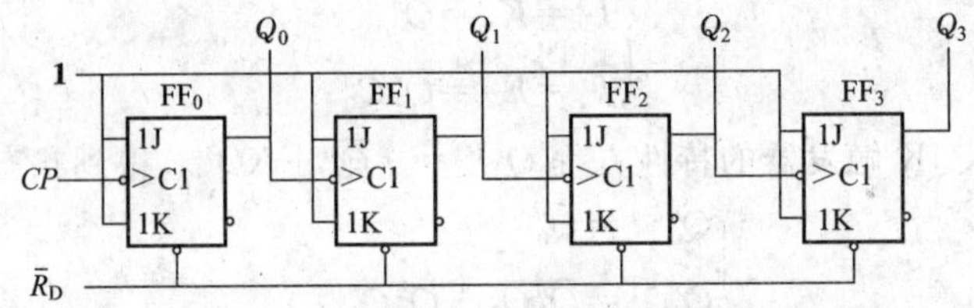

图 4-23　4 位异步二进制加法计数器的逻辑图

计数前，各触发器用置 0 端 $\overline{R}_D$ 置 **0**，使各触发器都为 **0** 状态，即 $Q_3^nQ_2^nQ_1^nQ_0^n$=**0000**。在计数过程中，$\overline{R}_D$=**1**，由于计数 *CP* 脉冲加在 FF_0 的 *CP* 端，所以 *CP* 下降沿每来一次，FF_0 的输出就翻转一次，得到 Q_0 波形；而 Q_0 的输出又作为 FF_1 的 *CP* 脉冲，所以 Q_0 下降沿每来一次，FF_1 的输出就翻转一次，得到 Q_1 波形；依次类推，可得到此计数器的时序图，如图 4-24 所示。

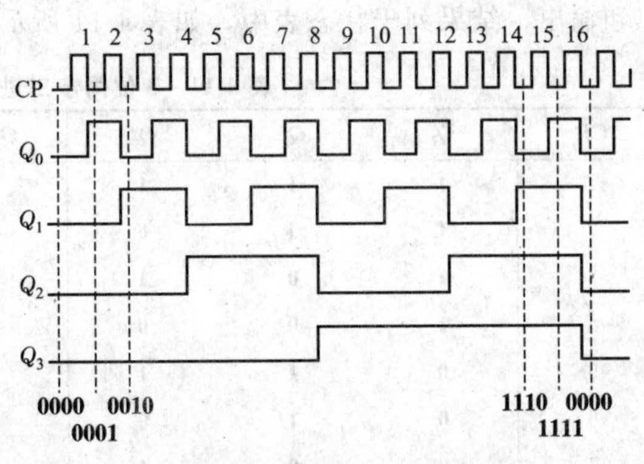

图 4-24　4 位异步二进制加法计数器的时序图

（2）异步二进制减法计数器　异步二进制减法计数器的逻辑图如图 4-25 所示，其时序图如图 4-26 所示。清零后，在第 1 个脉冲到达时，各触发器输出翻转，即 $Q_3^nQ_2^nQ_1^nQ_0^n$= **1111**，这是一个置数动作。以后，每来一个 *CP* 脉冲，计数器就减 **1**，直到输出 **0000** 为止，符合二进制减法规则。

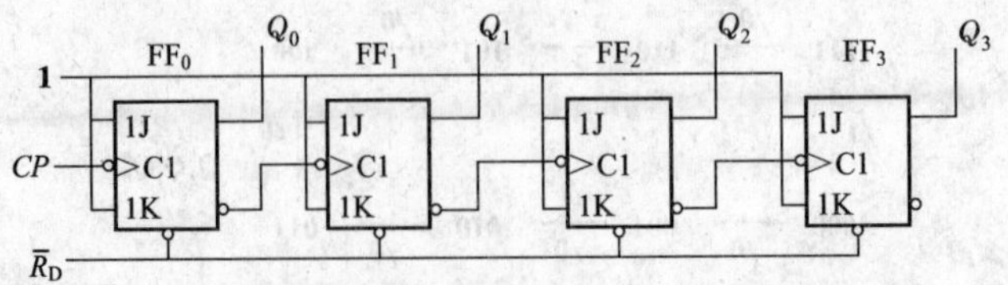

图 4-25　异步二进制减法计数器的逻辑图

4. 4. 2　十进制计数器

以同步十进制加法计数器为例，来介绍十进制计数器的工作原理，其逻辑图如图4-27所

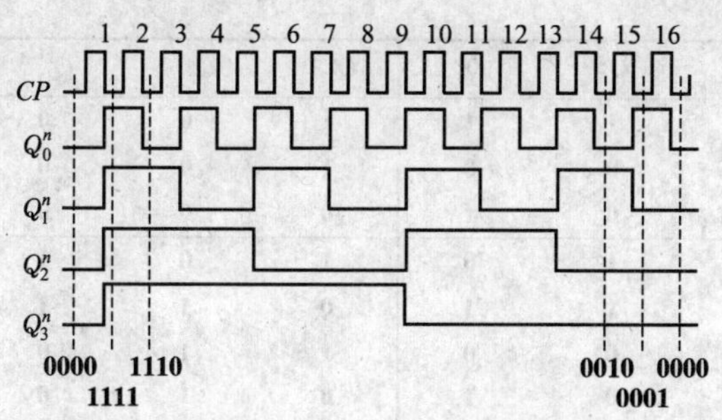

图 4-26　异步二进制减法计数器的时序图

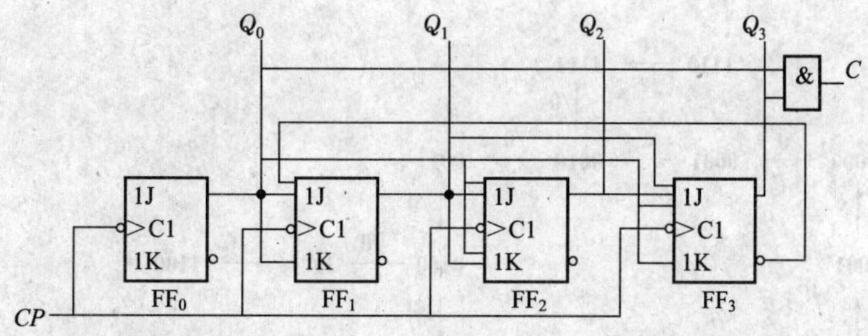

图 4-27　同步十进制加法计数器的逻辑图

示，它由 4 个 JK 触发器组成。

由逻辑图可得：

输出方程

$$C=Q_3^nQ_0^n$$

各触发器驱动方程

$$\begin{cases}J_0=K_0=1\\J_1=\overline{Q}_3^nQ_0^n,K_1=Q_0^n\\J_2=K_2=Q_1^nQ_0^n\\J_3=Q_2^nQ_1^nQ_0^n,K_3=Q_0^n\end{cases}$$

将驱动方程代入 JK 触发器的特性方程 $Q^{n+1}=J\overline{Q}^n+\overline{K}Q^n$，得到状态方程

$$\begin{cases}Q_0^{n+1}=\overline{Q}_0^n\\Q_1^{n+1}=\overline{Q}_3^n\overline{Q}_1^nQ_0^n+Q_1^n\overline{Q}_0^n\\Q_2^{n+1}=\overline{Q}_2^nQ_1^nQ_0^n+Q_2^n\overline{Q_1^nQ_0^n}\\Q_3^{n+1}=\overline{Q}_3^nQ_2^nQ_1^nQ_0^n+Q_3^n\overline{Q}_0^n\end{cases}$$

假设电路的初态 $Q_3^nQ_2^nQ_1^nQ_0^n$=**0000**，代入状态方程计算，求出相应的次态，状态表如表 4-12 所示，状态图和时序图如图 4-28 和图 4-29 所示。

表 4-12　同步十进制加法计数器状态表

CP	Q_3^n	Q_2^n	Q_1^n	Q_0^n	Q_3^{n+1}	Q_2^{n+1}	Q_1^{n+1}	Q_0^{n+1}	C
1	0	0	0	0	0	0	0	1	0
2	0	0	0	1	0	0	1	0	0
3	0	0	1	0	0	0	1	1	0
4	0	0	1	1	0	1	0	0	0
5	0	1	0	0	0	1	0	1	0
6	0	1	0	1	0	1	1	0	0
7	0	1	1	0	0	1	1	1	0

续表

CP	Q_3^n	Q_2^n	Q_1^n	Q_0^n	Q_3^{n+1}	Q_2^{n+1}	Q_1^{n+1}	Q_0^{n+1}	C
8	0	1	1	1	1	0	0	0	0
9	1	0	0	0	1	0	0	1	0
10	1	0	0	1	0	0	0	0	1
1	1	0	1	0	1	0	1	1	0
2	1	0	1	1	0	1	1	0	0
1	1	1	0	0	1	1	0	1	0
2	1	1	0	1	0	1	0	0	0
1	1	1	1	0	1	1	1	1	0
2	1	1	1	1	0	0	1	0	0

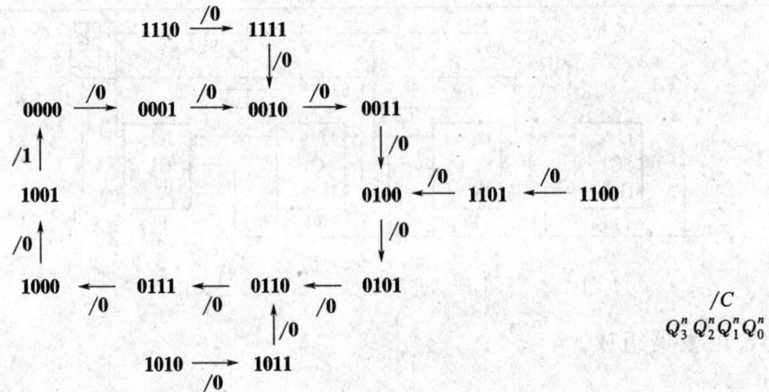

图 4-28　同步十进制加法计数器状态图

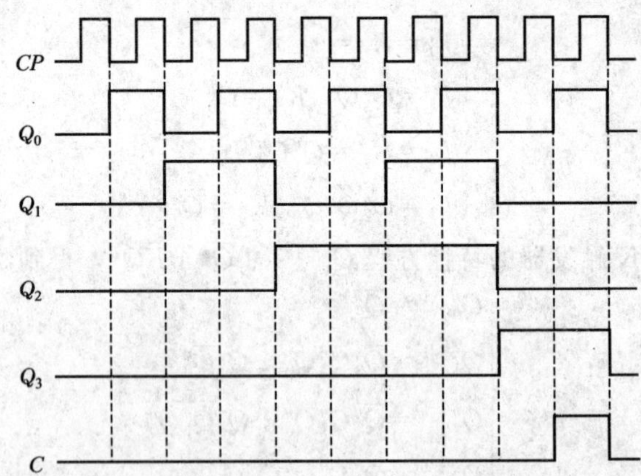

图 4-29　同步十进制加法计数器时序图

4 位二进制数从 **0000**～**1111**（十进制数的 0～15），共计 16 种状态。而十进制计数器正常工作时只在 **0000**～**1001**（十进制数的 0～9）这 10 个有效状态下循环，不会进入 **1010**、**1011**、**1100**、**1101**、**1110**、**1111** 这 6 个无效状态。但若由于某种因素，电路出现任何一种无效状态时，从其状态表中可看到，这个电路都能在时钟脉冲作用下，自动回到某个有效状态，进入 10 个有效状态的循环中去，例如，电路可以在时钟脉冲作用下，从 **1010**（无效状态）到 **1011**（无效状态）再到 **0100**（有效状态）。因此，从计数容量来看，该电路是一个同步十进制加法计数器，且具有自启动功能。

4.4.3　任意进制计数器

按计数容量分，除十进制计数器之外的计数器均称为任意进制计数器，简称 N 进制计数器，例如 $N=8$，是八进制；$N=12$，是十二进制等。

【例 4-4】 试分析如图 4-30 所示时序电路的逻辑功能。

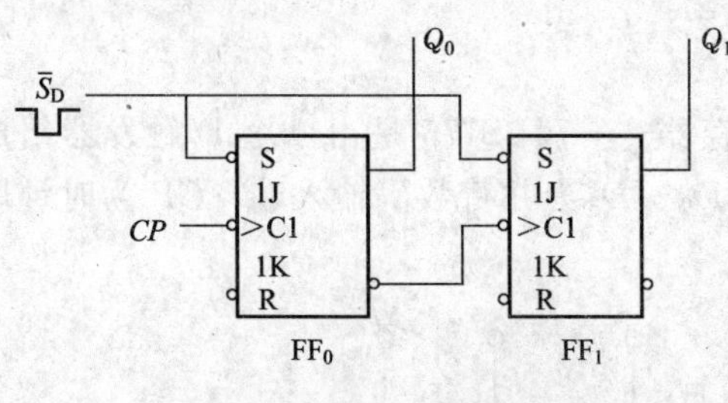

图 4-30 【例 4-4】逻辑图

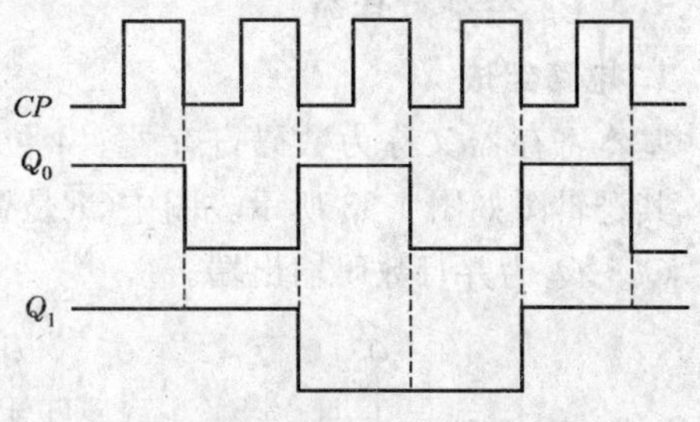

图 4-31 【例 4-4】时序图

解：这是一个异步时序电路，时钟方程为

$$\begin{cases} CP_0=CP \\ CP_1=\overline{Q}_0^n \end{cases}$$

触发器的驱动方程为

$$J_0=K_0=1$$
$$J_1=K_1=1$$

触发器为 T′触发器，所以状态方程为

$$Q_0^{n+1}=\overline{Q}_0^n$$
$$Q_1^{n+1}=\overline{Q}_1^n$$

异步置 **1** 端 $\overline{S}_D$ 低电平有效，使两个触发器置 **1**，所以初态为 $Q_1^nQ_0^n=$**11**，由此可得时序电路时序图如图 4-31 所示，状态图如图 4-32 所示。

通过时序图和状态图可以看出，这个时序电路为异步四进制减法计数器，即 2 位二进制异步减法计数器。

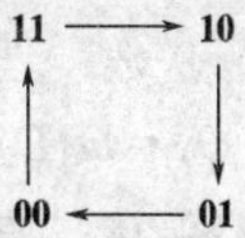

11 ⟶ 10 ⟶ 01 ⟶ 00 ⟶ 11

图 4-32 【例 4-4】状态图

以上在介绍二进制计数器、十进制计数器和任意进制计数器的时候，只是给出了相应电路的最基本结构，重点介绍其工作原理和逻辑功能的实现过程。其实，在实际中所应用的集成计数器芯片中，往往还有一些控制电路，这些控制电路增加了电路的功能和灵活性。集成计数器相关内容将在 4.7 节中做详细介绍。

【思考题】

4-4-1　什么是同步计数器？什么是异步计数器？

4-4-2　什么是加法计数器？什么是减法计数器？

4-4-3　试用 D 触发器构成同步十进制加法计数器。

4-4-4　试用 D 触发器构成异步二进制减法计数器。

4.5　寄　存　器

寄存器是一种基本的时序逻辑电路，主要用于存放二进制数据或代码，被广泛地应用于各种数字系统中。寄存器由触发器构成，因为一个触发器能存储一位二进制代码，所以用

N 个触发器组成的寄存器就能存储一组 N 位的二进制代码。

寄存器主要特点：一是电路结构比较简单；二是逻辑功能比较单一。

寄存器按功能差别划分，可分为基本寄存器和移位寄存器；按使用开关元件不同，又可分为 TTL 寄存器和 CMOS 寄存器等。TTL 寄存器和 CMOS 寄存器都是中规模集成电路。

4.5.1 基本寄存器

1. 电路组成

基本寄存器又称为数码寄存器。4 位数码寄存器——74LS175 是由 4 个 D 触发器组成的，其逻辑图如图 4-33 所示。图中$\overline{CR}$是置 **0** 端，$D_0 \sim D_3$ 为并行数码输入端，CP 为时钟脉冲，$Q_0 \sim Q_3$ 为并行数码输出端。

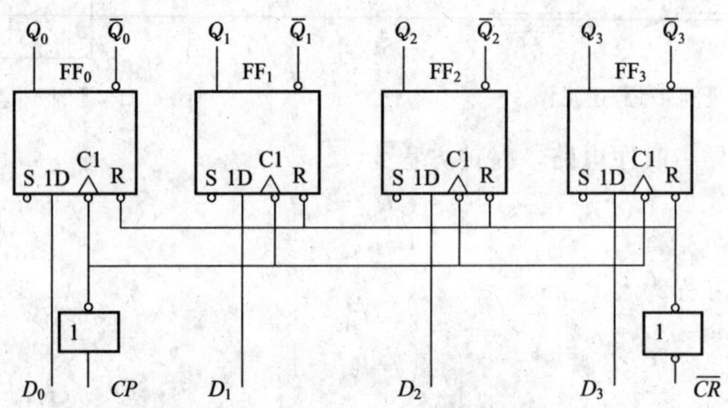

图 4-33 4 位数码寄存器的逻辑图

2. 逻辑功能

(1) 异步清零 当$\overline{CR}$=**0** 时，触发器 $FF_0 \sim FF_3$ 同时被置 **0**。无论寄存器中原来的内容是什么，只要$\overline{CR}$=**0**，4 个 D 触发器都立即清零，即 $Q_3Q_2Q_1Q_0$=**0000**。

(2) 送数 当$\overline{CR}$=**1**，CP 上升沿到达时，$D_0 \sim D_3$ 被并行置入到 4 个触发器中，即 $Q_3Q_2Q_1Q_0 = D_3D_2D_1D_0$。

(3) 保持 若$\overline{CR}$=**1**，在 CP 上升沿以外的时间里，寄存器将保持其内容不变。

74LS175 功能表如表 4-13 所示。

表 4-13 74LS175 功能表

输入						输出				工作状态
$\overline{CR}$	CP	D_0	D_1	D_2	D_3	Q_0	Q_1	Q_2	Q_3	
0	×	×	×	×	×	**0**	**0**	**0**	**0**	清零
1	↑	d_0	d_1	d_2	d_3	d_0	d_1	d_2	d_3	送数

4.5.2 移位寄存器

移位寄存器除了具有存储代码的功能外，还具有移位功能。移位寄存器可分为单向移位寄存器、双向移位寄存器和循环寄存器等。

1. 单向移位寄存器

(1) 电路组成 由 4 个边沿 D 触发器组成的 4 位单向移位寄存器如图 4-34 所示。4 个触发器共用同一时钟脉冲，因此也称为移位脉冲，所以电路属于同步时序电路。

(2) 工作原理 依据图 4-34 所示电路可得：

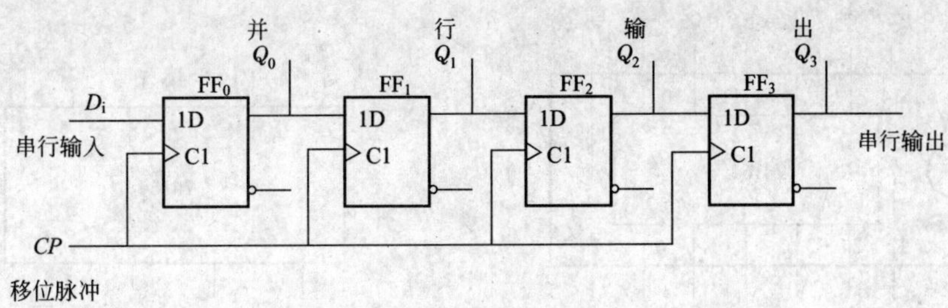

图 4-34　4 位单向移位寄存器

时钟方程

$$CP_0=CP_1=CP_2=CP_3=CP$$

各触发器驱动方程

$$\begin{cases}D_0=D_i\\D_1=Q_0^n\\D_2=Q_1^n\\D_3=Q_2^n\end{cases}$$

状态方程

$$\begin{cases}Q_0^{n+1}=D_i\\Q_1^{n+1}=Q_0^n\\Q_2^{n+1}=Q_1^n\\Q_3^{n+1}=Q_2^n\end{cases}$$

假设各个触发器的初态起始值 $Q_3^nQ_2^nQ_1^nQ_0^n$=**0000**，在 4 个时钟周期内，输入代码依次为 **1101**，4 位单向移位寄存器的状态表如表 4-14 所示。

表 4-14　4 位单向移位寄存器的状态表

CP 的顺序	输入 D_i	Q_0^n	Q_1^n	Q_2^n	Q_3^n	Q_0^{n+1}	Q_1^{n+1}	Q_2^{n+1}	Q_3^{n+1}
1	**1**	**0**	**0**	**0**	**0**	**1**	**0**	**0**	**0**
2	**1**	**1**	**0**	**0**	**0**	**1**	**1**	**0**	**0**
3	**0**	**1**	**1**	**0**	**0**	**0**	**1**	**1**	**0**
4	**1**	**0**	**1**	**1**	**0**	**1**	**0**	**1**	**1**

表 4-14 所示的 4 位单向移位寄存器的状态表描述了数码右移的过程。经过 4 个 CP 脉冲信号以后，串行的 4 位代码全部移入了移位寄存器中，同时 4 个触发器的输出端得到了并行输出的代码。因此，利用移位寄存器可以实现代码的串行-并行转换。

(3) 集成单向移位寄存器 74164　在集成单向移位寄存器产品中，74164 是比较典型的产品，其端子排列图和逻辑功能示意图如图 4-35 所示。

$D_S=D_{SA}\cdot D_{SB}$为串行输入端，$\overline{CR}$为清零端，$Q_0\sim Q_7$ 为数码并行输出端，CP 为时钟脉冲。

74164 集成单向移位寄存器的功能表如表 4-15 所示。

74164 的功能如下。

① 清零。当$\overline{CR}$=**0** 时，触发器同时被置 **0**。无论寄存器中原来的内容是什么，只要$\overline{CR}$=**0**，触发器都立即清零，$Q_7Q_2\cdots Q_0$=**00000000**。

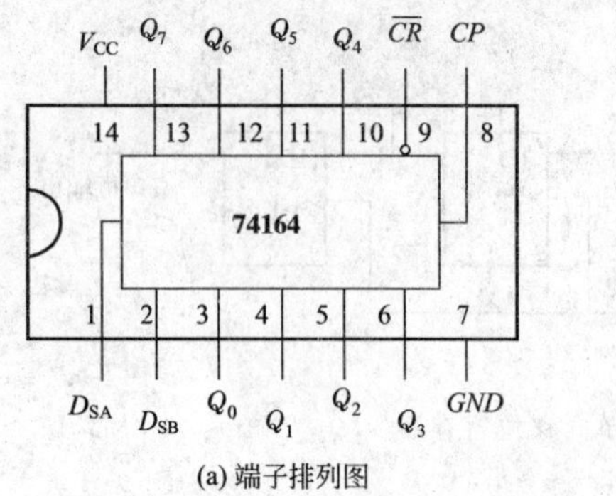

(a) 端子排列图

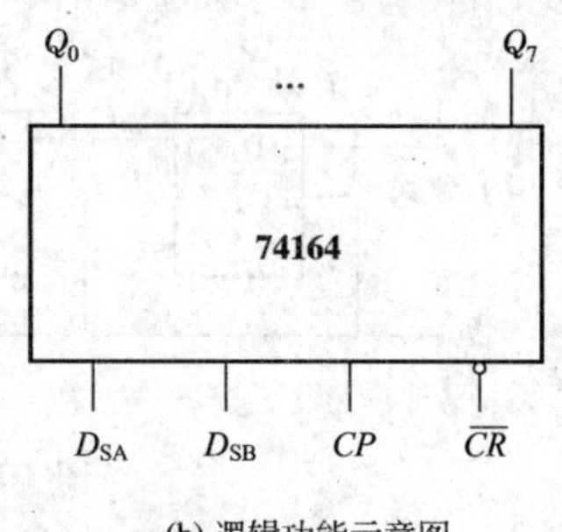

(b) 逻辑功能示意图

图 4-35 74164 集成单向移位寄存器

表 4-15 74164 集成单向移位寄存器的功能表

$\overline{CR}$	$D_{SA}\cdot D_{SB}$	CP	Q_0^{n+1}	Q_1^{n+1}	Q_2^{n+1}	Q_3^{n+1}	Q_4^{n+1}	Q_5^{n+1}	Q_6^{n+1}	Q_7^{n+1}	工作状态
0	×	×	**0**	**0**	**0**	**0**	**0**	**0**	**0**	**0**	清零
1	×	**0**	Q_0^n	Q_1^n	Q_2^n	Q_3^n	Q_4^n	Q_5^n	Q_6^n	Q_7^n	保持
1	**1**	↑	**1**	Q_0^n	Q_1^n	Q_2^n	Q_3^n	Q_4^n	Q_5^n	Q_6^n	输入一个 **1**
1	**0**	↑	**0**	Q_0^n	Q_1^n	Q_2^n	Q_3^n	Q_4^n	Q_5^n	Q_6^n	输入一个 **0**

② 送数。当$\overline{CR}=\mathbf{1}$，CP 上升沿到达时，$D_S=D_{SA}\cdot D_{SB}$端的数码依次被移入到寄存器中。

③ 保持。若$\overline{CR}=\mathbf{1}$，在 CP 上升沿以外的时间里，寄存器将保持其内容不变，即 $Q_i^{n+1}=Q_i^n(i=0\sim7)$。

2. 双向移位寄存器

（1）电路组成　4 位双向移位寄存器如图 4-36 所示。M 是移位方向控制信号，D_{SR}是右移串行输入端，D_{SL}是左移串行输入端，$Q_0\sim Q_3$为并行输出端，CP 为时钟脉冲。

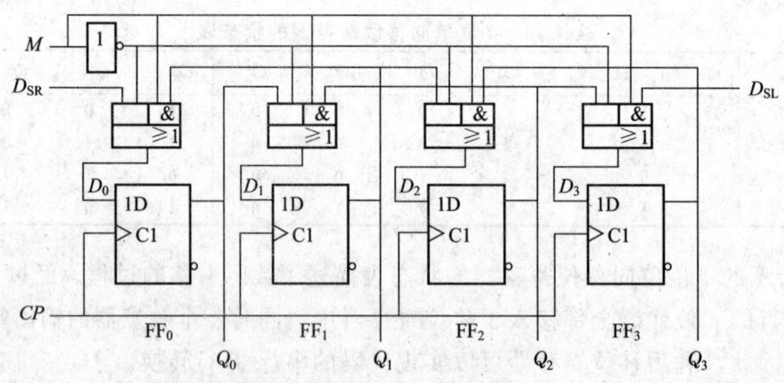

图 4-36　4 位双向移位寄存器

（2）工作原理　在图 4-36 中，4 个与或门构成了 4 个二选一数据选择器，其输出就是 D 触发器的输入信号。由电路可得驱动方程：

$$\begin{cases} D_0=\overline{M}D_{SR}+MQ_1^n \\ D_1=\overline{M}Q_0^n+MQ_2^n \\ D_2=\overline{M}Q_1^n+MQ_3^n \\ D_3=\overline{M}Q_2^n+MD_{SL} \end{cases}$$

代入 D 触发器特性方程可求出状态方程：

$$\begin{cases}Q_0^{n+1}=\overline{M}D_{SR}+MQ_1^n\\Q_1^{n+1}=\overline{M}Q_0^n+MQ_2^n\\Q_2^{n+1}=\overline{M}Q_1^n+MQ_3^n\\Q_3^{n+1}=\overline{M}Q_2^n+MD_{SL}\end{cases}\tag{4-9}$$

① 当 $M=\mathbf{0}$ 时，电路的状态方程：

$$\begin{cases}Q_0^{n+1}=D_{SR}\\Q_1^{n+1}=Q_0^n\\Q_2^{n+1}=Q_1^n\\Q_3^{n+1}=Q_2^n\end{cases}\tag{4-10}$$

由式(4-10) 可以看出，此时电路为 4 位右移寄存器。

② 当 $M=\mathbf{1}$ 时，电路的状态方程：

$$\begin{cases}Q_0^{n+1}=Q_1^n\\Q_1^{n+1}=Q_2^n\\Q_2^{n+1}=Q_3^n\\Q_3^{n+1}=D_{SL}\end{cases}\tag{4-11}$$

式(4-11) 表明，此时电路为 4 位左移寄存器。

综上所述，如图 4-36 所示电路具有双向移位功能，当 $M=\mathbf{0}$ 时右移；当 $M=\mathbf{1}$ 时左移。

(3) 集成双向移位寄存器 74LS198　8 位双向移位寄存器 74LS198 的逻辑功能示意图如图 4-37 所示，其中 $\overline{CR}$ 为异步清零端；CP 为时钟信号；D_{SR} 为右移串行输入端；D_{SL} 为左移串行输入端；S_1、S_0 为模式控制输入端，共有四种组合分别实现以下四种工作模式。

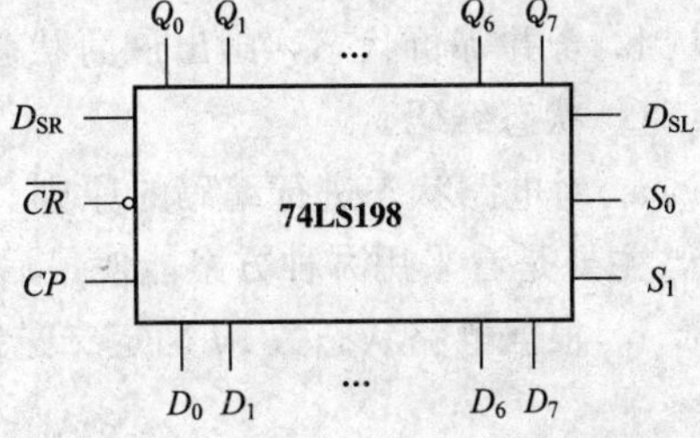

图 4-37　74LS198 的逻辑功能示意图

① 当 $S_1S_0=\mathbf{00}$ 时，实现保持操作。

② 当 $S_1S_0=\mathbf{01}$ 时，实现右移操作。

③ 当 $S_1S_0=\mathbf{10}$ 时，实现左移操作。

④ 当 $S_1S_0=\mathbf{11}$ 时，实现并行置数操作。

74LS198 的功能表如表 4-16 所示。可以利用 74LS198 的清零、保持、置数、左移和右移功能，实现串行输入-串行输出、串行输入-并行输出、并行输入-串行输出、并行输入-并行输出四种不同的输入、输出方式。

表 4-16　8 位双向移位寄存器 74LS198 的功能表

输入									输出					说明
$\overline{CR}$	CP	S_1	S_0	D_{SL}	D_{SL}	D_0	…	D_7	Q_0^{n+1}	Q_1^{n+1}	…	Q_6^{n+1}	Q_7^{n+1}	
0	×	×	×	×	×	×	…	×	**0**	**0**	…	**0**	**0**	异步清零
1	**0**	×	×	×	×	×	…	×	Q_0^n	Q_1^n	…	Q_6^n	Q_7^n	保持
1	×	**0**	**0**	×	×	×	…	×	Q_0^n	Q_1^n	…	Q_6^n	Q_7^n	保持
1	↑	**1**	**1**	×	×	d_0	…	d_7	d_0	d_1	…	d_6	d_7	同步置数
1	↑	**0**	**1**	d_{SR}	×	×	…	×	d_{SR}	Q_0^n	…	Q_5^n	Q_6^n	右移
1	↑	**1**	**0**	×	d_{SL}	×	…	×	Q_1^n	Q_2^n	…	Q_7^n	d_{SL}	左移

关于集成移位寄存器的应用将在 4.7 节中再做介绍。

【思考题】

4-5-1　什么叫寄存器？什么叫移位寄存器？

4-5-2　在已学过的触发器中，哪些能用作移位寄存器？哪些不能？

4-5-3　单向移位寄存器和双向移位寄存器有哪些异同点？

4.6　时序逻辑电路的设计

时序逻辑电路的设计任务及其步骤与时序逻辑电路的分析正好相反，它是按照给定的逻辑功能设计出相应的时序电路的。

4.6.1　时序逻辑电路的设计步骤

在设计时序逻辑电路时，要求设计者根据给定的功能描述或者是状态图，求出满足要求的时序电路，且设计结果力求简单。时序逻辑电路设计一般按如下步骤进行。

① 逻辑抽象，建立原始状态图或状态表。

a. 依据设计要求，确定输入变量、输出变量、电路内部状态间的关系及状态数。通常取条件作为输入逻辑变量，取结果作为输出逻辑变量。

b. 对输入变量、输出变量进行状态赋值，并对电路的状态顺序进行编号。

c. 根据题意建立原始状态图或状态表。

② 状态化简。

a. 找出等价状态。所谓等价状态，就是在输入相同的情况下，输出相同，且转换的次态也相同的状态。

b. 合并等价状态，画出最简状态图。

③ 状态编码。

a. 对电路状态进行编码的原则。编码方案有很多种，从电路设计考虑，编码方案的选择，主要是看采用哪种方案能使最后设计的电路最简单。

b. 根据电路状态数 M 确定二进制编码位数 n，一般有

$$2^{n-1} \leqslant M \leqslant 2^{n} \tag{4-12}$$

c. 画出编码后的状态图。

④ 选择触发器，求出各方程。

a. 根据要求选择合适的触发器数量和类型。触发器数量应与编码位数 n 相同，而在选择触发器类型时应考虑两点：一是器件的供应情况；二是应力求减少系统所使用的触发器类型。

b. 求时钟方程。如果是同步时序电路，各个触发器的时钟都选用 CP 脉冲即可；如果是异步时序电路，则需要先根据状态图画出时序图，再根据翻转条件，为每个触发器选择出合适的时钟信号。

c. 求出输出方程，化简为最简表达式。

d. 求出状态方程。尽量利用约束项进行化简，得到次态的最简表达式。特别注意：在异步时序电路中，对一些约束项的确认和处理，可以得到更加简单的状态方程，例如，当触发器 FF_i 不具备时钟条件时，状态保持不变，这种状态对应的最小项既可当作 **0** 也可当作 **1**，为约束项。

e. 求出驱动方程。将状态方程代入触发器的特性方程，即得出驱动方程。

⑤ 画出逻辑电路图。根据各方程，画出逻辑电路图。

⑥ 检查设计的电路是否具有自启动功能。将电路的无效状态依次代入状态方程进行计算，观察在 CP 信号作用下是否能回到有效状态。如果能回到有效状态，则所设计的电路具有自启动功能；如果无效状态形成了循环，回不到有效状态，则该电路不具有自启动功能。

若电路不能自启动，则需要采取措施加以解决。要么重新进行状态编码，要么利用触发器的异步输入端预置到有效状态。

4.6.2　同步时序逻辑电路的设计方法

上面介绍的设计方法具有普遍意义，但是比较抽象。下面再通过实例来做进一步的说明。

【例 4-5】　试设计一个带有进位的同步六进制加法计数器。

解：（1）逻辑抽象　因为计数器是在 CP 信号作用下依次地从一个状态转换为下一个状态，所以没有输入信号，只有进位输出信号。取输出逻辑变量为 C，规定有进位输出时 $C=\mathbf{1}$，无进位输出时 $C=\mathbf{0}$。

六进制计数器有 6 个有效状态，分别用 S_0、S_1、S_2、S_3、S_4、S_5 表示，按题意可画出原始状态图如图 4-38 所示。

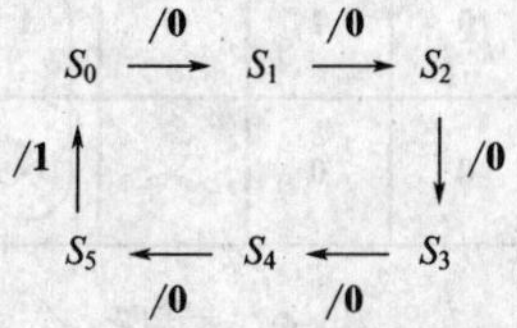

图 4-38　【例 4-5】原始状态图

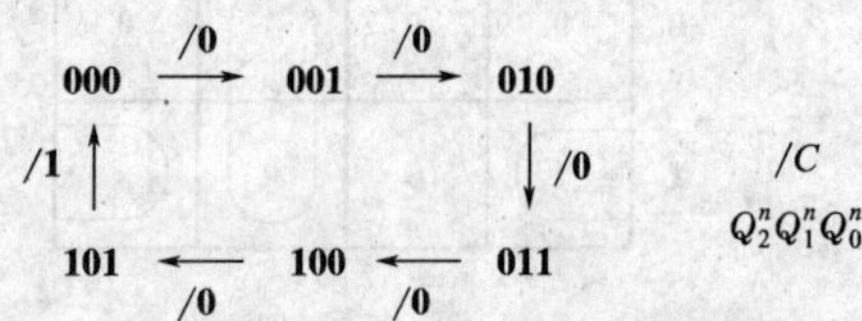

图 4-39　【例 4-5】状态编码之后的状态图

（2）此状态图已是最简状态图，不能再化简了。

（3）状态编码　因为电路状态数 $M=6$，而 $2^2<6<2^3$，所以二进制编码位数取 $n=3$。同时取自然二进制数的 **000**～**101** 为 S_0～S_5 的编码，于是得到状态编码之后的状态表，如表 4-17 所示，状态图如图 4-39 所示。

表 4-17　【例 4-5】状态表

CP	Q_2^n	Q_1^n	Q_0^n	Q_2^{n+1}	Q_1^{n+1}	Q_0^{n+1}	C
1	**0**	**0**	**0**	**0**	**0**	**1**	**0**
2	**0**	**0**	**1**	**0**	**1**	**0**	**0**
3	**0**	**1**	**0**	**0**	**1**	**1**	**0**
4	**0**	**1**	**1**	**1**	**0**	**0**	**0**
5	**1**	**0**	**0**	**1**	**0**	**1**	**0**
6	**1**	**0**	**1**	**0**	**0**	**0**	**1**

（4）选择触发器，写方程

① 根据二进制编码位数 $n=3$，选用 3 个触发器。选择 CP 下降沿触发的边沿 JK 触发器。

② 求时钟方程。本例采用同步方案，所以时钟方程为

$$CP_0=CP_1=CP_2=CP$$

③ 求输出方程和状态方程。求这两方程有两种方法：一是直接根据状态表或状态图分

别写出输出信号 C 的标准**与或**表达式和次态 $Q_{n-1}^{n+1}\cdots Q_0^{n+1}$ 的标准**与或**表达式，然后利用约束项，用公式法将其化为最简式；二是根据状态表或状态图分别画出输出信号 C 和次态 $Q_{n-1}^{n+1}\cdots Q_0^{n+1}$ 的卡诺图，再利用利用约束项，用图形法将其化为最简式。

此处利用卡诺图进行化简。

由状态图和状态表都可看出：**110**、**111** 为无效状态，所以可以将其对应的最小项 $Q_2^nQ_1^n\overline{Q}_0^n$、$Q_2^nQ_1^nQ_0^n$ 看作约束项。

由于电路的次态 $Q_2^{n+1}Q_1^{n+1}Q_0^{n+1}$ 和进位输出 C 仅取决于电路的初态 $Q_2^nQ_1^nQ_0^n$ 取值，所以根据表 4-17 示出的状态表可以画出次态 $Q_2^{n+1}Q_1^{n+1}Q_0^{n+1}$ 逻辑函数和进位输出函数 C 的卡诺图，如图 4-40 所示。

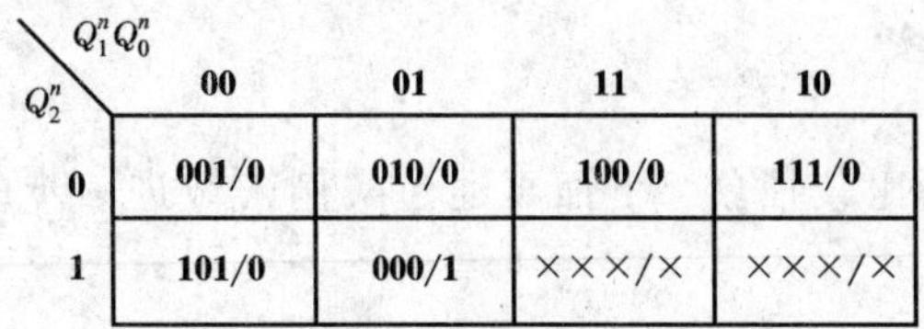

Q_2^n \ $Q_1^nQ_0^n$	00	01	11	10
0	001/0	010/0	100/0	111/0
1	101/0	000/1	×××/×	×××/×

图 4-40 【例 4-5】电路次态和进位输出（$Q_2^{n+1}Q_1^{n+1}Q_0^{n+1}$ 和 C）的卡诺图

为清晰起见，将图 4-40 的卡诺图分解为 3 个触发器的次态 Q_2^{n+1}、Q_1^{n+1}、Q_0^{n+1} 和进位输出 C，共计 4 个卡诺图，如图 4-41 所示。

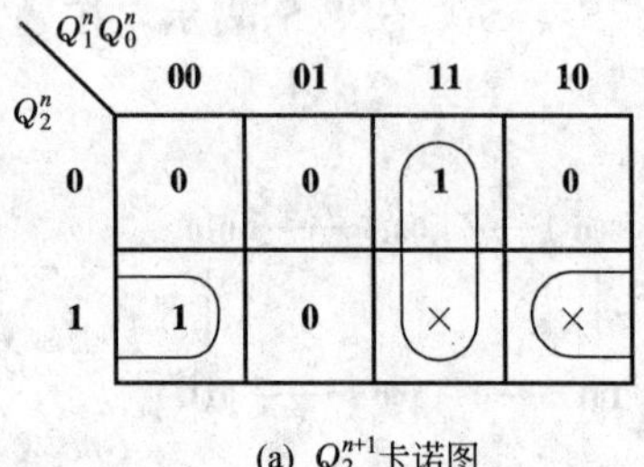

Q_2^n \ $Q_1^nQ_0^n$	00	01	11	10
0	0	0	1	0
1	1	0	×	×

(a) Q_2^{n+1} 卡诺图

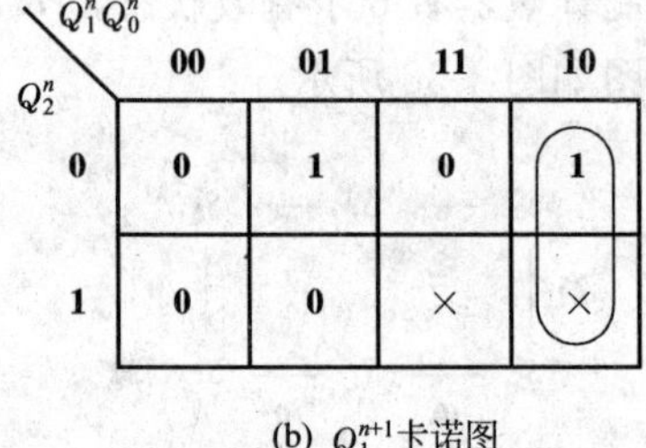

Q_2^n \ $Q_1^nQ_0^n$	00	01	11	10
0	0	1	0	1
1	0	0	×	×

(b) Q_1^{n+1} 卡诺图

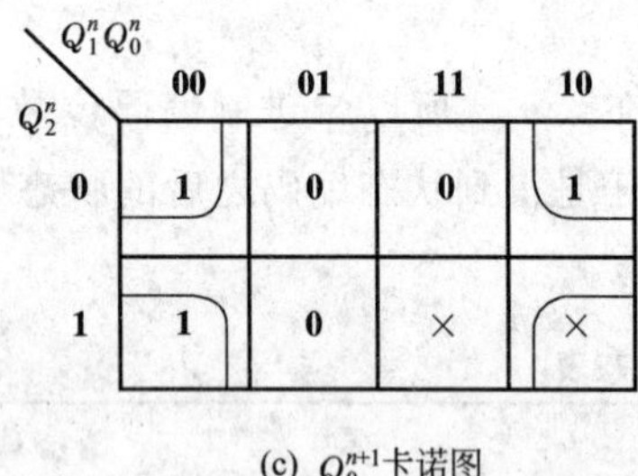

Q_2^n \ $Q_1^nQ_0^n$	00	01	11	10
0	1	0	0	1
1	1	0	×	×

(c) Q_0^{n+1} 卡诺图

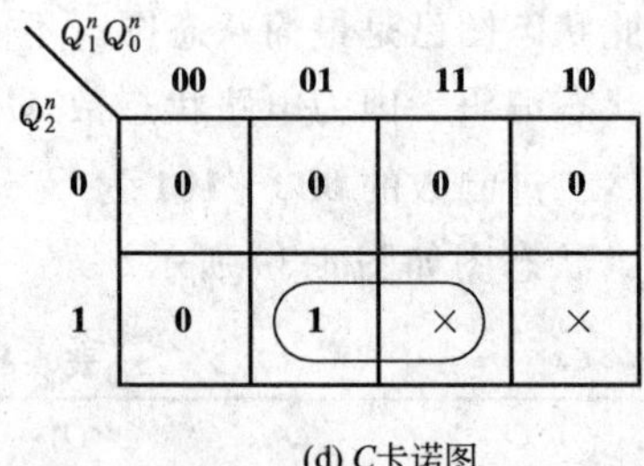

Q_2^n \ $Q_1^nQ_0^n$	00	01	11	10
0	0	0	0	0
1	0	1	×	×

(d) C 卡诺图

图 4-41 【例 4-5】卡诺图的分解

从如图 4-41 所示的卡诺图可以得到化简后的状态方程为

$$\begin{cases} Q_2^{n+1}=Q_1^nQ_0^n+Q_2^n\overline{Q}_0^n \\ Q_1^{n+1}=\overline{Q}_2^n\overline{Q}_1^nQ_0^n+Q_1^n\overline{Q}_0^n \\ Q_0^{n+1}=\overline{Q}_0^n \end{cases}$$

输出方程为

$$C=Q_2^nQ_0^n$$

④ 求驱动方程。JK 触发器的特性方程

$$Q^{n+1}=J\,\overline{Q}^n+\overline{K}Q^n$$

变换状态方程，使之与特性方程形式一致

$$
\text{解}\begin{cases}
Q_2^{n+1}=Q_1^nQ_0^n+Q_2^n\overline{Q}_0^n \\
\qquad =Q_1^nQ_0^n(\overline{Q}_2^n+Q_2^n)+\overline{Q}_0^nQ_2^n \\
\qquad =Q_1^nQ_0^n\overline{Q}_2^n+\overline{Q}_0^nQ_2^n+Q_2^nQ_1^nQ_0^n\text{(此项为约束项应去掉)} \\
\qquad =Q_1^nQ_0^n\overline{Q}_2^n+\overline{Q}_0^nQ_2^n \\
Q_1^{n+1}=\overline{Q}_2^n\overline{Q}_1^nQ_0^n+Q_1^n\overline{Q}_0^n \\
\qquad =\overline{Q}_2^nQ_0^n\overline{Q}_1^n+\overline{Q}_0^nQ_1^n \\
Q_0^{n+1}=\overline{Q}_0^n \\
\qquad =1\overline{Q}_0^n+\overline{1}Q_0^n
\end{cases}
$$

于是得驱动方程

$$
\begin{cases}
J_2=Q_1^nQ_0^n, K_2=Q_0^n \\
J_1=\overline{Q}_2^nQ_0^n, K_1=Q_0^n \\
J_0=1, \qquad K_0=1
\end{cases}
$$

（5）根据驱动方程画出逻辑电路图，如图 4-42 所示。

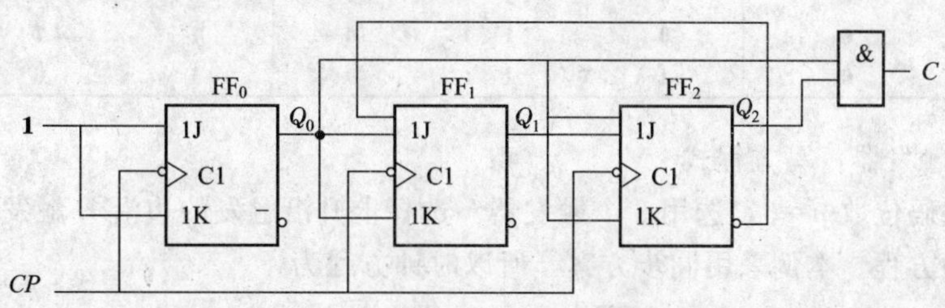

图 4-42 【例 4-5】逻辑电路图

（6）检查电路能否自启动　将无效状态 **110**、**111** 代入输出方程和状态方程进行计算，结果如下：

$$\mathbf{110}\xrightarrow{/0}\mathbf{111}\xrightarrow{/1}\mathbf{000}\text{（有效状态）}$$

显然，该电路能够自启动。

【例 4-6】　设计一个用来控制步进电动机的三相六状态脉冲分配器。线圈导通用 **1** 表示，线圈截止用 **0** 表示，于是三个线圈 A、B、C 的状态图如图 4-43 所示。X 为输入控制量，当 $X=\mathbf{1}$ 时，电动机正转；$X=\mathbf{0}$ 时，电动机反转。三个线圈 A、B、C 的状态分别用 Q_A、Q_B、Q_C表示。

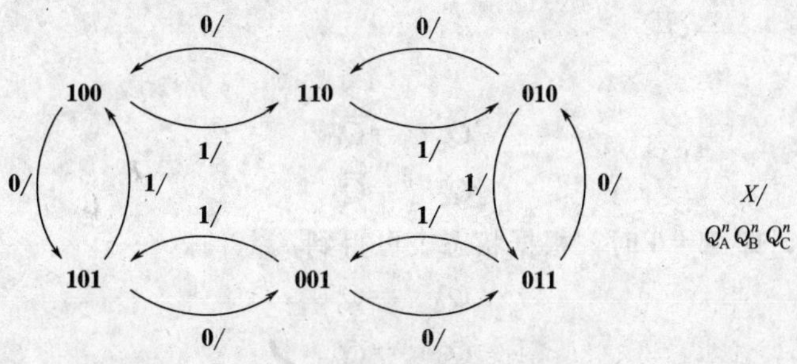

图 4-43 【例 4-6】状态图

解：（1）逻辑抽象　依据题意可知，脉冲分配器在 CP 信号作用下依次地从一个状态转为下一个状态，但根据输入控制量的不同，$X=\mathbf{1}$，或 $X=\mathbf{0}$ 时，电路有两种状态转换过程，而每一种转换电路都有六种状态，即 $M=6$。电路只有输入信号 X，而没有输出信号。

(2) 给出的状态图已是最简状态图，不能再化简了。

(3) 已给出编码位数 $n=3$，满足 $2^{n-1}\leqslant M\leqslant 2^n$。依状态图可得到状态表，如表4-18所示。

表 4-18 【例 4-6】状态表

CP	X	Q_A^n	Q_B^n	Q_C^n	Q_A^{n+1}	Q_B^{n+1}	Q_C^{n+1}
1	**1**	**1**	**0**	**0**	**1**	**1**	**0**
2	**1**	**1**	**1**	**0**	**0**	**1**	**0**
3	**1**	**0**	**1**	**0**	**0**	**1**	**1**
4	**1**	**0**	**1**	**1**	**0**	**0**	**1**
5	**1**	**0**	**0**	**1**	**1**	**0**	**1**
6	**1**	**1**	**0**	**1**	**1**	**0**	**0**
1	**0**	**1**	**0**	**0**	**1**	**0**	**1**
2	**0**	**1**	**0**	**1**	**0**	**0**	**1**
3	**0**	**0**	**0**	**1**	**0**	**1**	**1**
4	**0**	**0**	**1**	**1**	**0**	**1**	**0**
5	**0**	**0**	**1**	**0**	**1**	**1**	**0**
6	**0**	**1**	**1**	**0**	**1**	**0**	**0**

(4) 选择触发器，写方程式

① 根据编码位数 $n=3$，选用 3 个触发器。选择上升沿触发的边沿 D 触发器。

② 求时钟方程。本例采用同步方案，所以时钟方程为

$$CP_0=CP_1=CP_2=CP$$

③ 求输出方程和状态方程。因为电路没有输出信号，所以无输出方程。

本例状态方程采用根据状态表直接写出次态 Q_A^{n+1}、Q_B^{n+1} 和 Q_C^{n+1} 的标准**与或**表达式，然后利用约束项，用公式法将其化为最简式的方法求得。

因为二进制编码位数 $n=3$，有效状态数为 6，显然本例有两个无效状态——**000** 和 **111**，其对应的最小项 $\overline{Q_A^n}\,\overline{Q_B^n}\,\overline{Q_C^n}$ 和 $Q_A^n Q_B^n Q_C^n$ 即为约束项。

当电动机正转，即 $X=\mathbf{1}$ 时，根据状态表可得到

$$\begin{aligned}Q_A^{n+1}&=Q_A^n\overline{Q_B^n}\,\overline{Q_C^n}+\overline{Q_A^n}\,\overline{Q_B^n}Q_C^n+Q_A^n\overline{Q_B^n}Q_C^n\\&=\overline{Q_B^n}(Q_A^n\overline{Q_C^n}+\overline{Q_A^n}Q_C^n+Q_A^nQ_C^n)\\&=\overline{Q_B^n}(Q_A^n+Q_C^n)+\overline{Q_A^n}\,\overline{Q_B^n}\,\overline{Q_C^n}\quad(\overline{Q_A^n}\,\overline{Q_B^n}\,\overline{Q_C^n}\text{ 此项为约束项})\\&=\overline{Q_B^n}\end{aligned}$$

同理得

$$Q_B^{n+1}=\overline{Q_C^n}$$

$$Q_C^{n+1}=\overline{Q_A^n}$$

当电动机反转，即 $X=\mathbf{0}$ 时，根据状态表可得到

$$Q_A^{n+1}=\overline{Q_C^n}$$

$$Q_B^{n+1}=\overline{Q_A^n}$$

$$Q_C^{n+1}=\overline{Q_B^n}$$

此电路的次态不仅取决于初态，还取决于输入控制量 X，所以该电路的状态方程为

$$Q_A^{n+1}=X\overline{Q}_B^n+\overline{X}\cdot\overline{Q}_C^n$$
$$Q_B^{n+1}=X\overline{Q}_C^n+\overline{X}\cdot\overline{Q}_A^n$$
$$Q_C^{n+1}=X\overline{Q}_A^n+\overline{X}\cdot\overline{Q}_B^n$$

④ 求驱动方程。D 触发器的特性方程　　$Q^{n+1}=D$

与状态方程相比较，得驱动方程

$$D_A=X\overline{Q}_B^n+\overline{X}\cdot\overline{Q}_C^n=\overline{\overline{X\overline{Q}_B^n+\overline{X}\cdot\overline{Q}_C^n}}$$
$$D_B=X\overline{Q}_C^n+\overline{X}\cdot\overline{Q}_A^n=\overline{\overline{X\overline{Q}_C^n+\overline{X}\cdot\overline{Q}_A^n}}$$
$$D_C=X\overline{Q}_A^n+\overline{X}\cdot\overline{Q}_B^n=\overline{\overline{X\overline{Q}_A^n+\overline{X}\cdot\overline{Q}_B^n}}$$

(5) 根据驱动方程画出逻辑电路图，如图 4-44 所示。

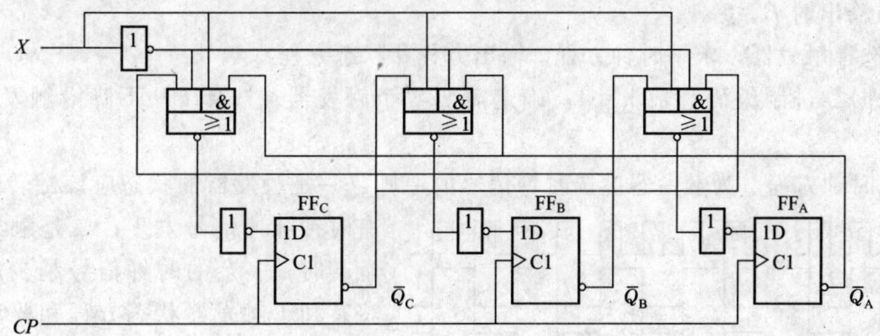

图 4-44　【例 4-6】逻辑电路图

*4.6.3　异步时序逻辑电路的设计方法

异步时序电路的设计过程和同步时序电路一样，也可以按照同步时序电路设计的一般步骤进行。但是，由于异步时序电路中的触发器不是同时触发的，所以在设计异步时序电路时，除了需要完成同步时序电路所应做的工作以外，还要为每个触发器选定合适的时钟信号。

下面通过一个例子具体说明异步时序电路的设计过程。

【例 4-7】 试设计一个异步十二进制减法计数器。

解：(1) 进行逻辑抽象，求最简状态图　十二进制计数器当然有 12 个有效状态，即 $M=12$，而 $2^3<12<2^4$，所以 $n=4$。

取自然二进制数 **1011～0000** 作为状态编码，于是得到电路状态表如表 4-19 所示，状态图如图 4-45 所示。

表 4-19　异步十二进制减法计数器状态表

计数 CP 顺序	电路状态				等效十二进制数	借位输出 B
	Q_3^n	Q_2^n	Q_1^n	Q_0^n		
0	**0**	**0**	**0**	**0**	0	**1**
1	**1**	**0**	**1**	**1**	11	**0**
2	**1**	**0**	**1**	**0**	10	**0**
3	**1**	**0**	**0**	**1**	9	**0**
4	**1**	**0**	**0**	**0**	8	**0**
5	**0**	**1**	**1**	**1**	7	**0**
6	**0**	**1**	**1**	**0**	6	**0**
7	**0**	**1**	**0**	**1**	5	**0**
8	**0**	**1**	**0**	**0**	4	**0**
9	**0**	**0**	**1**	**1**	3	**0**
10	**0**	**0**	**1**	**0**	2	**0**
11	**0**	**0**	**0**	**1**	1	**0**
12	**0**	**0**	**0**	**0**	0	**1**

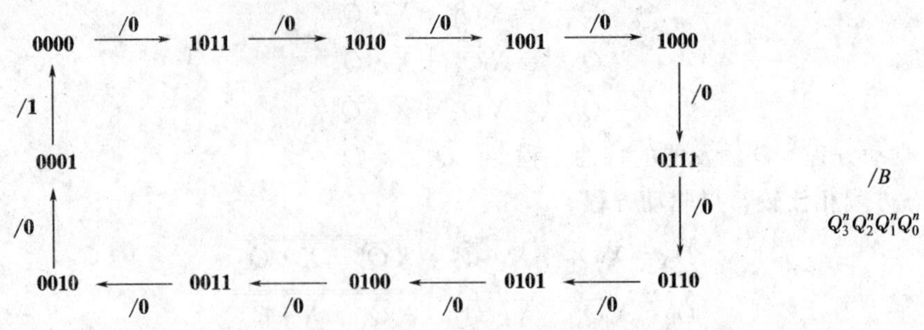

图 4-45 异步十二进制减法计数器状态图

电路没有输入信号，只有借位输出信号。取输出逻辑变量为 B，规定有借位输出时 $B=$ **1**，无借位输出时 $B=$**0**。

(2) 选择触发器，求解时钟方程、输出方程和状态方程

① 根据二进制编码位数 $n=4$，确定需要 4 个触发器。选择 CP 下降沿触发的 JK 触发器。

② 求时钟方程。为触发器挑选时钟信号的原则：一是触发器的状态应该翻转时，必须有时钟脉冲信号发生；二是触发器不应翻转时，多余的时钟信号越少越好，这将有利于触发器状态方程和驱动方程的化简。

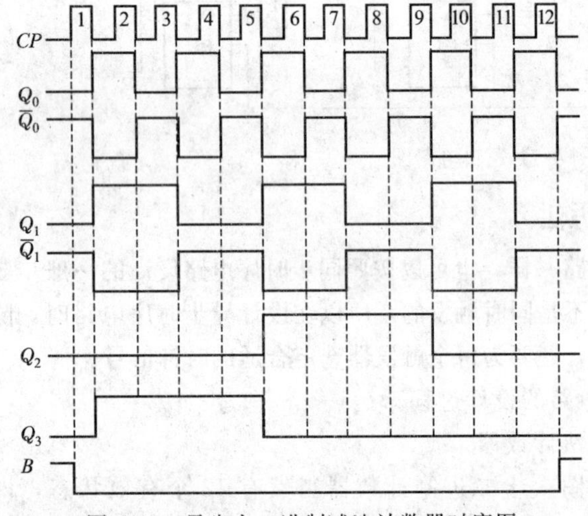

图 4-46 异步十二进制减法计数器时序图

为给每个触发器选定合适的时钟信号，可以根据电路状态表或状态图画出电路的时序图。一般情况下，异步计数器中触发器 FF_0 的时钟信号多取自外接计数脉冲信号 CP_0。

依照状态图可以很容易画出电路的时序图，如图 4-46 所示。

通过对时序图的分析，可选定 FF_1 的时钟信号 CP_1 取自 $\overline{Q}_0$，FF_2 的时钟信号 CP_2 取自 $\overline{Q}_1$，FF_3 的时钟信号 CP_3 取自 $\overline{Q}_0$。

选取时钟信号分别为：

$$CP_0=CP$$
$$CP_1=\overline{Q}_0$$
$$CP_2=\overline{Q}_1$$
$$CP_3=\overline{Q}_0$$

③ 求输出方程。依据状态表可得输出方程

$$B=\overline{Q_3^n}\,\overline{Q_2^n}\,\overline{Q_1^n}\,\overline{Q_0^n}$$

④ 求状态方程。异步十二进制减法计数器次态的卡诺图如图 4-47 所示。

将如图 4-47 所示卡诺图分解为次态 Q_3^{n+1}、Q_2^{n+1}、Q_1^{n+1}和 Q_0^{n+1}的卡诺图，如图 4-48 所示。要注意的是：当 CP 到来，电路转换时，不具备时钟条件的触发器，相应初态所对应的最小项应当成约束项处理，例如图 4-48(b) 所示的 $\overline{Q}_2^{n+1}$ 的卡诺图中，当第 2 个 CP 脉冲的

$Q_3^nQ_2^n$ \ $Q_1^nQ_0^n$	00	01	11	10
00	1011	0000	0010	0001
01	0011	0100	0110	0101
11	××××	××××	××××	××××
10	0111	1000	1010	1001

图 4-47　异步十二进制减法计数器次态的卡诺图

下降沿到来时，$\overline{Q}_1^n$没有沿，所以 FF_2 不具备时钟条件；而当第 3 个 CP 脉冲的下降沿到来时，$\overline{Q}_1^n$为上升沿，FF_2 也不具备时钟条件。这两种情况下相应初态所对应的最小项 $Q_3^n\overline{Q}_2^nQ_1^nQ_0^n$（**1011**）和 $Q_3^n\overline{Q}_2^n\overline{Q}_1^nQ_0^n$（**1010**）都不会对 FF_2 的状态起作用，所以可以任意设定它的次态，即将其作为约束项处理。

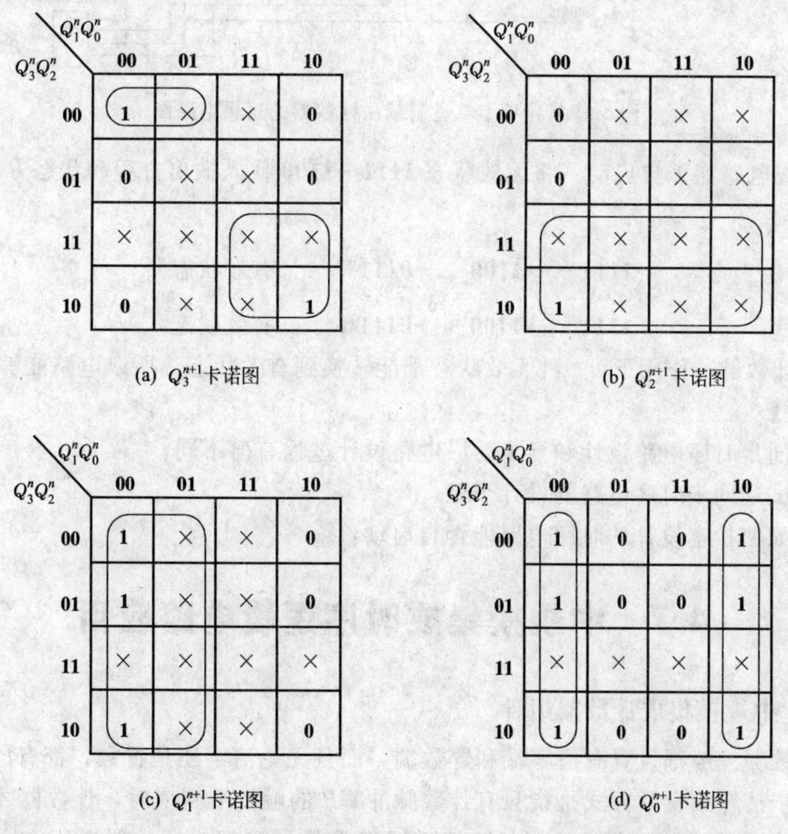

(a) Q_3^{n+1}卡诺图　(b) Q_2^{n+1}卡诺图

(c) Q_1^{n+1}卡诺图　(d) Q_0^{n+1}卡诺图

图 4-48　异步十二进制减法计数器次态的卡诺图分解

另外，由于正常工作时 $Q_3^nQ_2^nQ_1^nQ_0^n$不会出现 **1111**～**1100** 这 4 个状态，所以也将它们作为约束项处理。

由此得到状态方程：

$$\begin{cases}Q_3^{n+1}=\overline{Q_2^n}\,\overline{Q_1^n}\,\overline{Q_3^n}+\overline{\overline{Q_1^n}}Q_3^n & (\overline{Q_0^n}\text{下降沿时有效})\\ Q_2^{n+1}=Q_3^n=Q_3^n\overline{Q_2^n}+\overline{\overline{Q_3^n}}\,\overline{Q_2^n} & (\overline{Q_1^n}\text{下降沿时有效})\\ Q_1^{n+1}=\overline{Q_1^n}=\mathbf{1}\cdot\overline{Q_1^n}+\overline{\mathbf{1}}\cdot Q_1^n & (\overline{Q_0^n}\text{下降沿时有效})\\ Q_0^{n+1}=\overline{Q_0^n}=\mathbf{1}\cdot\overline{Q_0^n}+\overline{\mathbf{1}}\cdot Q_0^n & (\overline{Q_1^n}\text{下降沿时有效})\end{cases}$$

⑤ 将状态方程代入 JK 触发器特性方程，得到驱动方程

$$\begin{cases}J_3=\overline{Q_2^n}\,\overline{Q_1^n}, K_3=\overline{Q_1^n}\\ J_2=Q_3^n, K_3=\overline{Q_3^n}\\ J_1=K_1=\mathbf{1}\\ J_0=K_0=\mathbf{1}\end{cases}$$

（3）画逻辑电路图，如图 4-49 所示。

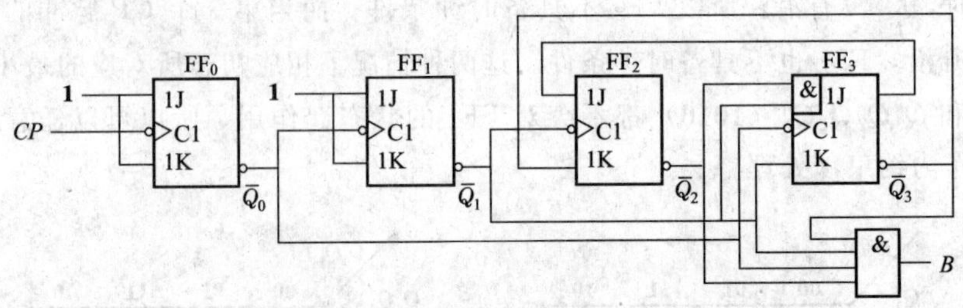

图 4-49　异步十二进制减法计数器的逻辑电路图

（4）检查电路能否自启动　将无效状态 **1111～1100** 代入输出方程和状态方程进行计算，结果如下：

$$\mathbf{1111}\xrightarrow{/\mathbf{0}}\mathbf{1100}\xrightarrow{/\mathbf{0}}\mathbf{0111}\qquad(\text{有效状态})$$

$$\mathbf{1111}\xrightarrow{/\mathbf{0}}\mathbf{1100}\xrightarrow{/\mathbf{0}}\mathbf{0111}\qquad(\text{有效状态})$$

在输入计数脉冲作用下，4 种无效状态都能转换到有效状态，所以电路能够自启动。

【思考题】

4-6-1　同步时序电路设计和异步时序电路设计过程有何不同？

4-6-2　试述同步时序电路的设计步骤。

4-6-3　如何检查设计的时序电路能否自启动？

4.7　中规模集成时序逻辑电路应用

4.7.1　中规模集成计数器组件

集成计数器一般都设置有清零端和置数端，而且无论清零还是置数，都有同步和异步之分。所谓同步清零或置数方式是指只有计数脉冲 CP 的触发沿到来时，计数器才能完成清零或置数；异步清零或置数方式是指只要清零或置数信号出现，计数器立即会完成清零或置数，而不受计数脉冲 CP 的控制。

1. 集成二进制同步计数器 74LS161

（1）端子排列图和逻辑功能示意图　74LS161 的端子排列图和逻辑功能示意图如图 4-50

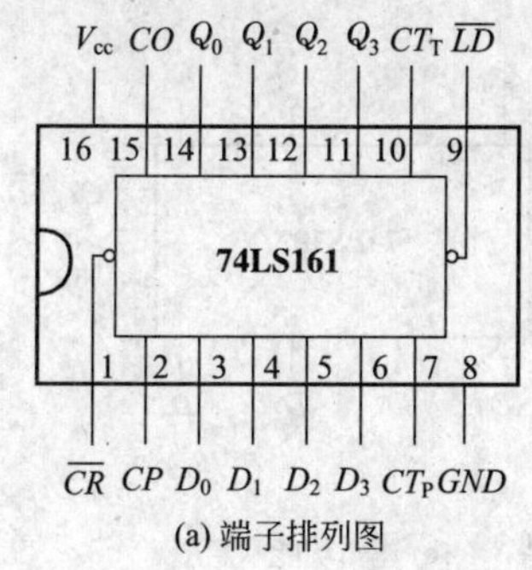

(a) 端子排列图

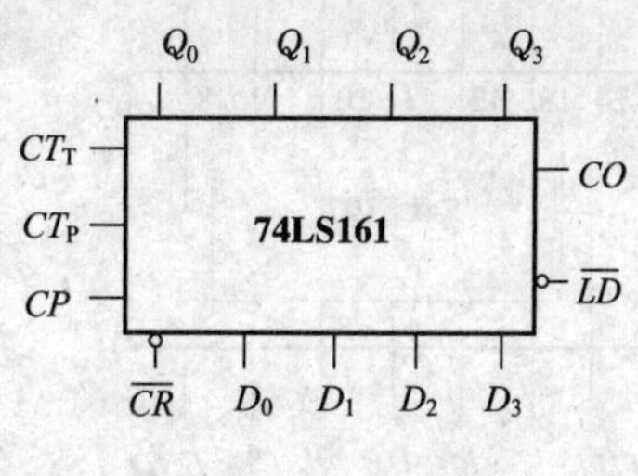

(b) 逻辑功能示意图

图 4-50　集成计数器 74LS161

所示，CP 是计数脉冲，$\overline{CR}$是异步清零端，$\overline{LD}$是同步置数端，CT_P 和 CT_T 是计数器工作状态控制端，也称为使能端，$D_0 \sim D_3$ 是并行输入数据端，CO 是进位信号输出端，$Q_0 \sim Q_3$ 是计数器状态输出端。

（2）功能表　集成二进制同步计数器 74LS161 的功能表如表 4-20 所示。

表 4-20　集成二进制同步计数器 74LS161 的功能表

输入									输出					说明
$\overline{CR}$	$\overline{LD}$	CT_P	CT_T	CP	D_0	D_1	D_2	D_3	Q_0^{n+1}	Q_1^{n+1}	Q_2^{n+1}	Q_3^{n+1}	CO	
0	×	×	×	×	×	×	×	×	**0**	**0**	**0**	**0**	**0**	清零
1	**0**	×	×	↑	d_0	d_1	d_2	d_3	d_0	d_1	d_2	d_3		置数　$CO=CT_T \cdot Q_3^n Q_2^n Q_1^n Q_0^n$
1	**1**	**1**	**1**	↑	×	×	×	×	计数					$CO=Q_3^n Q_2^n Q_1^n Q_0^n$
1	**1**	**0**	×	×	×	×	×	×	保持					$CO=CT_T \cdot Q_3^n Q_2^n Q_1^n Q_0^n$
1	**1**	×	**0**	×	×	×	×	×	保持				**0**	

（3）逻辑功能

① 异步清零功能。当$\overline{CR}=\mathbf{0}$ 时，计数器立即清零，其他输入信号均不起作用。

② 同步并行置数功能。当$\overline{CR}=\mathbf{1}$、$\overline{LD}=\mathbf{0}$ 时，在 CP 上升沿到达后，并行输入数据 $d_0 \sim d_3$ 置入计数器，且并行输出。

③ 二进制同步加法计数功能。当$\overline{CR}=\mathbf{1}$、$\overline{LD}=\mathbf{1}$ 时，若 $CT_P=CT_T=\mathbf{1}$，计数器完成 4 位二进制加法计数。

④ 保持功能。当$\overline{CR}=\mathbf{1}$、$\overline{LD}=\mathbf{1}$ 时，若 $CT_P \cdot CT_T=\mathbf{0}$，计数器将保持原来状态不变。

综上所述，74LS161 是一个可异步清零、同步置数、保持状态不变的 4 位二进制同步加法计数器，显然，按计数容量分，74LS161 又为十六进制计数器。

集成二进制同步计数器 74161 的端子排列、逻辑功能和计数工作原理都与 74LS161 相同。除了 74LS161 和 74161 之外，集成二进制同步计数器还有 74163 和 74LS163。它们的端子排列、逻辑功能和计数工作原理也都与 74LS161 相同，唯一不同的是：它们采用的是同步清零方式。CMOS 集成二进制同步加法计数器有双 4 位的 CC4520。另外，CMOS 电路中还有 4 位二进制同步减法计数器 CC4526。

2. 集成二进制异步计数器 74LS197

（1）端子排列图和逻辑功能示意图　74LS197 的端子排列图和逻辑功能示意图如图 4-51

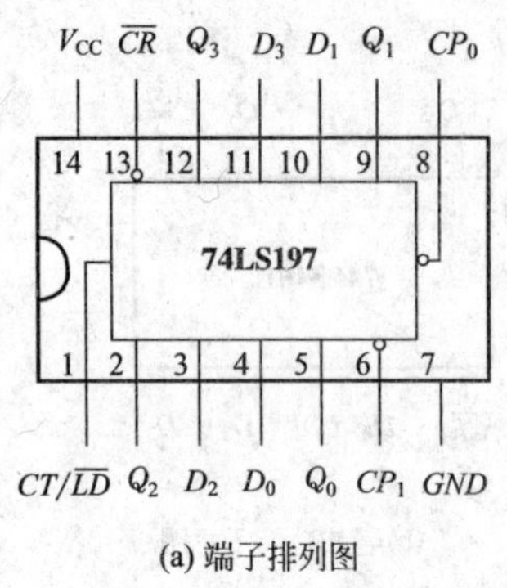

(a) 端子排列图

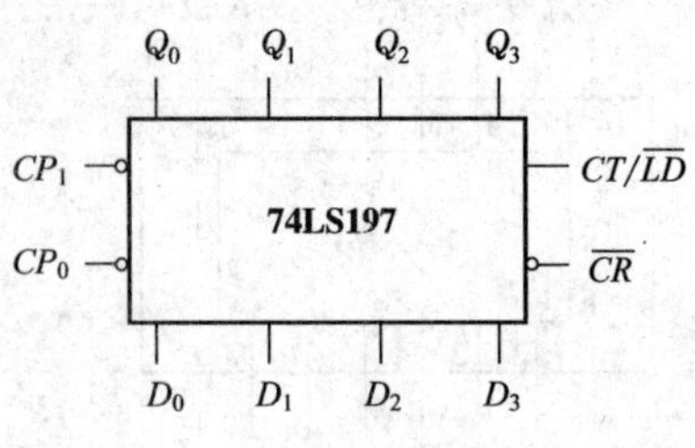

(b) 逻辑功能示意图

图 4-51 集成计数器 74LS197

所示，$\overline{CR}$是异步清零端，$CT/\overline{LD}$是计数和同步置数端，CP_0是触发器 FF_0 的时钟输入端，CP_1是触发器 FF_1 的时钟输入端，$D_1 \sim D_3$是并行输入数据端，$Q_0 \sim Q_3$是计数器状态输出端。

（2）功能表 集成二进制异步计数器 74LS197 的功能表如表 4-21 所示。

表 4-21 集成二进制异步计数器 74LS197 的功能表

输入							输出				说明	
$\overline{CR}$	$CT/\overline{LD}$	CP	D_0	D_1	D_2	D_3	Q_0^{n+1}	Q_1^{n+1}	Q_2^{n+1}	Q_3^{n+1}		
0	×	×	×	×	×	×	**0**	**0**	**0**	**0**	清零	
1	**0**	×	d_0	d_1	d_2	d_3	d_0	d_1	d_2	d_3	置数	
1	**1**	↓	×	×	×	×	计数				$CP_0=CP$	$CP_1=Q_0$

（3）逻辑功能

① 异步清零功能。当$\overline{CR}$=**0** 时，计数器异步清零。

② 异步并行置数功能。当$\overline{CR}$=**1**、$CT/\overline{LD}$=**0** 时，计数器异步置数。

③ 计数功能。当$\overline{CR}$=**1**、$CT/\overline{LD}$=**1** 时，计数器完成异步加法计数。

若将 CP 加在 CP_0端，把 Q_0与 CP_1连接起来，就构成 4 位二进制（即十六进制）异步加法计数器；若只将 CP 加在 CP_0端，CP_1接 **0** 或 **1**，则计数器中只有 FF_0 工作，构成 1 位二进制（即按计数容量划分的二进制）计数器；若 CP 加在 CP_1端，只有 FF_0 不工作，构成 3 位二进制（即八进制）计数器。因此也把 74LS197 称为二-八-十六进制计数器。计数器结构示意图如图 4-52 所示。

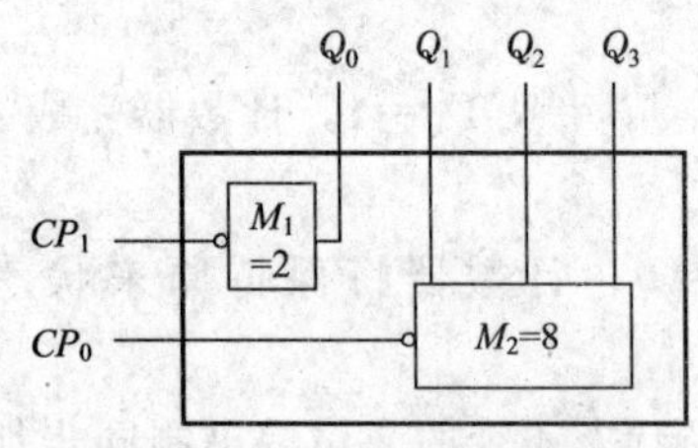

图 4-52 74LS197 结构示意图

除此之外，集成二-八-十六进制异步加法计数器还有 74177、74S197、74293、74S293 等。而 CMOS 集成异步计数器有 7 位的 CC4024、12 位的 CC4040 和 14 位的 CC4060 等。

3. 集成十进制同步加法计数器 74LS160

（1）端子排列图和逻辑功能示意图 74LS160 的端子排列图和逻辑功能示意图与 74LS161 相同。74LS160 的逻辑功能与 74LS161 基本相同，不同的是 74LS160 是十进制同步加法计数器，而 74LS161 是十六进制同步加法计数器。

（2）功能表 集成十进制同步加法计数器 74LS160 的功能表如表 4-22 所示。

表 4-22　集成十进制同步加法计数器 74LS160 的功能表

输入									输出					说明
$\overline{CR}$	$\overline{LD}$	CT_P	CT_T	CP	D_0	D_1	D_2	D_3	Q_0^{n+1}	Q_1^{n+1}	Q_2^{n+1}	Q_3^{n+1}	CO	
0	×	×	×	×	×	×	×	×	**0**	**0**	**0**	**0**	**0**	清零
1	**0**	×	×	↑	d_0	d_1	d_2	d_3	d_0	d_1	d_2	d_3		置数 $CO=CT_T\cdot Q_3^nQ_0^n$
1	**1**	**1**	**1**	↑	×	×	×	×	计数					$CO=Q_3^nQ_0^n$
1	**1**	**0**	×	×	×	×	×	×	保持					$CO=CT_T\cdot Q_3^nQ_0^n$
1	**1**	×	**0**	×	×	×	×	×	保持				**0**	

(3) 逻辑功能

① 异步清零功能。当$\overline{CR}$=**0** 时，计数器异步清零。

② 同步并行置数功能。当$\overline{CR}$=**1**、$\overline{LD}$=**0** 时，CP 上升沿到达后，并行输入数据 d_0～d_3进入计数器，并行输出。

③ 同步加法计数功能。当$\overline{CR}$=**1**、$\overline{LD}$=**1** 时，$CT_T=CT_P=$**1**，计数器完成加法计数功能。

④ 保持功能。当$\overline{CR}$=**1**、$\overline{LD}$=**1** 时，$CT_T\cdot CT_P=$**0**，计数器将保持原来状态不变。若 $CT_P=$**0**，$CT_T=$**1** 时，进位输出信号也保持，即 $CO=Q_3^nQ_0^n$；若 $CT_T=$**0**，则 $CO=CT_T\cdot Q_3^nQ_0^n=$**0**，即进位信号输出端为低电平。

74160 的端子排列、逻辑功能和计数工作原理都与 74LS160 相同。十进制同步加法计数器还有 74162、74LS162 和 74S162，但它们采用的是同步清零方式，这一点值得注意。CMOS 电路中的 CC4522、C182 是十进制同步减法计数器。

4. 集成十进制异步计数器 74LS290

(1) 端子排列图和逻辑功能示意图　74LS290 的端子排列图和逻辑功能示意图如图 4-53(a)、(b) 所示。R_{0A}和 R_{0B}是清零端，S_{9A}和 S_{9B}是置 9 端，CP_0为触发器 FF_0 的时钟输入端，CP_1为触发器 FF_1 的时钟输入端。事实上 74LS290 是由一个 1 位二进制计数器和一个五进制计数器两部分组成，其结构示意图如图 4-53(c) 所示。

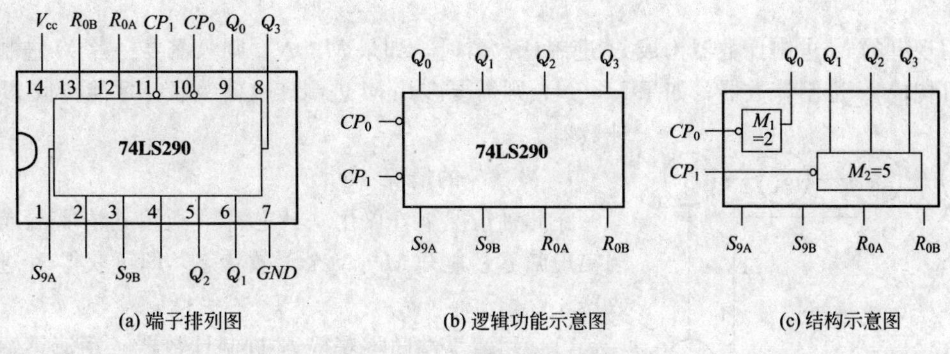

图 4-53　集成计数器 74LS290

(2) 功能表　集成十进制异步计数器 74LS290 的功能表如表 4-23 所示。

(3) 逻辑功能

① 异步清零功能。当 $R_0=R_{0A}\cdot R_{0B}=$**1**，$S_9=S_{9A}\cdot S_{9B}=$**0** 时，计数器异步清零。

表 4-23 集成十进制异步计数器 74LS290 功能表

输入			输出				说明
$R_{0A}\cdot R_{0B}$	$S_{9A}\cdot S_{9B}$	CP	Q_0^{n+1}	Q_1^{n+1}	Q_2^{n+1}	Q_3^{n+1}	
1	**0**	×	**0**	**0**	**0**	**0**	清零
×	**1**	×	**1**	**0**	**0**	**1**	置 9
0	**0**	↓	计数				$CP_0=CP, CP_1=Q_0$

② 置 9 功能。当 $S_9=S_{9A}\cdot S_{9B}=\mathbf{1}$ 时，计数器置 9，即 $Q_3^{n+1}Q_2^{n+1}Q_1^{n+1}Q_0^{n+1}=\mathbf{1001}$。不难看出：$S_9$ 与 CP 无关，即异步置 9，且优先级高于 R_0。

③ 计数功能。当 $R_0=R_{0A}\cdot R_{0B}=\mathbf{0}$，$S_9=S_{9A}\cdot S_{9B}=\mathbf{0}$ 时，计数器处于计数功能。有以下四种基本情况。

a. 若将 CP 加在 CP_0 端，且把 Q_0 与 CP_1 连接起来，则构成自然态序的十进制异步加法计数器。

b. 若仅将 CP 加在 CP_0 端，CP_1 接 **0** 或 **1**，计数器中只有 FF_0 工作，则构成 1 位二进制计数器，按计数容量分，为二进制计数器。

c. 若 CP 加在 CP_1 端，CP_0 接 **0** 或 **1**，FF_0 不工作，则构成五进制计数器。

d. 若将 CP 加在 CP_1 端，且把 Q_3 与 CP_0 连接起来，仍构成十进制计数器，但计数规律就不再是自然态序了，如图 4-54 所示。

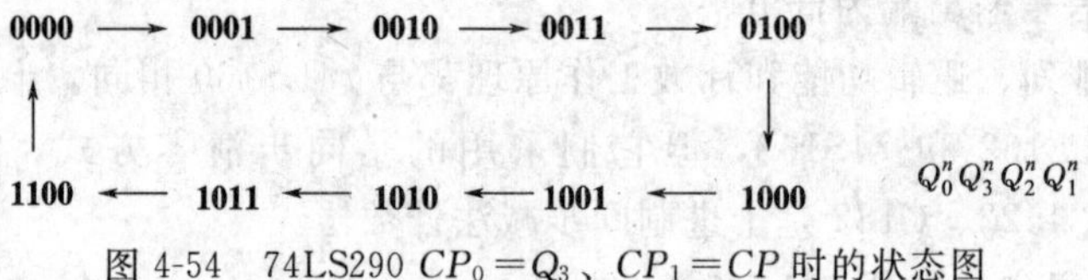

图 4-54 74LS290 $CP_0=Q_3$、$CP_1=CP$ 时的状态图

4.7.2 用集成计数器构成任意进制计数器

集成计数器是定型产品，其关系函数已经固化在芯片中，状态编码也是不可更改的，而且多为纯自然态序编码。因此若利用 M 进制计数器（定型产品）获得所需要的 N 进制计数器，一般是使用芯片的清零端和置数端实现归零，从而避开某些个无效状态，构成 N 进制计数器。

用现有的 M 进制计数器构成 N 进制计数器时，如果 $M>N$，则只需要一片 M 进制计数器即可构成 N 进制计数器；如果 $M<N$，则需要多片 M 进制计数器级联，才能构成 N 进制计数器。

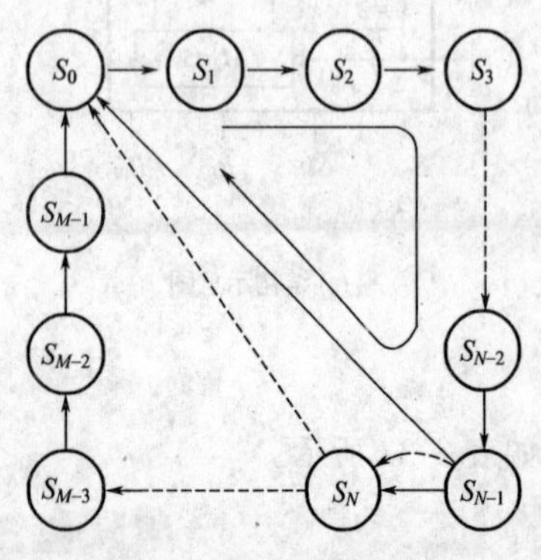

图 4-55 归零法的状态图

1. $M>N$ 的情况

在此种情况下，仅用一片芯片，利用其清零端或置数端实现归零，避开 $M-N$ 个无效状态，即可获得 N 进制计数器。

（1）用清零端归零获得 N 进制计数器　用清零端归零获得 N 进制计数器的状态图如图 4-55 所示。N 进制计数器应包含 N 个有效状态。若采用异步清零端归零的计数器，应将 S_N 状态接到异步清零端，电路先进入 S_N 状态，然后立即又被置成 S_0，因此 S_N 状态仅在极短的瞬间出现，在稳定的状态循环中，不包括 S_N 状态，在图 4-55 中用虚线表示。若采用同步清零端归零的计数器，应将 S_{N-1} 状态接到同步清零端，当计数器从全 **0** 的状态 S_0 开始计数，计到 S_{N-1} 时，再输入一个 CP 脉冲，电路就应该归零，S_N 状态在状态转换过程中不会出现。

(2) 用置数端获得 N 进制计数器　最简单的是将数据输入端全部置 **0**，即用置数端实现计数器归零。对于具有同步置数端的计数器，可以直接把 S_{N-1} 连到置数端，当第 N 个 CP 脉冲到达时，计数器置数归零。对于具有异步置数端的计数器，只要置数信号一出现，立即会将数据 **0** 置入计数器，所以应将 S_N 状态接到置数端。与同、异步清零端归零一样，异步置数端归零时 S_N 状态也不包含在有效状态中。

【例 4-8】 试用 74LS161 构成十进制计数器。

解： 74LS161 是异步清零、同步置数方式。

若采用异步清零端归零获得十进制计数器，因为

$$S_N = S_{10} = \mathbf{1010}$$

则应使

$$\overline{CR} = \overline{Q_3^n Q_1^n}, \overline{LD} = \mathbf{1}$$

逻辑图如图 4-56(a) 所示。

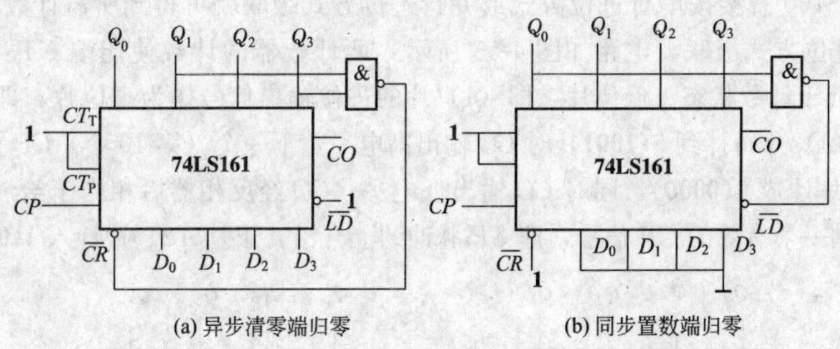

图 4-56　用 74LS161 构成的十进制计数器

若采用同步置数端归零获得十进制计数器，应使 $D_0 = D_1 = D_2 = D_3 = \mathbf{0}$。

因为

$$S_{N-1} = S_9 = \mathbf{1001}$$

所以应使

$$\overline{LD} = \overline{Q_3^n Q_0^n}, \overline{CR} = \mathbf{1}$$

逻辑图如图 4-56(b) 所示。

【例 4-9】 试用 74LS290 构成六进制计数器。

解： 因为 74LS290 是一个二-五-十进制的异步计数器，所以首先应将 74LS290 构成十进制计数器，即使 $CP = CP_0$，$CP_1 = Q_0$。然后，再利用 74LS290 异步清零端构成六进制计数器。

因为

$$S_N = S_6 = \mathbf{0110}$$

所以应使

$$R_0 = R_{0A} \cdot R_{0B} = Q_2^n Q_1^n$$

并将置 9 端接地，便得到六进制计数器的逻辑图，如图 4-57 所示。

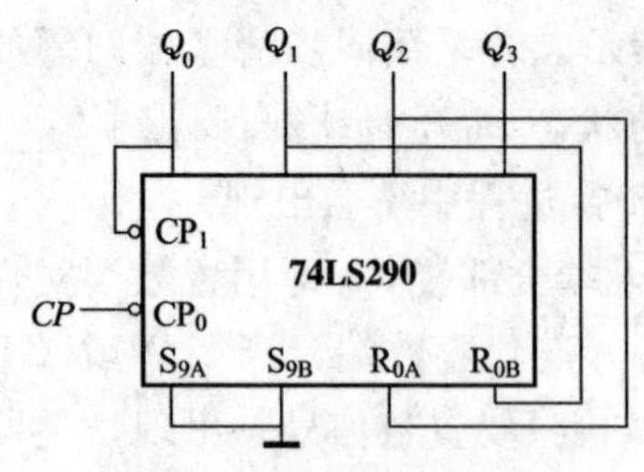

图 4-57 用 74LS290 构成六进制计数器的逻辑图

2. $M<N$ 的情况

遇到这种情况，需要利用级联方法把多片 M 进制计数器组合起来，才能获得所需的大容量的 N 进制计数器。级联的方式有四种，即串行进位方式、并行进位方式、整体置零方式和整体置数方式。

在设计电路时，需从 M 和 N 的数量关系考虑，分以下两种情况。

(1) N 可分解为两个小于 M 的因数　若 N 可分解为两个小于 M 的因数，即 $N=M_1\times M_2$，则应采用串行进位方式或并行进位的方式，将 M_1 进制的计数器和 M_2 进制计数器连接起来，构成 N 进制计数器。

在串行进位方式中，以低位片的进位输出信号作为高位片的时钟输入信号；在并行进位方式中，以低位片的进位输出信号作为高位片的工作状态控制信号，即计数使能信号，两片的 CP 输入端同时接计数脉冲信号。

【例 4-10】 试用同步计数器接成一百进制计数器。

解： 因为 $N=100=10\times10=M_1\times M_2$，所以取 $M_1=M_2=10$，即可用两片十进制同步加法计数器 74LS160 直接按串行进位方式或并行进位方式级联就可得到所需计数器。

① 按串行进位方式级联。电路如图 4-58 所示，两计数器的计数使能端 CT_P 和 CT_T 都恒为 **1**，计数器处于计数状态。低位片，即 (1) 片的进位输出信号作为高位片，即 (2) 片的时钟输入信号。(1) 片每计到 9(**1001**) 时 CO 输出高电平，下一个（第 10 个）CP 计数脉冲信号到达时，(1) 片计成 0(**0000**)，同时 CO 输出低电平；CO 经反相器后相当于给 (2) 片，即 74LS160(2) 提供一个有效的 CP 信号，即 CP 脉冲的上升沿，于是 (2) 片计入 1(**0001**)。

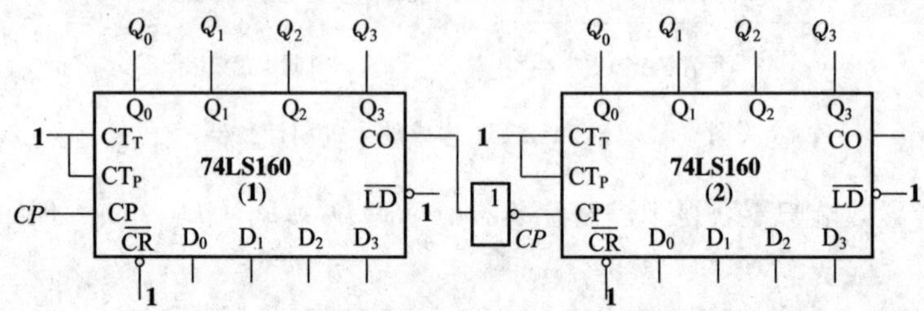

图 4-58 【例 4-10】电路的串行进位方式

② 按并行进位方式级联。电路如图 4-59 所示，以 (1) 片的进位输出信号 CO 作为 (2) 片的工作状态控制信号 CT_P 和 CT_T 的输入，两片的 CP 时钟输入端同时接入计数脉冲信号，(1) 片的 CT_P 和 CT_T 恒为 **1**，始终处于计数状态。每当 (1) 片计到 9(**1001**) 时，CO 变为 **1**，下一个（第 10 个）CP 信号到达时，(2) 片计数器工作，计入 1(**0001**)，(1) 片计

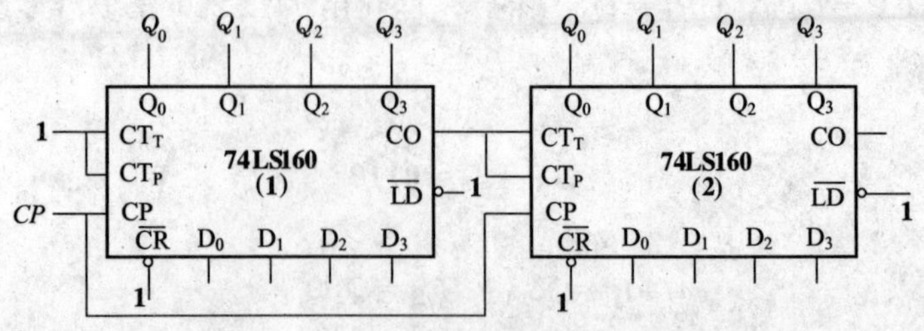

图 4-59 【例 4-10】电路的并行进位方式

成 0(**0000**)，其 CO 变为 **0**。

并行进位方式的各个计数器是同步工作的，但串行进位方式的各个计数器并不同步。

(2) N 为素数　由于 N 不能分解成小于 M 的 M_1 和 M_2，所以不能采用上述并行进位方式和串行进位方式，但可以采用整体清零和置数的方式来构成 N 进制计数器。

整体清零方式：首先将两片 M 进制计数器按并行进位方式或串行进位方式接成一个大于 N 进制的计数器，然后对于采用异步清零方式的计数器，在计数器为 N 状态时译出清零信号 $\overline{CR}=\mathbf{0}$，将两片 M 进制计数器同时清零；对于采用同步清零方式的计数器，在计数器为 $N-1$ 状态时译出清零信号 $\overline{CR}=\mathbf{0}$，将两片 M 进制计数器同时清零。此方式的基本原理和 $M>N$ 时的清零法相同。

整体置数方式：首先也是将两片 M 进制计数器按并行进位方式或串行进位方式接成一个大于 N 进制的计数器，然后选定某一状态，用其译出置数信号 $\overline{LD}=\mathbf{0}$，将两个计数器同时置入合适的数据，以跳过某些个状态，获得 N 进制计数器。此方式的基本原理也和 $M>N$ 时的置数法相同。

【例 4-11】 试用两片 74LS161 级联成一个四十九进制计数器。

解： 74LS161 是同步十六进制，即 4 位二进制计数器，其清零方式为异步，而置数方式为同步。

因为 $N=49$，为一个素数，所以应采用整体清零方式或整体置数方式来构成所要求的四十九进制计数器。

本例采用整体清零方式，首先将两片 74LS161 级联成并行进位方式的二百五十六 (16×16=256) 进制，即 8 位二进制计数器，然后在计数器计到 49，即计数器初态 $Q_7^nQ_6^n\cdots Q_0^n=\mathbf{00110001}$ 时，译出清零信号 $\overline{CR}=\mathbf{0}$，将两片 74LS161 同时清零，获得四十九进制计数器。

显然，在级联时，只要将 $\overline{Q_5^nQ_4^nQ_0^n}$ 接到异步清零端，即 $\overline{CR}=\overline{Q_5^nQ_4^nQ_0^n}$，就可实现异步整体清零。电路图如图 4-60 所示。

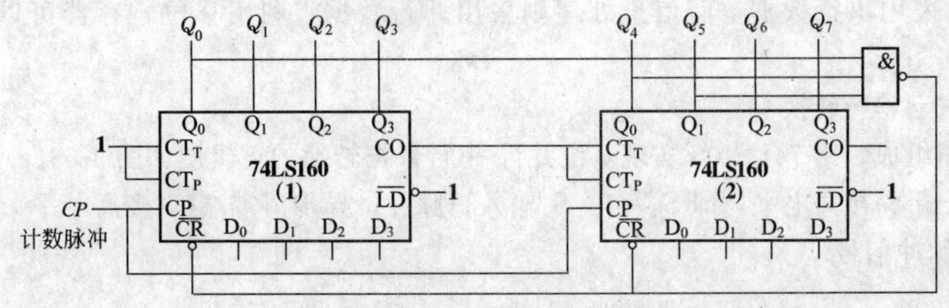

图 4-60　两片 74LS161 级联成的四十九进制计数器电路图

【例 4-12】 试用两片 74LS160，并采用整体置数的方式级联成一个四十九进制计数器。

解： 74LS160 是十进制同步加法计数器，其置数方式为同步。

首先将两片 74LS160 级联成并行进位方式的一百 (10×10=100) 进制，即 2 位十进制计数器，并将每个芯片的 4 个数据输入端都接地，即使预置入的数据均为 **0**。然后在计数器计到 48，即计数器初态 (1) 片 $Q_{31}^nQ_{21}^nQ_{11}^nQ_{01}^n=\mathbf{1000}$，(2) 片 $Q_{32}^nQ_{22}^nQ_{12}^nQ_{02}^n=\mathbf{0100}$ 时译出置数信号 $\overline{LD}=\mathbf{0}$，将两片 74LS160 同时置入数据 **0000**，实现整体置数，获得四十九进制计数器。电路图如图 4-61 所示。

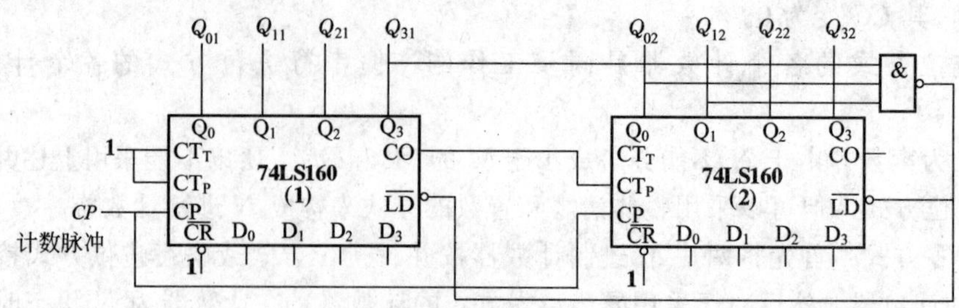

图 4-61　两片 74LS160 级联成的四十九进制计数器电路图

注意：输出端双下标中的第二个数字表示芯片号，“1”代表（1）片，“2”代表（2）片，例如，Q_{01}^n 表示（1）片的 Q_0^n，以此类推。

特别要注意的是：在【例 4-11】中，74LS161 是十六进制计数器，两片之间逢十六进一；而【例 4-12】中的 74LS160 是十进制计数器，两片之间逢十进一。因此【例 4-11】中的 8 位二进制数可以用 1.2.2 节中所介绍的方法等值转换为十进制数，如 $(\mathbf{00110001})_2=\mathbf{1}\times 2^5+\mathbf{1}\times 2^4+\mathbf{1}\times 2^0=(49)_{10}$；而【例 4-12】中的 8 位二进制数和它所代表的十进制数不是等值的关系，不能用 1.2.2 节中所介绍的方法等值转换，其 8 个输出端对应十进制数值的情况如图 4-62 所示。

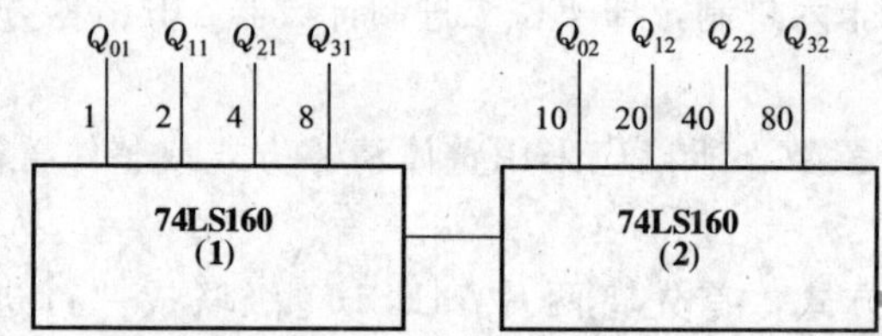

图 4-62　两片 74LS160 级联时输出端对应的十进制数值情况

4.7.3　用移位寄存器实现数码的并/串和串/并转换

1. 实现数码的并行-串行和串行-并行转换

在数字系统中，信息的传输和处理需要进行串行-并行或并行-串行数据转换。一般的，信息的传输采用串行数据，而信息处理则采用并行数据，利用移位寄存器可以完成以上转换。

（1）并行-串行转换

① 电路组成。用 74LS198 实现 8 位并行-串行数据转换的逻辑图如图 4-63(a) 所示。模式控制输入端 S_0 接高电平，即 $S_0=\mathbf{1}$，S_1 输入正脉冲，异步清零端$\overline{CR}$接高电平，即$\overline{CR}=\mathbf{1}$，CP 接移位脉冲信号。

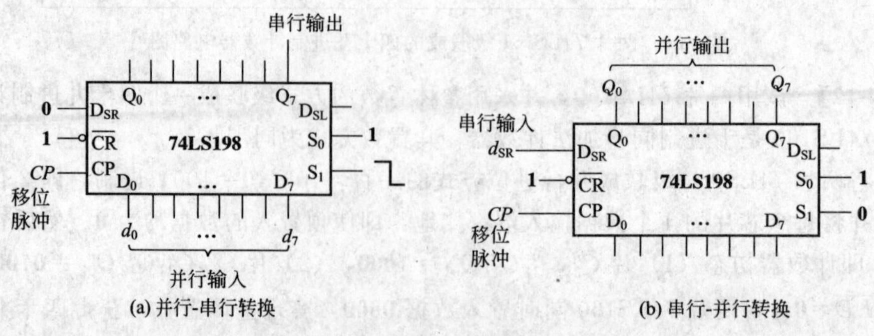

图 4-63　74LS198 实现并行-串行和串行-并行转换

串行输出为 Q_7，并行输入数据为 $d_0 \sim d_7$。

② 工作原理。工作开始时，$S_1S_0=\mathbf{11}$，当第 1 个 CP 脉冲上升沿到来后，寄存器完成并行置数，$Q_7=d_7$。此后 $S_1S_0=\mathbf{01}$，寄存器进行右移；当第 2 个 CP 脉冲上升沿到来后，$Q_7=d_6$，当第 3、第 4……直到第 8 个 CP 脉冲上升沿到来后，串行输出端 Q_7 依次输出 d_5、d_4、…、d_0，完成 8 位并行-串行数据转换。

(2) 串行-并行转换　用 74LS198 实现 8 位串行-并行数据转换的逻辑图如图 4-63(b) 所示。模式控制输入端 S_0、S_1 分别接高、低电平，即 $S_1S_0=\mathbf{01}$，异步清零端 $\overline{CR}$ 接高电平，即 $\overline{CR}=\mathbf{1}$。

串行输入端为 D_{SR}；并行输出端为 $Q_7 \sim Q_0$。

在 $S_1S_0=\mathbf{01}$ 控制下，74LS198 做右移操作。在 8 个 CP 脉冲作用下，8 位串行输入数据最终在 $Q_7 \sim Q_0$ 端并行输出，实现 8 位串行-并行数据转换。

2. 序列信号检测器

在图 4-63(b) 所示电路基础上增加一些门电路就可构成序列信号检测器。输入序列 D_i 由 D_{SR} 端逐位右移输入，将相应的并行输出连接到与门输入端，就可以检测不同长度的序列信号。

例如，检测序列为 **11011**，输出 $Z=Q_3Q_2\overline{Q}_1Q_0D_i$。只有当 Q_3、Q_2、Q_1、Q_0、D_i 分别为 **1**、**1**、**0**、**1**、**1** 时，输出才为 $Z=\mathbf{1}$。逻辑图如图4-64所示。

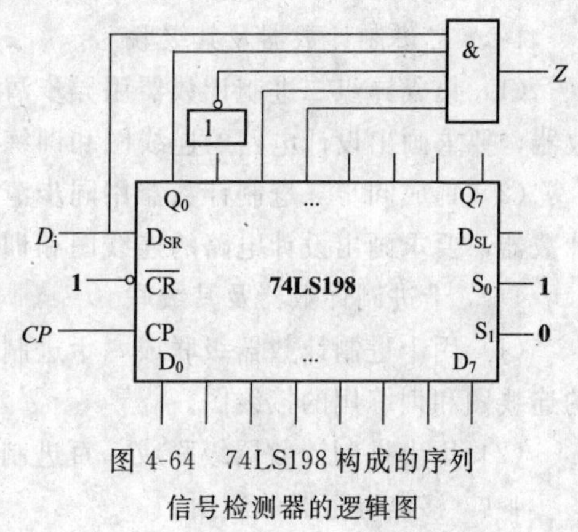

图 4-64　74LS198 构成的序列信号检测器的逻辑图

【思考题】

4-7-1　用集成计数器构成任意进制计数器常用的方法有哪些？

4-7-2　试用 74LS197 构成十二进制计数器。

4-7-3　试画出用两片 74LS161 构成二十四进制计数器的逻辑图。

4-7-4　试用 74LS290 的置 9 端构成十进制计数器。

实践练习

4-1　触发器功能测试

(1) 测试基本 RS 触发器的逻辑功能　用与非门 74LS00 构成基本 RS 触发器，输入端接逻辑开关，输出端接指示灯，观察测试结果是否与表 4-1 结果一致。

(2) 测试双 JK 触发器 74LS112 逻辑功能。端子图如图 4-65(a) 所示。

① 测试 $\overline{S}_D$、$\overline{R}_D$ 的复位和置位功能。将 $\overline{S}_D$、$\overline{R}_D$、J、K 端接逻辑开关，CP 接单次脉冲源，Q、$\overline{Q}$ 接指示灯。在 $\overline{R}_D=0$($\overline{S}_D=1$) 或 $\overline{S}_D=0$ ($\overline{R}_D=1$) 作用期间任意改变 J、K、CP 的状态，观察输出结果如何。

② 测试 JK 触发器的逻辑功能。将 $\overline{S}_D$、$\overline{R}_D$ 置于无效状态，改变 J、K、CP 的状态，观察 Q、$\overline{Q}$ 状态，观察测试结果是否与表 4-3 结果一致。

③ 将 JK 触发器的 J、K 端连在一起，构成 T 触发器，测试逻辑功能。

(3) 测试双 D 触发器 74LS74 的逻辑功能。端子图如图 4-65(b) 所示。

① 测试 $\overline{S}_D$、$\overline{R}_D$ 的复位和置位功能，测试方法同 (2) 的①。

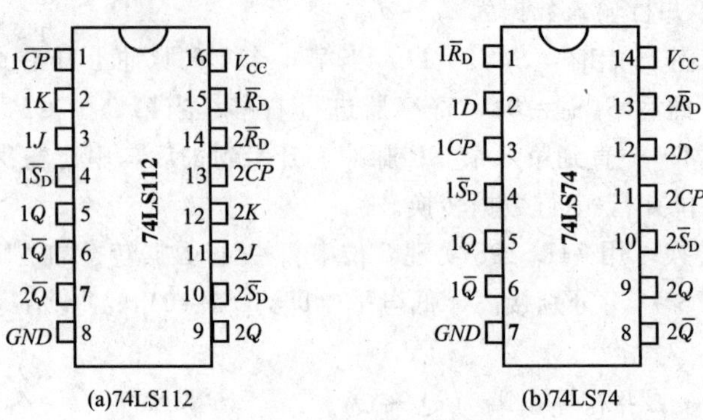

图 4-65 触发器端子图

② 测试 D 触发器的逻辑功能。将 $\overline{S}_D$、$\overline{R}_D$ 置于无效状态，改变 D 的状态，观察 Q、$\overline{Q}$ 状态，观察测试结果是否与表 4-4 结果一致。

③ 将 D 触发器的 D 端（$1D$ 或 $2D$）与 $\overline{Q}$ 端相连，构成 T′触发器，测试逻辑功能。

4-2 二进制计数器及其级联

(1) 集成异步二进制计数器用异步清零端或异步置数端构成十进制计数器和六十进制计数器，要求画出设计电路的连线图和训练用的接线图。

(2) 集成同步二进制计数器用同步清零端或同步置数端构成十进制计数器和二十四进制计数器，要求画出设计电路的连线图和训练用的接线图。

4-3 十进制计数器及其级联

(1) 用十进制计数器级联成六十进制计数器，并由数码管显示计数。要求画出设计电路的连线图和训练用的接线图。

(2) 用十进制计数器级联成一百进制计数器，并由数码管显示计数。

4-4 移位寄存器的应用

(1) 用移位寄存器 74LS198 构成一个自启动的 4 位环形计数器。要求画出设计电路的连线图和训练用的接线图。

(2) 完成二进制数 **1011** 的左移位和右移位操作。

本章小结

本章介绍了时序电路的特点及双稳态触发器、数码寄存器和计数器。

1. 时序电路的特点

时序电路与组合逻辑电路不同，时序电路的输出不仅和输入有关，而且还取决于电路所处的状态。时序电路的描述方法有：逻辑图、驱动方程、状态方程、输出方程、状态表、状态图和时序图等。

时序电路在电路结构上有两个显著特点。第一，通常包含两部分电路，即组合逻辑电路和由触发器构成的存储电路，而存储电路在时序电路中是必不可少的；第二，存储电路的输出状态必须反馈到组合逻辑电路的输入端，与输入信号一起决定组合逻辑电路的输出。

2. 双稳态触发器

触发器是构成时序电路的基本逻辑单元，逻辑功能的基本特点是可以存储 1 位二进制信息。所以，触发器又称为记忆单元。它具有两个稳定状态，在外信号作用下，两个稳定状态可以相互转换。描述触发器逻辑功能的方法主要有特性表法、特性方程法、状态图法和时序图法等。按照触发器的逻辑功能，双稳态触发器可分为 RS 触发器、JK 触发器、D 发器、T 触发器和 T′触发器。

3. 计数器

计数器的种类很多。按计数器中的触发器是否被同时触发翻转，可分为同步计数器和异步计数器；按计数器中数字的编码方式，又可分为二进制计数器、二-十进制计数器和循环码计数器等；按计数过程中计数器的数字的增减，还可分为加法计数器、减法计数器和可逆计数器；按计数器的计数容量的不同，也可分为十进制计数器、十六进制计数器等。

4. 寄存器

寄存器是最常见的时序电路之一。寄存器主要可以存放二进制代码，移位寄存器还可以对数据进行移位操作。移位寄存器有右移寄存器、左移寄存器、双向寄存器和循环寄存器。

5. 时序电路的分析方法和设计方法

时序电路分析就是要找出给定时序电路的逻辑功能。具体地说，就是要找出电路的状态和输出的状态在输入变量和时钟信号作用下的变化规律。时序电路的逻辑功能可以用输出方程、驱动方程和状态方程来描述；但为了更直观地描述时序电路的工作过程和逻辑功能，通常还要做出状态表、状态图和时序图。因此，时序电路分析就是根据给定的时序电路，求解其状态表、状态图和时序图，从而给出电路逻辑功能的过程。

时序电路的设计任务及其步骤正好与时序电路的分析相反，它是按照给定的逻辑功能设计出相应的时序电路。在设计时序电路时，要求设计者根据给定的功能描述或者状态图，求出满足要求的时序电路，且设计结果力求简单。

6. 中规模集成时序电路应用

常用的中规模集成芯片功能完善，使用方便灵活。用集成计数器构成任意进制的计数器，可采用清零端和置数端归零的方法。当需扩大计数容量时，可用多片集成计数器级联完成。移位寄存器具有串行输入-串行输出、串行输入-并行输出、并行输入-串行输出和并行输入-并行输出 4 种不同的输入、输出方式。利用寄存器的这个特点可用来实现数码的串行-并行和并行-串行转换。

习　题　4

4-1　基本 RS 触发器的 $\overline{R}_D$、$\overline{S}_D$的时序如图 4-66 所示。试画出输出端 Q 的波形。设初始状态为 $Q=0$。

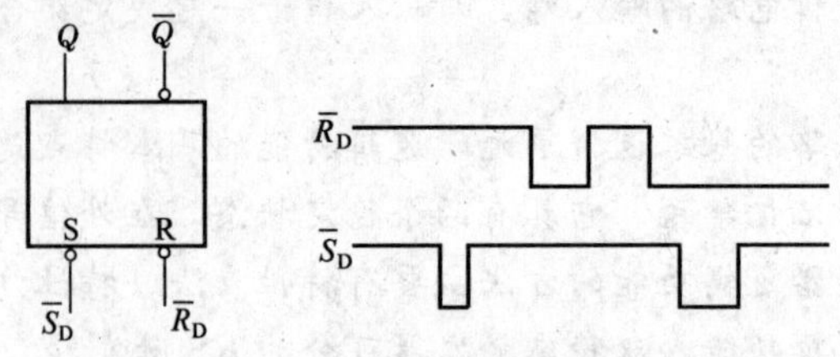

图 4-66　习题 4-1 图

4-2　设边沿 JK 触发器的初始状态为 0，当 J、K 和 CP 波形如图 4-67 所示。试画出输出端 Q 的时序图。

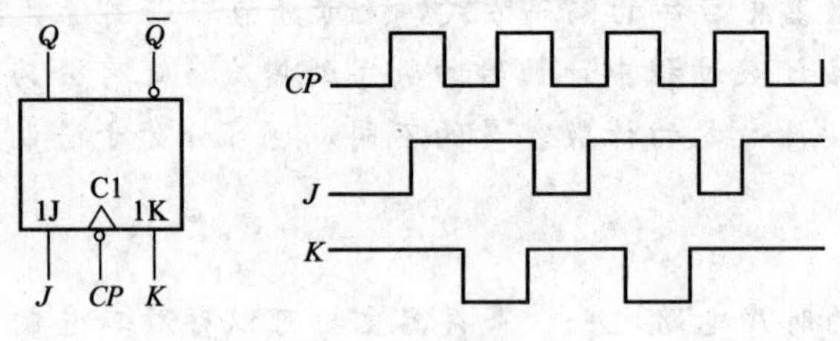

图 4-67　习题 4-2 图

4-3　设图 4-68 中的各个边沿触发器的初始状态皆为 **0**。试画出 Q 端的时序图。

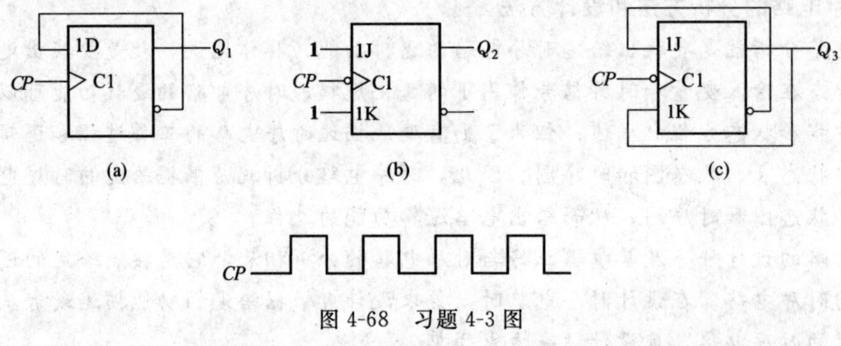

图 4-68　习题 4-3 图

4-4　试画出图 4-69 所示电路 Q_0 和 Q_1 的波形，FF_0、FF_1 的初始状态均为 **0**。

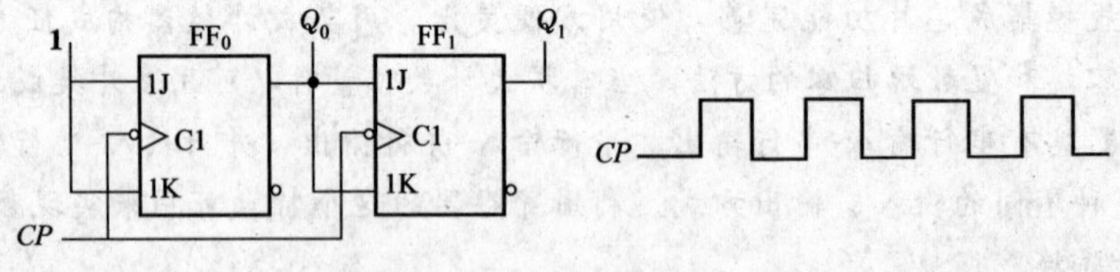

图 4-69　习题 4-4 图

4-5　试画出图 4-70 所示电路的状态图，并说明电路的逻辑功能。该电路能否自启动？

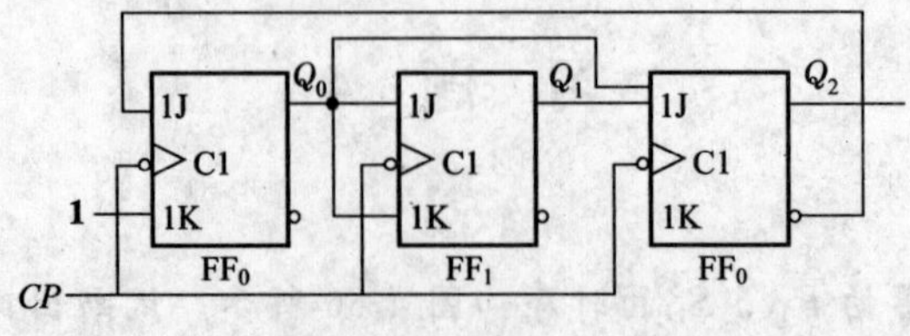

图 4-70　习题 4-5 图

4-6　试画出如图 4-71 所示电路的状态图和时序图。

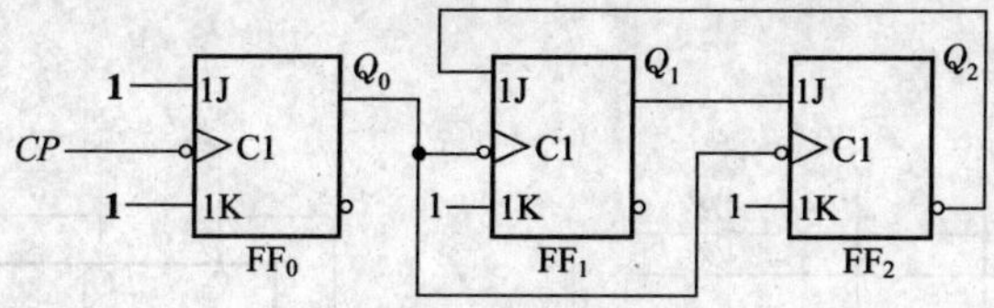

图 4-71　习题 4-6 图

4-7　试用 D 触发器和门电路设计一个按自然态序进行计数的同步十一进制加法计数器，并检查设计的电路能否自启动。

4-8　试用 JK 触发器和**与非**门设计一个按自然态序进行计数的异步七进制减法计数器。

4-9　试用 JK 触发器和门电路设计一个 4 位循环码计数器，它的状态表如表 4-24 所示。

表 4-24　习题 4-9 的状态表

计数顺序	电路状态				进位输出 C
	Q_3	Q_2	Q_1	Q_0	
1	**0**	**0**	**0**	**0**	**0**
2	**0**	**0**	**0**	**1**	**0**
3	**0**	**0**	**1**	**0**	**0**
4	**0**	**0**	**1**	**1**	**0**
5	**0**	**1**	**0**	**0**	**0**
6	**0**	**1**	**0**	**1**	**0**
7	**0**	**1**	**1**	**0**	**0**
8	**0**	**1**	**1**	**1**	**0**
9	**1**	**0**	**0**	**0**	**0**
10	**1**	**0**	**0**	**1**	**1**
11	**1**	**0**	**1**	**0**	**0**
12	**1**	**0**	**1**	**1**	**0**
13	**1**	**1**	**0**	**0**	**0**
14	**1**	**1**	**0**	**1**	**0**
15	**1**	**1**	**1**	**0**	**0**
16	**1**	**1**	**1**	**1**	**0**

4-10　设计一个按照自然态序进行计数的同步加法计数器，要求当输入控制变量 M=**0** 时为五进制，M=**1** 时为十五进制。

4-11　设计一个串行数据监测器。对它的要求是：连续输入 3 个或 3 个以上的 **1** 时输出为 **1**，其他输入情况输出为 **0**。

4-12　试分析图 4-72 所示各电路，指出各是几进制计数器。

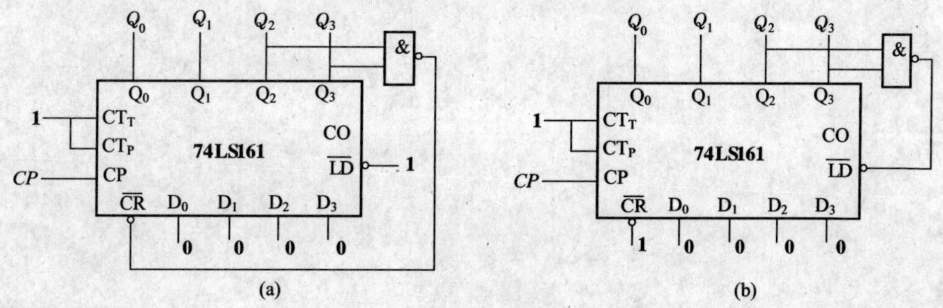

图 4-72　习题 4-12 图

4-13　试分析图4-73所示各电路，画出它们的状态图和波形图，并指出各是几进制计数器。

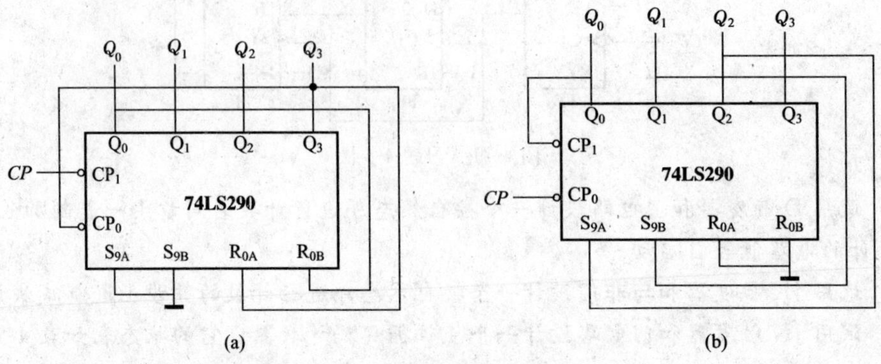

图4-73　习题4-13图

4-14　试用74LS160的异步清零和同步置数功能构成下列计数器：

(1) 二十四进制计数器

(2) 一百八十进制计数器

4-15　试用74LS290构成下列计数器：

(1) 九进制计数器

(2) 五十进制计数器

(3) 八十八进制计数器

第5章　存储器和可编程逻辑器件

【内容提要】

随着大规模集成电路的发展，数字系统设计技术也随之发生了崭新的变化。

本章首先扼要介绍两种存储器，即随机存储器（RAM）和只读存储器（ROM）的分类、基本结构、工作原理及扩展方法，然后介绍可编程逻辑器件（PLD）的原理、分类和几种常见PLD器件的结构特点、工作原理，最后扼要地介绍可编程逻辑器件（PLD）的使用方法。

5.1　概　　述

在电子计算机和其他一些数字系统的工作过程中，往往有大量的数据需要储存。所以，存储器就成了这些数字系统的不可缺少的重要组成部分。半导体存储器是一种能存储大量二值信息的半导体器件。

由于计算机处理的数据量越来越大，运算速度越来越快，这就要求存储器具有更大的存储容量和更快的存储速度。存储量和存取速度是衡量存储器性能的重要指标。

半导体存储器的种类很多。从存、取功能上分为随机存储器（Random Access Memory，RAM）和只读存储器（Read-Only Memory，ROM）两大类；从制造工艺上又分为双极型和MOS型两类。由于MOS电路具有功耗低、集成度高的优点，所以在制造大容量的存储器时都采用MOS工艺。

若从逻辑功能上划分，数字集成电路可以分为通用型和专用型两类。在前面所介绍的中、小规模数字集成电路都属于通用型。为某种专门用途而设计的集成电路称为专用型。但是，在用量不大的情况下，设计和制造专用型集成电路的成本就会很高，而且设计、制造周期也过长。可编程逻辑器件（Programmable Logic Device，PLD）的出现就解决了这一问题。尽管PLD是作为通用型器件出现的，但它的逻辑功能是由用户通过对器件的编程来设定的。

目前生产和使用的PLD产品主要有现场可编程逻辑阵列（Field Programmable Logic Array，FPLA）、可编程阵列逻辑（Programmable Array Logic，PAL）和通用阵列逻辑（Ceneric Array Logic，GAL）等。

5.2　随机存取存储器（RAM）

随机存取存储器，简称RAM，是一种可以随时存入或读出信息的半导体存储器。其最大特点是读、写方便，使用灵活，既能不破坏地读出所存数据，又能随时写入新的数据。但是数据易丢失是它一个突出缺点，一旦断电，存储的数据将丢失。

RAM 可分为两类：一是静态随机存储器，简称 SRAM，SRAM 的速度快，使用方便，其单元电路是触发器，存入的信息在规定的电源电压下不会改变；二是动态随机存储器，简称 DRAM，其单元电路由一个金属-氧化物-半导体（MOS）电容和一个 MOS 晶体管构成，数据以电荷形式存放在电容之中，需每隔 2～4ms 对单元电路存储信息重写（刷新）一次。DRAM 存储单元器件数量少，集成度高，应用广泛。

5.2.1 RAM 的基本结构和工作原理

RAM 通常是由地址译码器、存储矩阵和读/写控制电路三部分组成的，如图 5-1 所示。

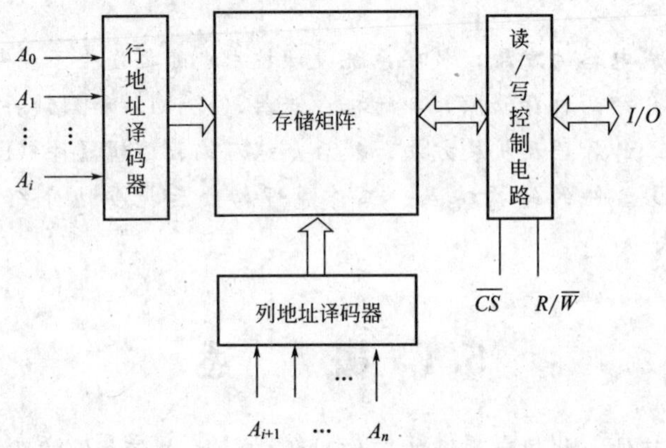

图 5-1 RAM 的基本结构

① 地址译码器。地址译码器用来对外部地址信号译码，选择要访问的单元。一般采用双译码结构，即分为行地址译码器和列地址译码器两部分。行地址译码器将输入地址代码的部分码位译成一条字线的输出高、低电平信号，从存储矩阵中选中一行存取单元；列地址译码器将输入地址码的其余码位译成一根输出线上的高、低电平信号，从字线选中的一行存储单元中再选 1 位（或几位），将这些被选中的存储单元送入读/写控制电路，进行读、写操作。

② 存储矩阵。存储矩阵由许多存储单元排列而成，每个存储单元能存储 1 位二值数据（**0** 或 **1**），在地址译码器和读/写控制电路的控制下，既可以写入 **1** 或 **0**，又可以将存储的数据读出。

存储单元可以是静态的（触发器），也可以是动态的（动态 MOS 存储单元），因此有静态 RAM 和动态 RAM 之分。

③ 读/写控制电路。读/写控制电路用于对电路的工作状态进行控制，当 $R/\overline{W}=\mathbf{0}$ 时，执行写操作，将加到输入/输出端 I/O 的数据写入存储矩阵；当 $R/\overline{W}=\mathbf{1}$ 时，执行读操作，将存储矩阵中的数据送到输入/输出端 I/O。$\overline{CS}$ 为读/写控制电路的片选端，$\overline{CS}=\mathbf{0}$ 时，RAM 正常工作，$\overline{CS}=\mathbf{1}$ 时，RAM 不能进行读/写操作。

5.2.2 RAM 的主要指标

1. 存储容量

存储器基本存储单元的总数称为存储容量。存储容量表示存储器所能存放二进制信息的多少，其存储的信息量与容量成正比。

存储器中的一个基本存储单元能存储 1bit 的信息，即可以存入一个 **0** 或一个 **1**。一般情况下，存储容量用“字×位”来表示，如果一个存储器每次可以读（写）8 位二值码，则其位为 8 位；若 2K（$1K=2^{10}=1024$）个字，则这个存储器的存储容量为 2×8 位，也就是可以存放 16384(2048×8）个二进制数码。

2. 存取时间

存储器的存取时间一般用写或读（存或取）周期来描述，从开始存取第一个数据到能够存取第二个数据所用的时间称为存或取周期。存取时间越短，存储器的工作速度就越快。

5.2.3　RAM 存储容量的扩展

在实际应用中，经常需要大容量的 RAM。当一片 RAM 不能满足存储容量的要求时，就需要进行扩展，把多片 RAM 组合起来，形成一个更大容量的存储器。

1. 位扩展

如果每一片 RAM 中的字数已经够用，而每个字的位数不够用，应采用位扩展的连接方式，即将多片 RAM 组合成位数更多的存储器。

用 8 片 1024×1 位 RAM 构成一个 1024×8 位的 RAM 的电路如图 5-2 所示。将 8 片 RAM 的地址线 $A_0 \sim A_9$、$R/\overline{W}$ 和$\overline{CS}$分别并联起来，每一片的 I/O 作为整个 RAM 输入/输出端中的一位。这样，位数扩展为原来的 8 倍，即总的容量为每一片存储容量的 8 倍。

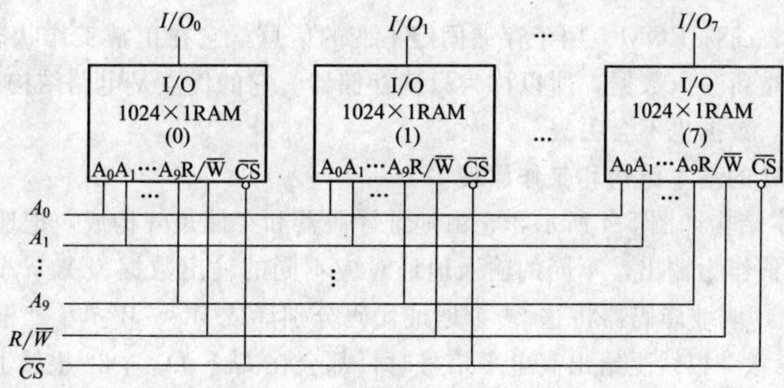

图 5-2　RAM 的位扩展电路

2. 字扩展

如果每一片存储器的数据位已经够用而字数不够用，可采用字扩展的连接方式，即将多片 RAM 接成一个字数更多的存储器。

用 4 片 256×8 位的 RAM 构成一个 1024×8 位的 RAM 电路如图 5-3 所示。扩展后的 RAM 有 1024 个不同地址，共需要 10 根地址线，可以把原 RAM 芯片的 8 根地址线 $A_0 \sim A_7$ 并联起来，后增加的 2 根地址线 A_8、A_9 经过译码后，送到各片的片选端$\overline{CS}$。由于所有芯片的$\overline{CS}$在任何时候只有一个处于低电平，所以将每一片的 8 个 I/O 分别并联起来，作为整个 8 位数据的输入/输出端。

如果一片 RAM 的位数和字数均不够用，就需要同时采用位扩展和字扩展连接方式，将多片 RAM 组成一个大容量的存储器。

【思考题】

5-2-1　什么是 RAM，有哪些种类？

5-2-2　ROM 和 RAM 的主要区别是什么？

5-2-3　存储能量为 512×8 位的 RAM 地址码取几位？试用两片组成 256×8 位的存

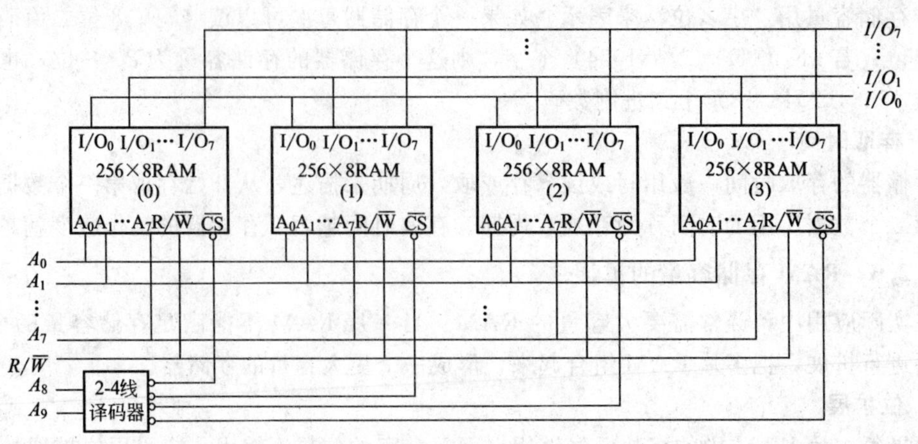

图 5-3 RAM 的字扩展电路

储器。

5.3 只读存储器（ROM）

只读存储器，简称 ROM。用于存储固定不变的信息，它在正常工作状态下只能读取数据，不能修改或重新写入数据，所以称为只读存储器。它的优点是电路结构简单，存储信息可靠，即使断电，数据也不会丢失。

5.3.1 ROM 的基本结构和工作原理

ROM 的基本结构如图 5-4 所示，它由地址译码器和存储矩阵构成，把地址作为输入端，每个存储单元的值作为输出，不同的输入地址对应不同的输出数据。$A_{n-1}A_{n-2}\cdots A_0$ 能给出 2^n 个不同的地址，地址译码器将这 2^n 个地址代码分别译成 $W_0 \sim W_{2^n-1}$ 2^n 根线上的高电平。当 $W_0 \sim W_{2^n-1}$ 任意一根线上给出高电平信号时，都会在 $D_0 \sim D_{m-1}$ 2^n 根线上输出一个 2^n 位二值代码。通常将每个输出代码叫做一个“字”，故 $W_0 \sim W_{2^n-1}$ 称为字线，$D_0 \sim D_{m-1}$ 称为数据线（或位线），$A_0 \sim A_{n-1}$ 称为地址线。

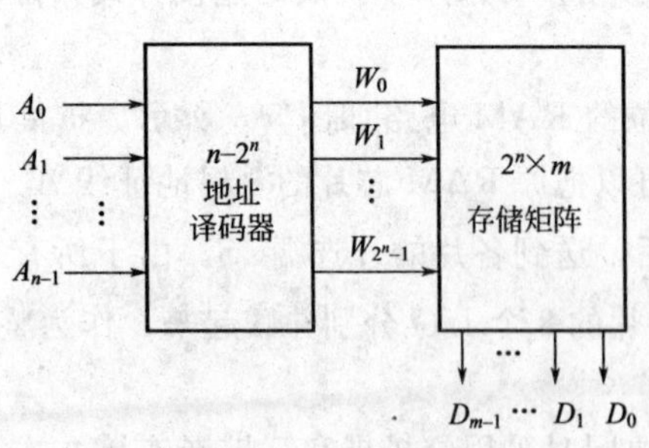

图 5-4 ROM 的基本结构

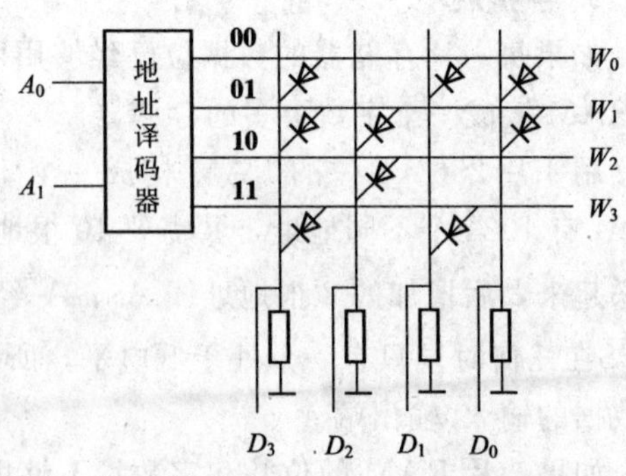

图 5-5 二极管 ROM 的原理图

ROM 的存储电路可以由二极管或三极管构成。二极管 ROM 的原理图如图 5-5 所示，当地址码 A_1A_0 =**00** 时，W_0 为高电平，其他字线均为低电平，故只有与 W_0 相连的二极管导通，输出 $D_3D_2D_1D_0$ = **1011**；当地址码分别为 **01**、**10**、**11** 时，输出分别为 **1101**、**0100**、**1010**。通常用存储单元的数量表示存储器的容量，即存储容量=字数×位数，对于如图 5-5

所示的 ROM 来说，其存储容量为 4×4。

RAM 的扩展方法也同样适用于 ROM 电路。由于 ROM 芯片没有读/写控制电路的读/写控制信号端 $R/\overline{W}$，所以在进行位扩展或字扩展时，其地址端的连接方法和 RAM 相同。

5.3.2　ROM 的分类

只读存储器可分为如下三类。

① 掩膜只读存储器。掩膜 ROM 是按照用户的要求而专门设计的，其中存储的数据在出厂时就已经固化在芯片里面了，用户无法进行任何修改。

② 可编程只读存储器（PROM）。PROM（Progrommable ROM）是用户采用专业的编程设备，将所需内容自行写入而得到的 ROM。信息一旦写入，就不能再进行修改，因此 PROM 是一次性编程的逻辑器件。

③ 可擦除的可编程只读存储器（EPROM）。EPROM（Erasable Progrommable ROM）是一种可用特殊手段对已存储的数据进行擦除重写的 ROM。它克服了 PROM 一次编程的缺点，允许对芯片进行反复改写，即可以把写入的信息擦除，然后再重新写入信息。

【思考题】

5-3-1　什么是 ROM，它主要由哪几部分组成?

5-3-2　简述 ROM 的工作原理。

5-3-3　ROM 都有哪些类型，各有什么特点?

5.4　可编程逻辑器件（PLD）

可编程逻辑器件，简称 PLD，是厂家作为一种通用性器件生产的半定制电路，用户可通过对器件编程实现所需要的逻辑功能。PLD 是用户可配置的逻辑器件，它的成本比较低，使用灵活，设计周期短，而且可靠性高，风险小，因而很快得到普遍应用，发展非常迅速。

5.4.1　PLD 器件的基本结构

PLD 由输入电路、**与**阵列、**或**阵列和输出电路四部分构成，其结构如图 5-6 所示。输入电路的作用是缓冲和反相，从而使输入信号有足够的驱动能力，并产生互补的原变量和反变量；**与**、**或**阵列用来获得**与或**逻辑，以便实现各种组合逻辑；大部分 PLD 的输出电路一般除了输出驱动外，还配有寄存器（D 触发器）或向输入端的反馈，因而还可以实现各种时序逻辑。

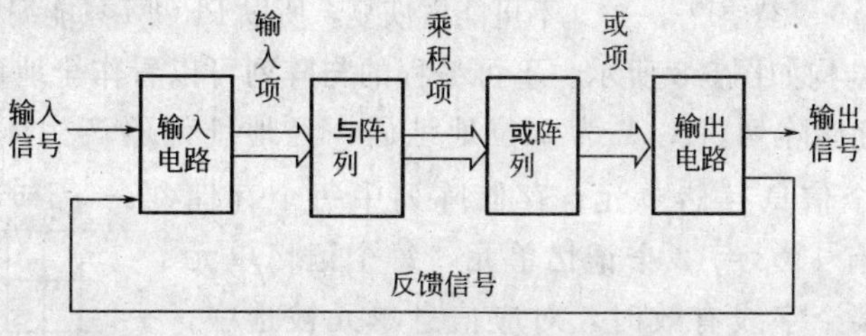

图 5-6　PLD 的基本结构

由 PLD 的结构可知：最终的输出信号是输入变量的乘积项之和。通过前面的学习知道，任何组合逻辑函数均可表示为**与**-**或**式。因此 PLD 的这种结构对实现数字电路具有普遍意义，可以利用 PLD 实现任何组合逻辑电路和时序电路。为了方便阅读和描述逻辑，可采用如图 5-7 所示的电路表示方法来表示 PLD。

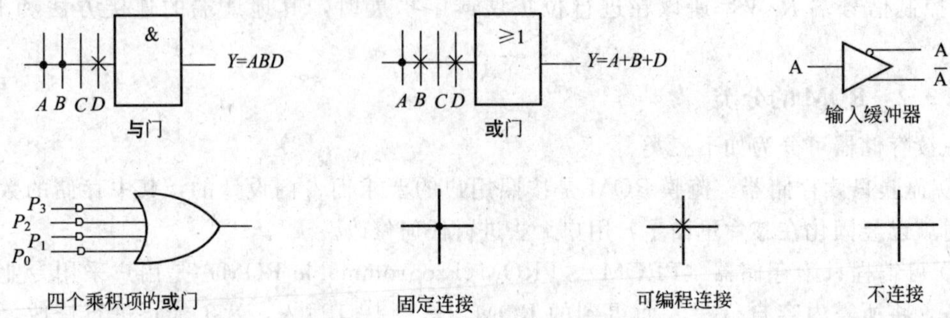

图 5-7　PLD 的电路表示方法

简单的阵列结构 PLD(SPLD) 主要由两大阵列组成，按各阵列是固定阵列还是可编程阵列以及输出电路是固定还是可组态来划分，SPLD 可分为可编程只读存储器（PROM）、可编程逻辑阵列（PLA）、可编程阵列逻辑（PAL）和通用阵列逻辑（GAL）四类，如表5-1所示。

表 5-1　常用 PLD 的结构特点

分　类	与 阵 列	或 阵 列	输 出 电 路
PROM	固定	可编程	固定
PLA	可编程	可编程	固定
PAL	可编程	固定	固定
GAL	可编程	固定	可组态

5.4.2　可编程只读存储器简介

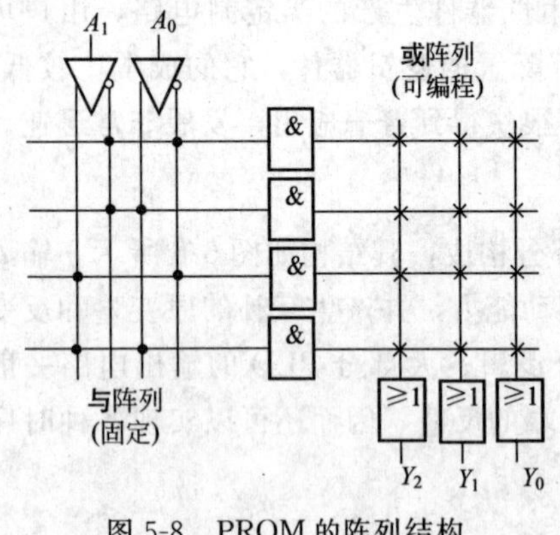

图 5-8　PROM 的阵列结构

可编程只读存储器 PROM 是一种可以由用户根据需要直接写入信息的存储器，向芯片写入信息的过程称为编程。PROM 的结构与固定 ROM 的结构大致相同，所不同的是 PROM 的存储单元的每个交叉点上都增加了一段熔丝。在 PROM 出厂时，所有存储单元的熔丝都是通的，相当于全部写 **1** 或 **0**。用户在编程时，可以按照的要求，借助于一定的工具（编程器），在相应熔丝上加足够大的电流，使其熔断，即可实现编程。由于熔丝烧断后不可能再恢复，所以 PROM 只能编程一次。

PROM 的阵列结构如图 5-8 所示。不可编程的**与**阵列可以看作全地址译码器，可编程的**或**阵列可视为信息存储阵列。A_1A_0 为 2 位地址码，经地址译码产生 4 根字线，它们分别指向存储阵列的 4 个信息存储单元；存储阵列中每个存储单元又有 3 位，共有 4×3＝12 个记忆单元，每个记忆单元存放着 **0** 或 **1**。当某个字线有效时，对应信息单元被选中，该单元的 3 位二进制信息经 3 根字线 Y 输出，可以实现所需的组合逻辑函数。PROM 的阵列结构的简化形式如图 5-9 所示。

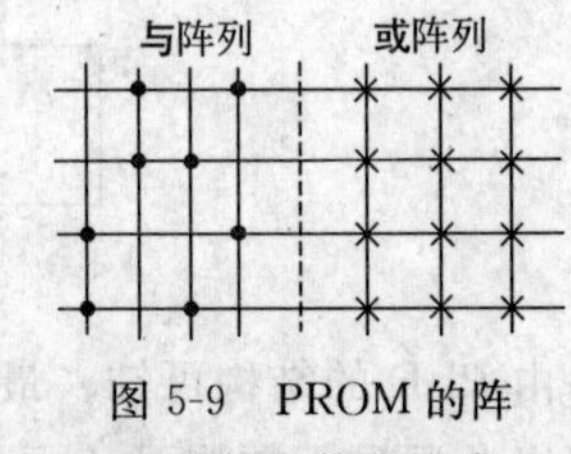

图 5-9　PROM 的阵列结构的简化形式

5.4.3　其他 PLD 器件简介

1. PLA 器件

PLA 由**与**阵列、**或**阵列以及输出缓冲器组成。输入**与**阵列和输出**或**阵列都是可编程的是 PLA 的特点。PLA 基本结构如图 5-10 所示。

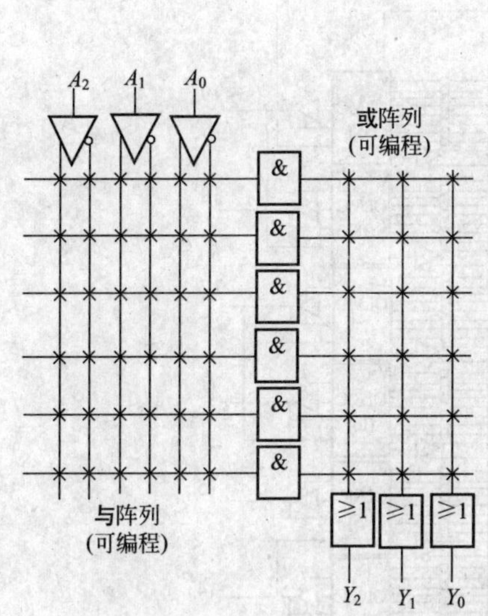

图 5-10　典型 PLA 列阵结构

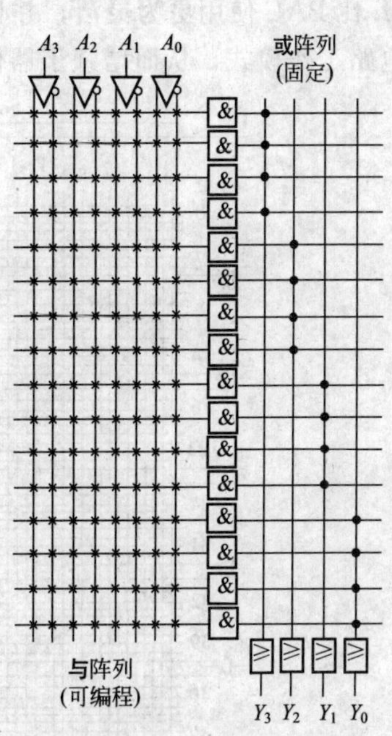

图 5-11　PAL 阵列结构

将 PLA 和 PROM 比较一下就会发现，它们的电路结构极为相似，都是由一个**与**阵列、一个**或**阵列和输出缓冲器组成。两者的不同在于：第一，PROM 的**与**阵列是固定的，而 PLA 的**与**阵列是可编程的；第二，PROM 的**与**阵列将输入变量的全部最小项都译出来了，而 PLA **与**阵列能产生的乘积项要比 PROM 少得多。在图 5-10 中，该 PLA 有三个输入，但乘积线是 6 根而不是 8 根。由于**与**阵列不再采用全译码的形式，从而减小了阵列规模。只运用简化后的**与或**式来实现所需的组合逻辑函数。

PLA 的存储容量不仅和输入地址变量数、输出位数有关，而且还和它的乘积项（即字数）有关，其存储容量用输入变量数（n）-乘积项数（p）-输出位数（m）表示，例如，通常 PLA 的容量有 16-48-8 和 14-96-8 两种。

2. 可编程阵列逻辑（PAL）

PAL 是在 PLA 之后出现的一种实用的 PLD。它的主要特点是**与**阵列可编程，**或**阵列固定不变。如图 5-11 所示的是一个 4 输入、16 **与**项、4 输出阵列结构的 PAL 器件，用 4 个乘积项表示**或**门的阵列。

PAL 器件通过在基本**与**、**或**阵列结构上增加输出与反馈结构来增加灵活性，根据输出电路结构和反馈方式的不同，可将 PAL 器件大致分为专用输出结构、可编程输入/输出结构、寄存器输出结构、**异或**输出结构、运算选通反馈结构等几种类型。

PAL 器件也存在着弱点，它的可编程阵列开关采用 PROM 熔丝工艺，为一次性编程器件，且可编程的逻辑结构简单，无法实现**或**输出阵列逻辑的时序性。

3. 通用阵列逻辑（GAL）

GAL 器件沿袭了 PAL 的**与**、**或**结构，但编程采用 E^2PROM 工艺，可重复编程。与 PAL 相比，GAL 用一个可编程的输出逻辑宏单元（OLMC）作为输出电路，不仅可以将输出信号反馈回输入端，还可以对输出端进行一定的定义和编程，使其工作在不同的工作状态。GAL 比 PAL 使用更为灵活，并且用一种型号的 GAL 器件可以实现 PAL 器件所有的各种输出电路工作模式，从而增强了器件的通用性。典型的 GAL 结构如图 5-12 所示。

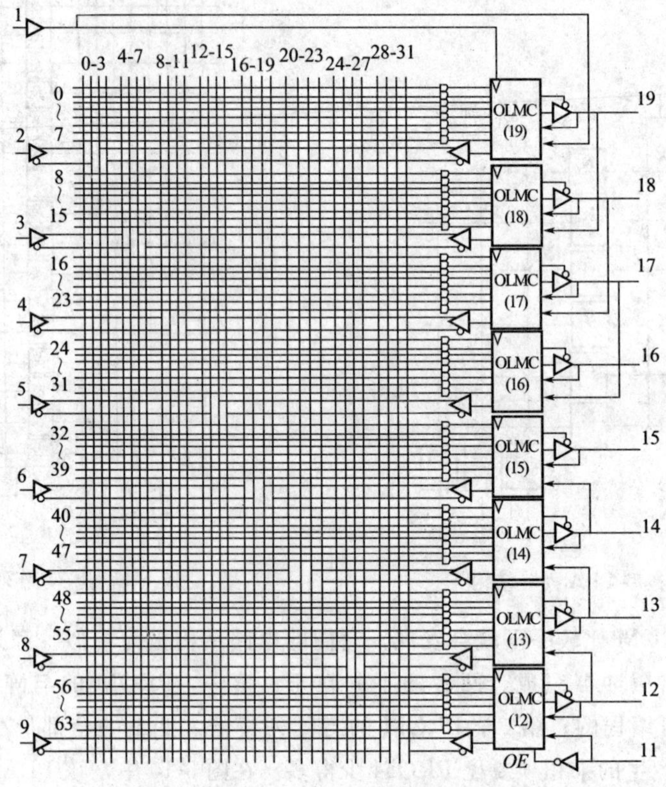

图 5-12　GAL 阵列原理图

GAL 器件的阵列结构由输入可编程**与**阵列和输出可编程逻辑宏单元组成。要使 GAL 器件实现某种要求的逻辑功能，设计者应该根据设计要求对具体 GAL 器件中的**与**阵列和输出逻辑宏单元的每个可编程单元进行编程，将其设置为接通或断开状态。输出逻辑宏单元可由设计者组态为五种结构：专用组合输出、专用输入、组合 I/O、寄存器时序输出和寄存器 I/O。所以 GAL 既可实现组合逻辑，又可实现时序逻辑，器件的逻辑可编程特性大大提高。

典型 GAL 器件的输出逻辑宏单元的结构如图 5-13 所示。它包括以下部分。

① 一个**或**门。**或**门的每个输入对应一个乘积项，**或**门的输出为各乘积项之和。

② 一个**异或**门。**异或**门用来控制输出极性，当 $XOR(n)=\mathbf{1}$ 时，**异或**门起反相作用；当 $XOR(n)=\mathbf{0}$ 时，**异或**门起同相作用。

③ 一个 D 触发器。D 触发器作为状态寄存器用，以使 GAL 器件可用于时序电路。

④ 四个多路数据选择器（MUX）。

a. 乘积项多路数据选择器（PTMUX）。是二选一数据多路选择器，用于选择与阵列输出的第 1 个乘积项或者低电平。

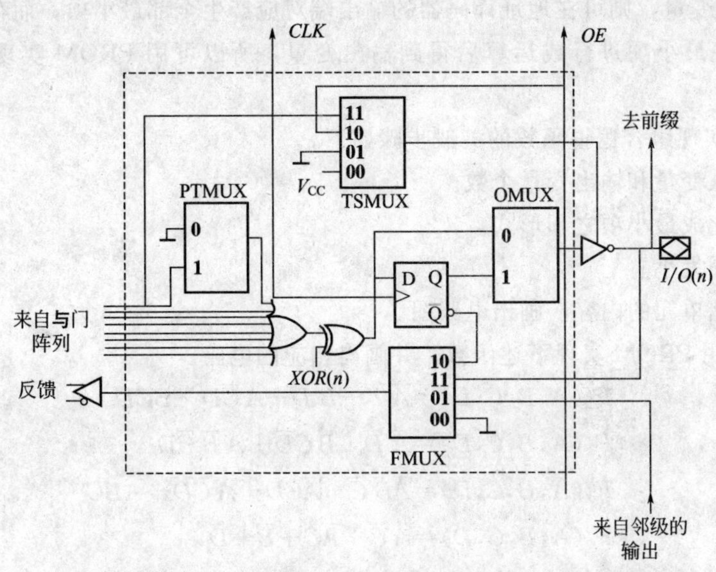

图 5-13　输出逻辑宏单元 OLMC 的结构

b. 三态数据选择器（TSMUX）。是四选一数据选择器，用以选择输出三态缓冲器的控制信号。可供选择的信号有：芯片统一的 *OE* 信号、与阵列输出的第 1 乘积项、固定低电平和固定高电平。

c. 反馈数据多路选择器（FMUX）。是四选一多路数据选择器，用以决定送到与阵列的反馈信号的来源。可供选择的来源有：触发器的反相输出、本单元输出、相邻单元输出和固定低电平输出。

d. 输出数据选择器（OMUX）。是二选一多路数据选择器，从触发器输出或者不经触发器及直接从**异或**门输出这两个信号中选择一个作为本单元的输出。

GAL 器件内设置有 82 位结构控制字。控制字内容的不同使 OLMC 中的 4 个 MUX 处于不同的工作状态，从而使 OLMC 有 5 种不同的输出结构。控制字的内容是在编程时由编程器根据用户定义的端子以及实现的函数自动写入的，对于用户来说是透明的。

【思考题】

5-4-1　可编程逻辑器件 PLD 主要由哪几部分组成，各部分有什么作用？

5-4-2　试分析 PROM、PLA、PAL 和 GAL 有哪些不同？

5-4-3　GAL 在电路结构上与 PAL 有何差异？

5.5　可编程逻辑器件的应用

通过前面的学习知道，PLD 电路的基本结构仍是**与**、**或**阵列，可以用来实现任何组合逻辑；而输出电路通常配有寄存器（D 触发器）或向输入端的反馈，可以实现各种时序逻辑。因此 PLD 的这种结构对实现数字电路具有普遍意义，可以利用 PLD 实现任何组合逻辑电路和时序电路。

5.5.1　用 PROM 实现组合逻辑

PROM 除用作存储器外，还可以用来实现各种组合逻辑函数。若把地址端 $A_0 \sim A_n$ 当作逻辑函数的输入变量，则可在地址译码器的输出端对应产生全部最小项；而存储矩阵是个**或**阵列，可把有关最小项进行**或**运算后得到输出变量，所以可用 PROM 实现任何组合逻辑函数。

用 PROM 实现组合逻辑函数的一般步骤如下。

① 确定输入变量和输出变量个数。

② 将函数化成最小项之和形式。

③ 确定阵列大小。

④ 根据存储单元的内容，画出电路图。

【例 5-1】 用 PROM 实现下述函数，并画出相应的电路。

$$F_1(A,B,C,D)=\overline{A}\,\overline{B}+\overline{B}\,\overline{D}+A\,\overline{C}D+BCD$$
$$F_2(A,B,C,D)=\overline{A}\,\overline{D}+BC\overline{D}+A\,\overline{B}\,\overline{C}D$$
$$F_3(A,B,C,D)=\overline{A}B\,\overline{C}+\overline{A}CD+A\,\overline{C}D+ABC$$
$$F_4(A,B,C,D)=A\,\overline{C}+\overline{A}C+\overline{B}+\overline{D}$$

解：(1) 4 个输入变量：A、B、C、D；

4 个输出变量：F_1、F_2、F_3、F_4。

(2) 函数化为最小项之和形式

$$F_1=\sum m(0,1,2,3,7,8,9,10,13,15)$$
$$F_2=\sum m(0,2,4,6,9,14)$$
$$F_3=\sum m(3,4,5,7,9,13,14,15)$$
$$F_4=\sum m(0,1,2,3,4,6,7,8,9,10,11,12,13,14)$$

(3) 阵列大小：$(2\times4)\times2^4+2^4\times4=192$ 个（交叉点）

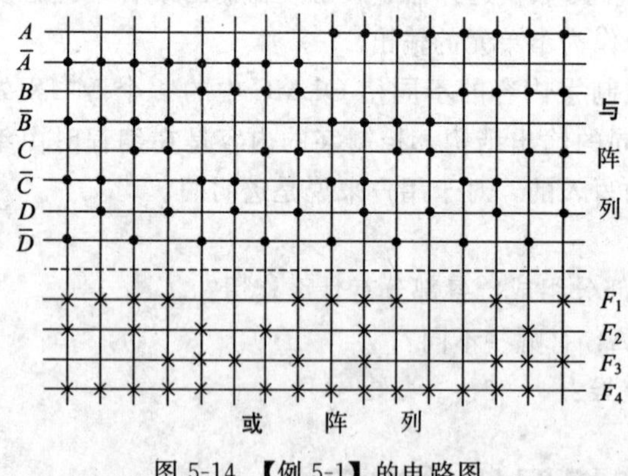

图 5-14 【例 5-1】的电路图

(4) 根据 PROM 的**与**阵列固定，而**或**阵列可编程的特点，可知**与**阵列为全地址译码阵列，而**或**阵列同 F_1、F_2、F_3、F_4 有关。根据最小项之和表达式可知 F_1 在 0、1、2、3、7、8、9、10、13、15 存储单元存储信号 **1**，F_2 在 0、2、4、6、9、14 存储单元存储 **1**，以此类推，得到电路图，如图 5-14 所示。

5.5.2 PLA 的应用

1. 用 PLA 实现组合逻辑

【例 5-2】 用 PLA 实现 1 位全加器。

解：全加器输出表达式

$$S_i=\overline{A}_i\overline{B}_iC_{i-1}+\overline{A}_iB_i\overline{C}_{i-1}+A_i\overline{B}_i\overline{C}_{i-1}+A_iB_iC_{i-1}$$
$$C_i=\overline{A}_iB_iC_{i-1}+A_i\overline{B}_iC_{i-1}+A_iB_i=A_iC_{i-1}+B_iC_{i-1}+A_iB_i$$

这是一组有 3 个输入变量，2 个输出的组合逻辑函数。2 个逻辑函数表达式共包含 7 个乘积项。由此得到电路图，如图 5-15 所示。

由【例 5-2】可看出，PLA 的**与**、**或**阵列均可编程，所以用 PLA 实现逻辑函数要比实现同一逻辑的 PROM 简单。

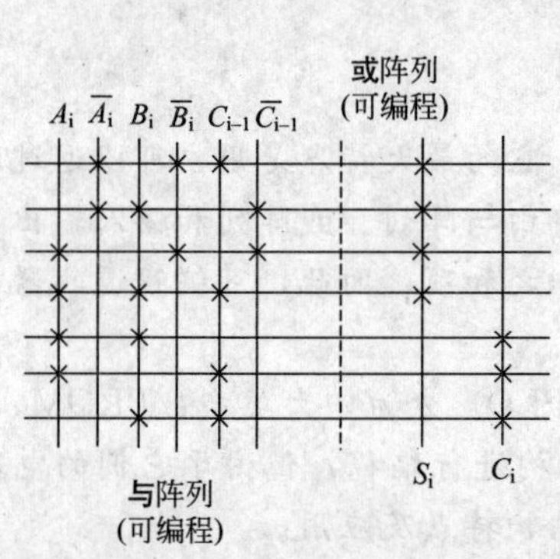

图 5-15 【例 5-2】的电路图

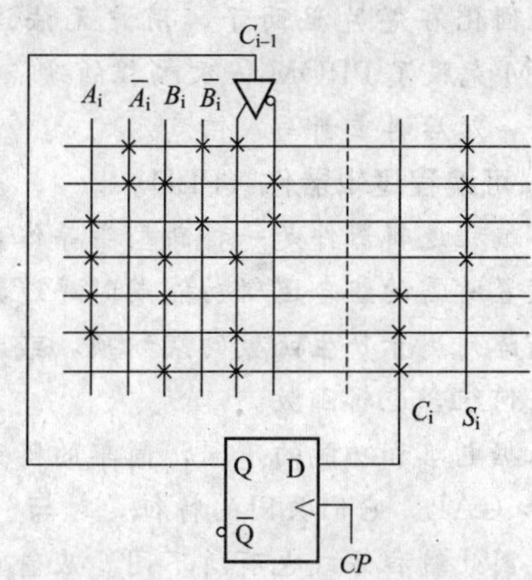

图 5-16　PLA 串行全加器

2. 用 PLA 实现时序逻辑

【例 5-2】中的 PLA 电路不包含触发器，因此这种结构的 PLA 只能用于设计组合逻辑电路，也称为组合逻辑型 PLA。如果用它设计时序电路，则必须在 PLA 芯片内部增加由若干触发器组成的寄存器。这种含有内部寄存器的 PLA 称为时序逻辑型 PLA，也称作可编程逻辑时序器。【例 5-2】中，在与阵列和或阵列的基础上，在输出电路部分增加 D 触发器，即可得到时序逻辑型 PLA，PLA 串行全加器如图 5-16 所示。

【思考题】

5-5-1　简述 PROM 如何实现组合逻辑电路。

5-5-2　试用 PROM 构成一个码型转换器，将 4 位二进制码转换成循环码。

5-5-3　试用 PLA 构成一个码型转换器，将 4 位二进制码转换成循环码。

本章小结

本章介绍了随机存储器（RAM）、只读存储器（ROM）和可编程逻辑器件（PLD）。主要内容归纳如下。

1. 随机存储器（RAM）

随机存储器是一种可以随时存入或读出信息的半导体存储器（Random Access Memory，RAM）。它的最大特点是读、写方便，使用灵活，既能不破坏地读出所存数据，又能随时写入新的数据。但它也存在数据易丢失的缺点，一旦断电，存储的数据将丢失。

RAM 通常是由地址译码器、存储矩阵和读/写控制电路三部分组成。RAM 分为静态随机存储器（SRAM）和动态随机存储器（DRAM）。

2. 只读存储器（ROM）

只读存储器用于存储固定不变的信息，它在正常工作状态下只能读取数据，不能修改或重新写入数据，所以称为只读存储器（Read-Only Memory，ROM）。它的优点是电路结构简单，存储信息可靠，即使断电，数据也不会丢失。

ROM 可分为三类：掩膜 ROM、PROM、EPROM。掩膜 ROM 中存储的数据在出厂时就已经固化在芯片里面了，用户无法进行任何修改；PROM 是一次性编程的逻辑器件；EPROM 克服了 PROM 一次编程的缺点，它允许对芯片进行反复改写，即可以把写入的信息擦除，然后再重新写入信息。

3. 可编程逻辑器件（PLD）

可编程逻辑器件是一种新型半导体数字集成电路，它的最大特点是用户可以通过编程的方法设置所需的组合逻辑功能或时序逻辑功能。它主要由**与**阵列、**或**阵列和输入输出电路组成，**与**阵列用于产生函数的乘积项，**或**阵列用于获得积之和项，因此，可编程逻辑器件可以实现任何组合逻辑函数。

根据电路和功能的不同，简单的阵列结构 PLD(SPLD) 分为四大类型：PROM、PLA、PAL 和 GAL。它们共同的特征是对**与**、**或**阵列基本结构进行编程，但由于它们的电路结构不同，因此编程方式也有所不同。应着重掌握它们的结构特点及应用。

习 题 5

5-1 试用两片 1024×4 位的 RAM 扩展为 1024×8 位的 RAM，并画出接线图。

5-2 试将 1024×1 位的 RAM 扩展成 4096×4 位的 RAM，并画出接线图。

5-3 试用 PLD 的点阵示意图表示下列函数。

(1) $Y=\overline{A}\,\overline{BC}+A\overline{B}C+ABC$

(2) $Y=\overline{A}\,\overline{BC}\,\overline{D}+\overline{A}B\overline{C}D+A\overline{B}C\overline{D}+\overline{A}\,\overline{B}CD$

5-4 试用 PROM 实现下列组合逻辑函数

$$\begin{cases} Y_0=BCD+A\overline{B}C\overline{D} \\ Y_1=\overline{A}CD+ABC\overline{D} \\ Y_2=\overline{A}\,\overline{B}CD+\overline{A}BC\overline{D}+ABCD \\ Y_3=\overline{A}C\overline{D}+\overline{A}\,\overline{B}C\overline{D}+\overline{A}B\overline{C}\,\overline{D} \end{cases}$$

5-5 试分析如图 5-17 所示的 PLA 组成的时序电路功能。按输入和输出的关系，写出各触发器的驱动方程，画出电路的状态转换图，说明电路能否自启动。

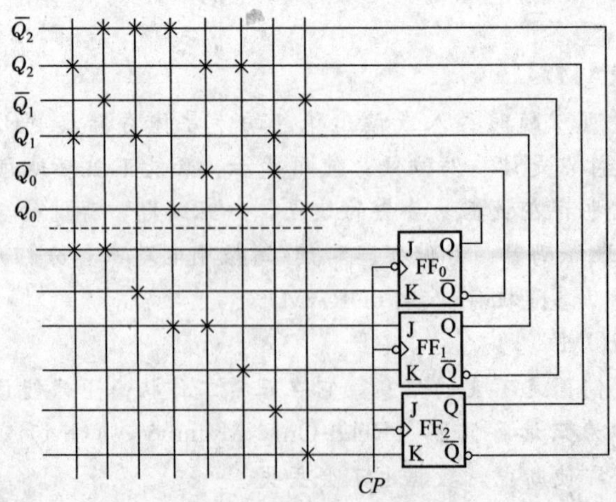

图 5-17 习题 5-5 电路图

第 6 章　脉冲的产生与整形

【内容提要】

在数字系统中，获得矩形脉冲波形的途径有两种：利用各种形式的多谐振荡器电路直接产生所需要的矩形脉冲；通过各种整形电路把已有的周期性变化的波形转换为符合要求的矩形脉冲。

本章将系统地介绍施密特触发器、单稳态触发器电路、多谐振荡器电路的组成、工作原理、它们的集成芯片的外端子排列以及与外部元件的连接等内容，并且重点介绍广为应用的集成定时器，即555定时器的结构、工作原理和应用。

6.1　概　　述

作为时钟信号的矩形脉冲在时序电路中起着控制和协调整个系统工作的作用，因此时钟脉冲的特性直接关系到系统能否正常工作。脉冲波形是指所有的离散信号波形，在数字电路中，无论是计数还是程序控制，都需要输入脉冲。六种常见的脉冲信号波形如图 6-1 所示，其中矩形脉冲波形最具代表性，它是数字电路的工作波形。在本章中将主要介绍矩形脉冲的产生电路和整形电路。

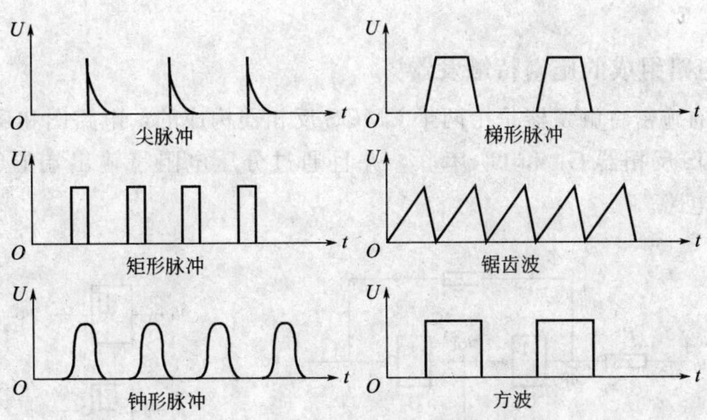

图 6-1　六种常见的脉冲信号波形

矩形脉冲波形主要参数描述如图 6-2 所示，这些主要参数如下。

① 脉冲周期 T。是指周期重复的脉冲序列中，两个相邻脉冲之间的时间间隔。有时也用脉冲重复频率 $f=\frac{1}{T}$表示，f 表示单位时间内脉冲重复变化的次数。

② 脉冲宽度 t_W。是指从脉冲前沿 $0.5U_m$起至后沿 $0.5U_m$为止所需的时间。

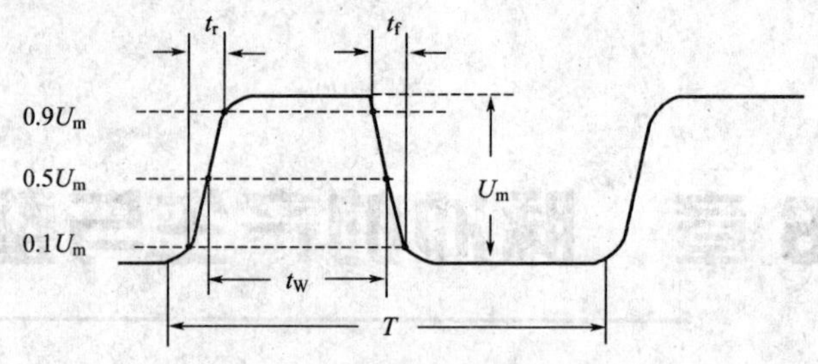

图 6-2 矩形脉冲波形主要参数描述

③ 脉冲幅度 U_m。是指脉冲电压的最大变化幅度。

④ 上升时间 t_r。是指从脉冲前沿 $0.1U_m$ 起至前沿 $0.9U_m$ 为止所需的时间。

⑤ 下降时间 t_f。是指从脉冲后沿 $0.9U_m$ 下降至后沿 $0.1U_m$ 为止所需的时间。

用于产生矩形脉冲波形的方法有两种：一是利用各种形式的振荡电路直接产生；二是通过各种整形电路将现有的周期性信号波形变换为符合要求的矩形波。

6.2 施密特触发器

施密特触发器是一种具有电平触发功能的双稳态（即 $u_O=V_{OL}$ 和 $u_O=V_{OH}$ 两个状态）电路。其在性能上具有两个重要的特点。

① 输入信号从低电平上升至高电平的过程中，电路状态转换时所对应的输入转换电平和输入信号从高电平下降至低电平的过程中所对应的输入转换电平不同，即施密特触发器具有两个转折电压。

② 当输入信号达到某一电压值时，输出电压会突然发生变化，所以在电路状态转换时，输出电压波形的边沿很陡。

施密特触发器的应用范围很广，其中的一个应用就是作为脉冲波形变换的一种常用电路。

6.2.1 门电路组成的施密特触发器

本节所介绍的施密特触发器是由两个 CMOS 反相器构成的，电路图和逻辑符号如图 6-3 所示。两级 CMOS 反相器 G_1 和 G_2 串联，并且通过分压电阻将输出端的电压反馈到输入端，构成正反馈电路。

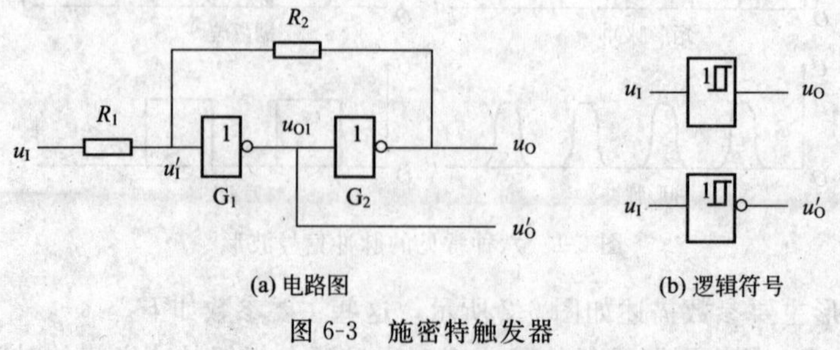

图 6-3 施密特触发器

设 CMOS 反相器的阈值电压 $U_{TH}\approx\frac{1}{2}V_{DD}$，且 $R_1<R_2$。

(1) 当 $u_I=0V$ 时，输出为低电平，即

$$u_O = V_{OL} \approx 0$$

此时门 G_1 输入

$$u_I' \approx 0$$

(2) 当输入电压 u_I 由 0V 开始逐渐增加时，只要 $u_I' < U_{TH}$，电路就会保持

$$u_O = V_{OL} \approx 0$$

这种状态为第一稳态。

此时 u_I 与 u_I' 的关系为

$$u_I' \approx \frac{R_2}{R_1 + R_2} u_I \tag{6-1}$$

(3) 当输入电压 u_I 上升至使得 $u_I' = U_{TH}$ 时，门 G_1 进入电压传输特性的转折区，因此 u_I' 的增加在正反馈的作用下会有如下结果：

$$u_I' \uparrow \longrightarrow u_{O1} \downarrow \longrightarrow u_O \uparrow$$

所以电路的状态迅速转为 $u_O = V_{OH} \approx V_{DD}$。

u_I 上升过程中电路状态发生转换时所对应的输入的转折电压为正向阈值电压，用 U_{T+} 表示。

在电路状态发生转换的瞬间，u_I 与 u_I' 之间仍满足式(6-1) 关系，而此时 $u_I' = U_{TH}$，$u_I = U_{T+}$，所以

$$U_{TH} \approx \frac{R_2}{R_1 + R_2} U_{T+} \tag{6-2}$$

于是可得正向阈值电压

$$U_{T+} = \frac{R_1 + R_2}{R_2} U_{TH} \tag{6-3}$$

只要 $u_I' > U_{TH}$，输出 u_O 就为高电平，$u_O = V_{OH} \approx V_{DD}$ 的状态就不会变，此时为第二稳态。

此时 u_I 与 u_I' 的关系为

$$\begin{aligned} u_I' &\approx u_O + \frac{R_2}{R_1 + R_2}(u_I - u_O) \\ &= V_{DD} + \frac{R_2}{R_1 + R_2}(u_I - V_{DD}) \end{aligned} \tag{6-4}$$

(4) 当 u_I 从高电平 V_{DD} 逐渐下降，并到达 $u_I' = U_{TH}$ 时，u_I' 的下降又会产生以下的正反馈过程

$$u_I' \downarrow \longrightarrow u_{O1} \uparrow \longrightarrow u_O \downarrow$$

因此，电路的状态又迅速转为 $u_O = V_{OL} \approx 0$。

u_I 下降过程中电路状态发生转换时所对应的输入的转折电压称作反向阈值电压，用 U_{T-} 表示。将此时的 $u_I = U_{T-}$，$u_I' = U_{TH}$ 代入式(6-4)，可得

$$U_{TH} \approx V_{DD} - (V_{DD} - U_{T-}) \frac{R_2}{R_1 + R_2} \tag{6-5}$$

一般情况下 $V_{DD} = 2U_{TH}$，将其代入式(6-5) 中，可得反向阈值电压

$$U_{T-} = \frac{R_2 - R_1}{R_2} U_{TH} \tag{6-6}$$

只要 $u_I' > U_{TH}$，输出 u_O将保持低电平的状态不变。

由式(6-3)、式(6-6) 可得回差电压 ΔU_T，即

$$\Delta U_T = U_{T+} - U_{T-} \approx 2\frac{R_1}{R_2}U_{TH} \tag{6-7}$$

由式(6-7) 可以看出，这种由门电路构成的施密特触发器的回差电压 ΔU_T可调。

根据以上分析可得，图 6-3 所示的施密特触发器的电压传输特性有两种形式：同相输出特性和反相输出特性，如图 6-4 所示，同相输出特性输出端为 u_O，反相输出特性输出端为 u_O'。

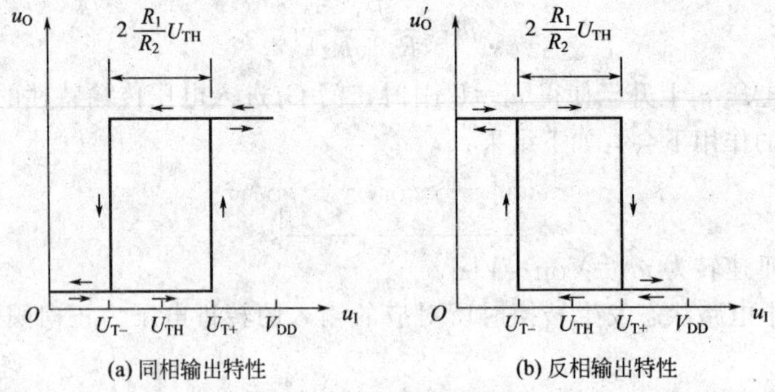

图 6-4 施密特触发器电压传输特性

6.2.2 集成施密特触发器

施密特触发器既可以由分立元件组成，也可以由集成门电路组成。由于施密特触发器的应用十分广泛，所以无论是在 TTL 电路中还是在 CMOS 电路中，都有专门的单片集成施密特触发器产品，称为施密特触发电路。

集成施密特触发器的种类很多，常见的 CMOS 型集成施密特触发器有 CC4093、CC40106 等，TTL 型集成施密特触发器有 7413、74LS13、7414、74LS14、74132、74LS132 等。相对于由门电路组成的施密特触发器而言，集成施密特触发器的性能一致性好、阈值电压稳定、使用方便，所以得到广泛应用。

1. TTL 型集成施密特触发器

(1) 电路组成　TTL 型集成施密特触发器 7413 的电路如图 6-5 所示。电路由四部分组成：二极管与门、施密特电路、电平偏移电路和输出电路。其中施密特电路为核心电路。

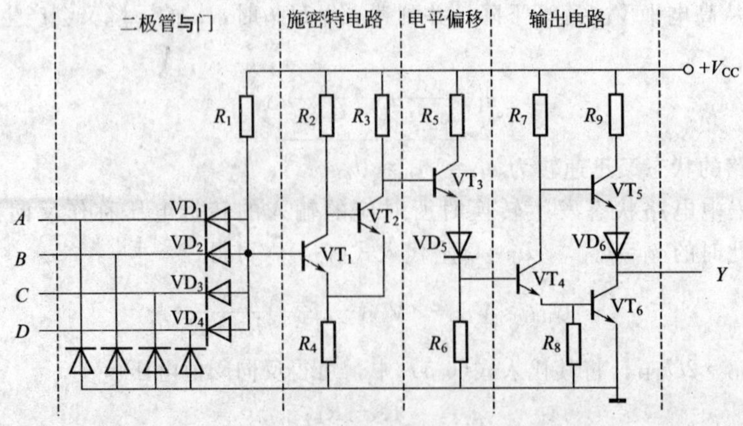

图 6-5 TTL 型集成施密特触发器 7413 的电路

由于 7413 的电路在输入端附加了**与**的逻辑功能，在输出端又附加了反相器，所以它也被称为施密特触发**与**非门。7413 和 74LS13 的端子排列图、逻辑符号及电压传输特性如图 6-6所示。

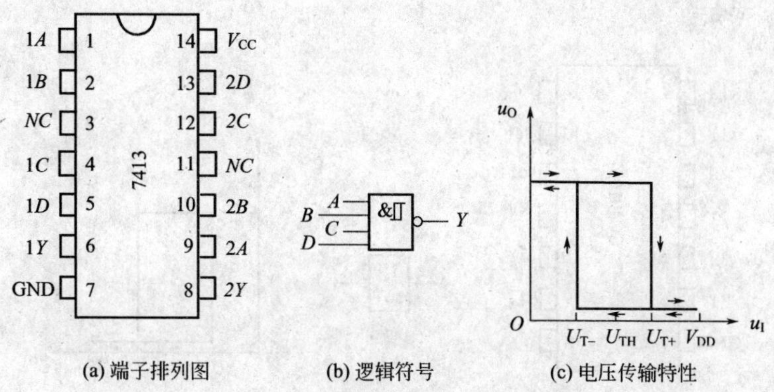

(a) 端子排列图　(b) 逻辑符号　(c) 电压传输特性

图 6-6　集成施密特触发器 7413

从端子排列图可以看出，7413 和 74LS13 是双 4 输入芯片，所以被称作双 4 输入**与**非门。

另外，74132 和 74LS132 有 4 个 2 输入端，被称作 4-2 输入**与**非门；7414 和 74LS14 是 6 输入芯片，具有反相器功能，被称作 6 反相缓冲器。74132 和 74LS132、7414 和 74LS14 端子排列图如图 6-7 所示。

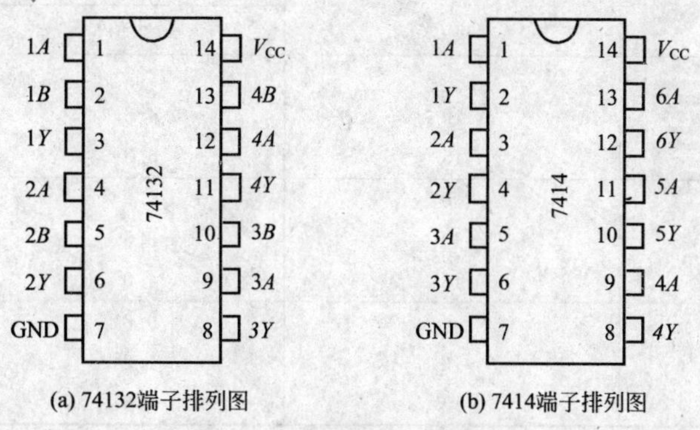

(a) 74132端子排列图　(b) 7414端子排列图

图 6-7　集成施密特触发器

(2) 主要参数的典型值及特点　TTL 型集成施密特触发器主要参数的典型值如表 6-1 所示。

表 6-1　TTL 型集成施密特触发器主要参数的典型值

电路名称	型　号	U_{T+}/V	U_{T-}/V	ΔU_T/V	每门功耗/mW	延迟时间/ns
双 4 输入与非门	7413	1.7	0.7	0.8	42.5	16.5
	74LS13	1.6	0.8	0.8	8.75	16.5
4-2 输入与非门	74132	1.7	0.9	0.8	25.5	15
	74LS132	1.6	0.8	0.8	8.8	15
6 反相缓冲器	7414	1.7	0.9	0.8	25.5	15
	74LS14	1.6	0.8	0.8	8.6	15

TTL 型集成施密特触发器的特点是：第一，阈值电压和回差电压都有温度补偿；第二，即使输入信号的边沿变化非常缓慢，电路也能正常工作；第三，有很强的带负载能力和抗干

扰能力。

2. CMOS型集成施密特触发器

CMOS型集成施密特触发器CC40106为6反相器，其端子排列图、逻辑符号及电压传输特性如图6-8所示。

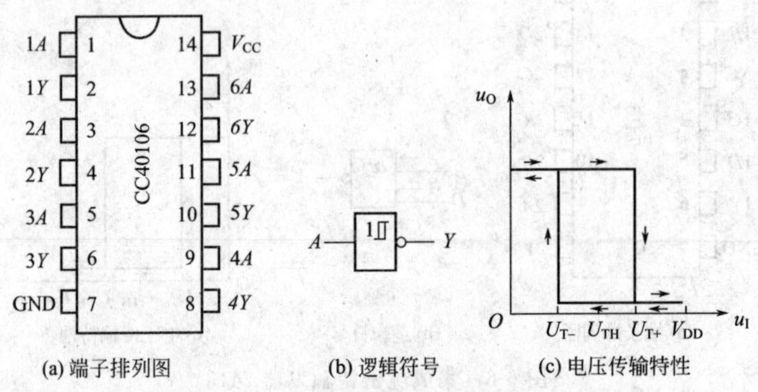

图6-8 集成施密特触发器CC40106

CMOS型集成施密特触发器CC4093为4-2输入与非门。CC40106和CC4093的主要静态参数如表6-2所示。

表6-2 CC40106和CC4093的主要静态参数

参数	测试条件 V_{DD}/V	参数 最小值	参数 最大值
上限阈值电压 U_{T+}/V	5	2.2	3.6
	10	4.6	7.1
	15	6.8	10.8
下限阈值电压 U_{T-}/V	5	0.9	2.8
	10	2.5	5.2
	15	4.0	7.4
回差电压 ΔU_T/V	5	0.3	1.6
	10	1.2	3.4
	15	1.6	5

值得注意的是：在不同测试条件下，每个参数都有一定的数值范围。

6.2.3 施密特触发器的应用

施密特触发器的用途十分广泛，主要用于波形变换、脉冲整形、脉冲鉴幅以及构成多谐振荡器用作脉冲源。

1. 波形变换和整形

（1）波形变换　利用施密特触发器可以把边沿变化缓慢的周期波变换为矩形波，如图6-9所示。当输入的正弦波 $u_I > U_{T+}$ 时，电路输出达到稳态，即 $u_O = V_{OL}$；当 $u_I < U_{T-}$ 时，电路输出又达到另一种稳态，即 $u_O = V_{OH}$。所以在施密特触发器输出端就可得到和输入信号同频率的矩形脉冲信号。

正是施密特触发器这一功能，使得其常被用来作TTL系统的接口，电路如图6-10所示，用于将变换缓慢的输入信号转变成为符合TTL系统要求的脉冲波形。

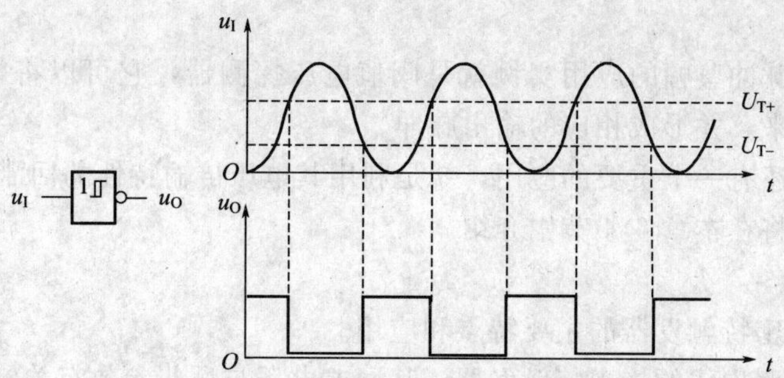

图 6-9　施密特触发器输入/输出电压波形

施密特触发器还可以将正弦波、三角波等任意形状的模拟信号变换成为较理想的矩形脉冲波形。

(2) 脉冲整形　施密特触发器还可以用作整形电路。在数字系统中，矩形脉冲经传输后不可避免地会发生波形畸变现象，例如，波形幅度足够大，但不规则，这时通过施密特触发器整形就可以获得幅度规则的矩形脉冲。整形波形图如图 6-11 所示。

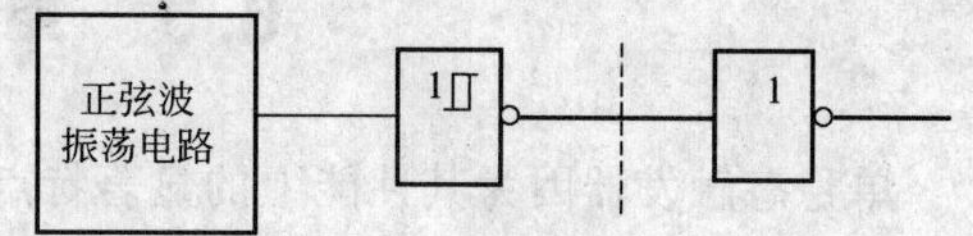

图 6-10　施密特触发器用作 TTL 系统接口

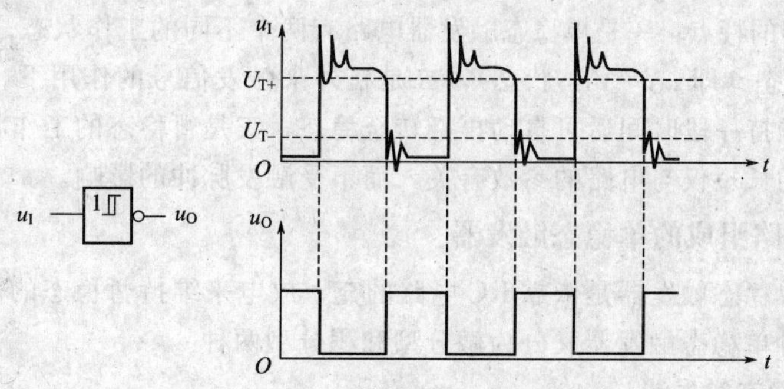

图 6-11　施密特触发器对脉冲整形

由图 6-11 可以看出，只要施密特触发器的 U_{T+} 和 U_{T-} 设置得合适，就能获得满意的整形效果。

2. 脉冲鉴幅

施密特触发器能够在一系列不同幅值的脉冲信号中鉴别出幅值大于 U_{T+} 的脉冲。这是因为只有那些幅值大于 U_{T+} 的脉冲才能使触发器翻转，并产生对应的输出信号。因此，施密特触发器具有脉冲鉴幅的能力。施密特触发器用于脉冲鉴幅时的工作电压波形如图 6-12

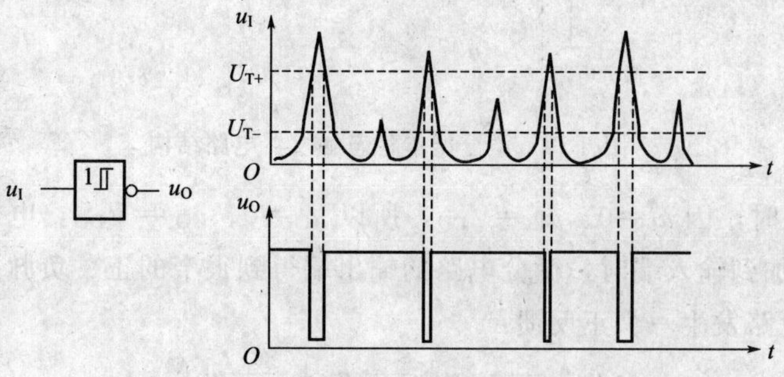

图 6-12　施密特触发器脉冲幅值鉴别

所示。

施密特触发器脉冲鉴幅的应用实例就是阈值电压探测器，它可以将幅值达到 U_{T+} 的输入电压信号探测出来，并形成相应的输出脉冲。

施密特触发器还有一个重要的应用，就是利用其电压传输特性的回滞区，可以构成多谐振荡器，这一内容将在本章 6.4 节中介绍。

【思考题】

6-2-1　说明施密特触发器的主要特点和应用。

6-2-2　由门电路构成的施密特触发器，其回差电压与哪些参数有关？

6-2-3　集成施密特触发器有哪些特点？种类有哪些？

6.3　单稳态触发器

单稳态触发器因为其性能上的显著特点而被广泛应用于数字系统和装置中的脉冲整形、延时以及定时等方面。

所谓整形，是把不规则的波形转换为宽度和幅值都相等的脉冲；延时，就是将输入信号延迟一定的时间之后输出；定时，即产生一定宽度的方波。

单稳态触发器的特点：一是单稳态触发器电路有两个不同的工作状态——稳态（即 $u_O=V_{OL}$ 状态）和暂稳态（即 $u_O=V_{OH}$ 状态）；二是在外来触发信号的作用下，电路能从稳态翻转至暂稳态，在维持一段时间后可自动再翻转至稳态；三是暂稳态的工作状态不能长时间保持，其维持时间的长短仅与电路的参数有关，而不受触发脉冲的影响。

6.3.1　门电路组成的单稳态触发器

此种结构的单稳态触发器是依靠 RC 电路的充、放电来维持暂稳态的。而根据 RC 电路的不同接法，这种单稳态触发器又分为微分型和积分型两种。

1. 微分型单稳态触发器

微分型单稳态触发器电路结构如图 6-13 所示，电路由 CMOS 门电路和 RC 微分电路组成。

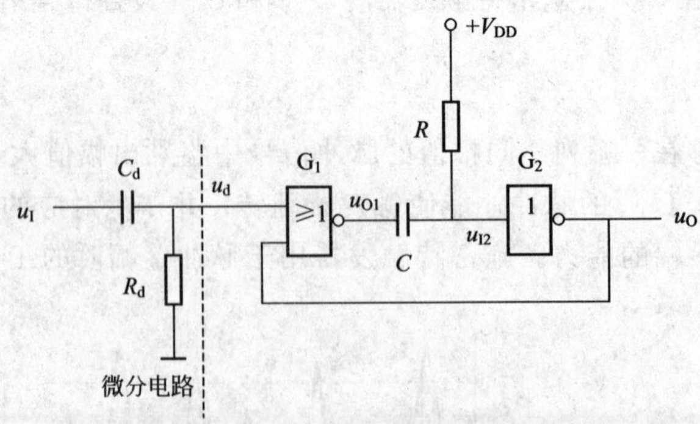

图 6-13　微分型单稳态触发器电路结构

电路处于稳态时，因 $u_I=0$、$u_{I2}=V_{DD}$，所以 $u_O=0$、$u_{O1}=V_{DD}$，电容 C 上的电压 $u_C=0$。当触发脉冲 u_I 加到输入端时，微分电路的输出端得到很窄的正、负脉冲 u_d。在 u_d 升至阈值电压 U_{TH} 后，电路发生一个正反馈：

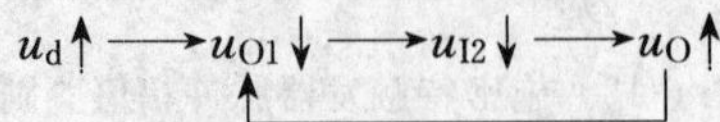

使得 u_{O1} 迅速跳变为低电平，而由于电容 C 两端电压 $u_C = u_{O1} - u_{I2}$ 不能发生突变，所以 u_{I2} 也同时跳变为低电平，因此输出 u_O 由低电平跳变为高电平，即 $u_O = V_{OH}$，电路进入暂稳态。此时，即使 u_d 再跳变回低电平，输出 u_O 也仍保持在高电平。

在暂稳态期间，V_{DD} 经电阻 R 对电容 C 进行充电，使 u_{I2} 上升，当 u_{I2} 升至阈值电压 U_{TH} 时，电路发生另一个正反馈过程：

$$u_{I2}\uparrow \longrightarrow u_O\downarrow \longrightarrow u_{O1}\uparrow$$

这一过程中，u_{O1} 由低电平跳变为高电平，u_{I2} 由低电平跳变为高电平，从而使输出 u_O 由高电平跳变为低电平，即 $u_O = V_{OL}$，电路从暂稳态进入稳态。此时电容 C 将通过电阻 R 放电，直至电容 C 上的电压恢复到初始值 0，电路即恢复到稳定状态。

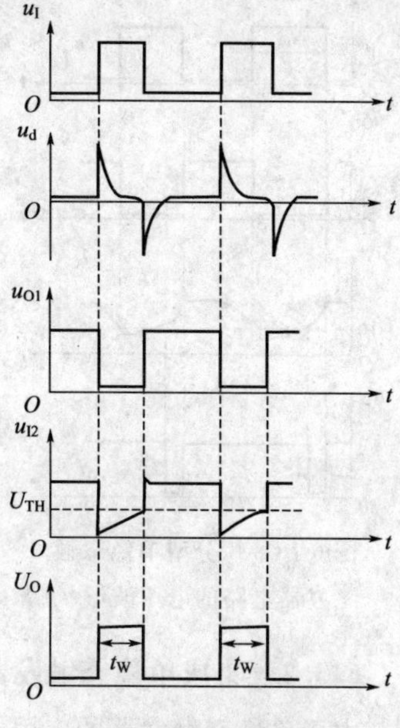

图 6-14　微分型单稳态触发器电路的电压波形

电路在上述工作过程中各点电压的波形如图 6-14 所示。

在单稳态触发器中，经常被用来定性描述其性能的参数如下。

① 输出脉冲宽度 t_W。是指从电容 C 开始充电，即 $u_{I2}=0$ 到 u_{I2} 升至阈值电压 U_{TH} 的时间间隔。由电路可得

$$t_W = RC\ln\frac{V_{CC}-0}{V_{CC}-U_{TH}} \approx 0.69RC \tag{6-8}$$

② 恢复时间 t_{re}。由或非门 G_1 输出低电平时的输出电阻 R_{ON} 和电容 C 决定，即

$$t_{re} = (3\sim5)R_{ON}C \tag{6-9}$$

③ 分辨时间 t_d。是指保证电路正常工作时，所允许的两个相邻触发脉冲之间的最小时间间隔，即

$$t_d = t_W + t_{re} \tag{6-10}$$

2. 积分型单稳态触发器

积分型单稳态触发器电路结构如图 6-15 所示，电路由 TTL 与非门、反相器以及 RC 积分电路组成。

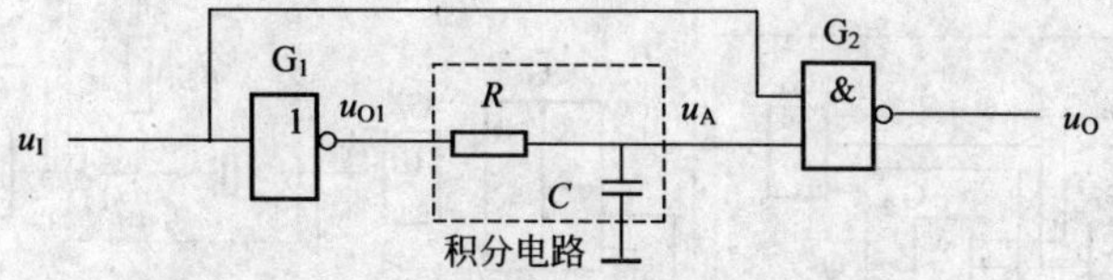

图 6-15　积分型单稳态触发器电路结构

电路稳态时，输入 $u_I=0$，故 $u_O = u_{O1} = u_A = V_{OH}$。当外加输入正脉冲时，$u_I$ 由低电平跳变为高电平，u_{O1} 则跳变为低电平，而由于电容 C 上的电压不能突变，所以 u_A 在一段时间内保持高电平不变，且其值大于阈值电压 U_{TH}，这样就使输出 $u_O = V_{OL}$，即跳变为低电平，电路进入暂稳态，此时电容 C 开始放电。

随着电容 C 的放电，u_A 逐渐下降，直至等于 U_{TH} 时，输出 u_O 又跳变回到高电平。当

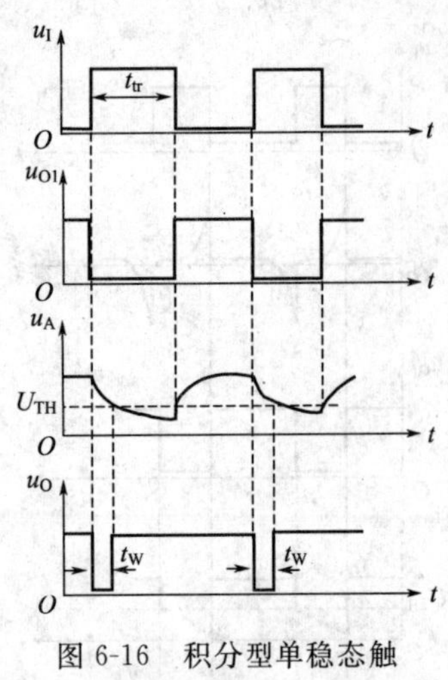

图 6-16　积分型单稳态触发器电路的电压波形

u_I返回低电平后，u_{O1}重新跳变为高电平，同时为电容 C 充电，经过恢复时间 t_{re}后，u_A逐渐恢复为高电平，电路恢复稳定状态。电路在上述工作过程中各点电压的波形如图6-16所示。

① 输出脉冲宽度 t_W。

$$t_W=(R+R_{ON})C\ln\frac{V_{OL}-V_{OH}}{V_{OL}-U_{TH}} \tag{6-11}$$

式中，R_{ON}为 G_1 输出为低电平时的输出电阻。

② 恢复时间 t_{re}。

$$t_{re}=(3\sim5)(R+R'_{ON})C \tag{6-12}$$

式中，R'_{ON}为 G_1 输出为高电平时的输出电阻。

③ 分辨时间 t_d。

$$t_d=t_{tr}+t_{re} \tag{6-13}$$

式中，t_{tr}为触发脉冲的宽度。

6.3.2　集成单稳态触发器

由于单稳态触发器的应用十分广泛，所以在 TTL 和 CMOS 的产品中都有集成单稳态触发器。这些器件的温度稳定性好，抗干扰的能力强，器件内部还附加了上升沿和下降沿触发的控制功能及清零功能等，在使用时只需要很少的外接元件及连线，用起来很方便。

集成单稳态触发器可以分为两种：一种是不可重复触发的单稳态触发器；另一种为可重复触发的单稳态触发器。不可重复触发的单稳态触发器一旦被触发进入暂态（暂稳态）之后，电路的工作过程不再受触发脉冲的影响，只有在暂态结束之后，触发器才能接受下一个触发脉冲而转入暂稳态；而可重复触发的单稳态触发器在被触发进入暂稳态以后，如果再次加入触发脉冲，电路就会重新被触发，从而使输出脉冲再继续维持一个脉冲宽度。

不可重复触发的单稳态触发器有 74121、74221 和 74LS221。可重复触发的单稳态触发器有 74122、74LS122、74123 和 74LS123。

1. 集成单稳态触发器 74121

（1）电路组成　在普通微分型单稳态触发器的基础上附加控制电路和输出缓冲电路即构成不可重复触发的单稳态触发器 74121，其电路结构如图 6-17 所示。

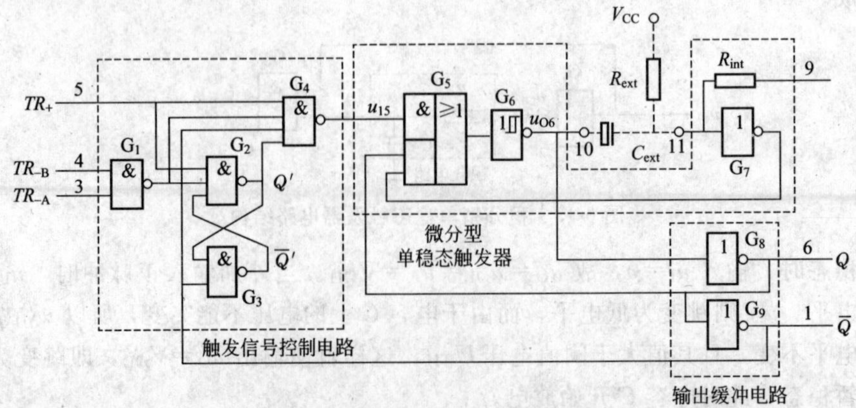

图 6-17　集成单稳态触发器 74121 电路结构

门 G_4 给出的正脉冲触发微分型单稳态触发器由门 G_5、G_6、G_7、外接电阻 R_{ext} 和外接电容 C_{ext} 组成，产生输出脉冲，输出的脉冲宽度 t_W 由 R_{ext} 和 C_{ext} 的大小决定，即

$$t_W \approx R_{ext}C_{ext}\ln 2 = 0.69R_{ext}C_{ext} \tag{6-14}$$

通常外接电阻 R_{ext} 的取值在 1.4～40kΩ 之间；外接电容 C_{ext} 的取值在 10pF～10μF 之间。

74121 有两种触发方式：上升沿触发和下降沿触发。门 G_1、G_2、G_3、G_4 组成的输入控制电路用于实现上升沿和下降沿触发的控制。

G_8、G_9 组成输出缓冲电路，用于提高电路的带负载能力。

(2) 74121 功能表及工作电压波形　74121 功能表如表 6-3 所示。

表 6-3　集成单稳态触发器 74121 功能表

输入			输出		说明
TR_{-A}	TR_{-B}	TR_{+}	Q	$\overline{Q}$	
0	×	1	0	1	保持稳态
×	0	1	0	1	
×	×	0	0	1	
1	1	×	0	1	
1	↓	1	⊓	⊔	下降沿触发
↓	1	1	⊓	⊔	
↓	↓	1	⊓	⊔	
0	×	↑	⊓	⊔	上升沿触发
×	0	↑	⊓	⊔	

74121 工作电压波形图如图 6-18 所示。

(3) 74121 端子排列图和逻辑符号　74121 端子排列图及逻辑符号如图 6-19 所示。

在图 6-19(b) 中，1⊓表示单稳态触发器是不可重复触发的。

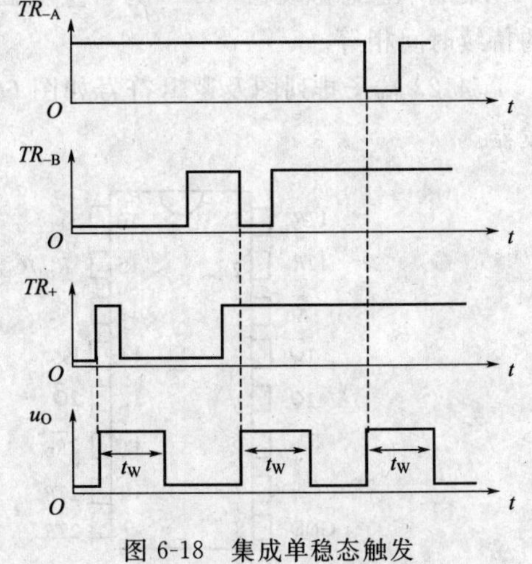

图 6-18　集成单稳态触发器 74121 工作电压波形

TR_{+}：是上升沿有效的触发信号输入端。

TR_{-B} 和 TR_{-A}：是下降升沿有效的触发信号输入端。

当需要上升沿触发时，触发脉冲由 TR_{+} 端输入，TR_{-B} 和 TR_{-A} 中至少要有一个接至低电平；当需要下降沿触发时，TR_{+} 端接高电平，触发脉冲由 TR_{-B} 或 TR_{-A} 输入（另一个应接高电平）。

R_{ext}/C_{ext} 和 C_{ext}：是外接电阻和电容的连接端。外接电容 C_{ext} 为电解电容，其正极接端子 10，负极接端子 11。

R_{int}：是内部电阻引出端。

Q 和 $\overline{Q}$：是两个状态互补的输出端。

(4) 74121 与外部元件连接方法　74121 在与外部元件连接时可采用两种方法：一是使用外接电阻 R_{ext} 连接；二是使用内部电阻 R_{int} 连接。连接示意图如图 6-20 所示。

为了进一步说明 TR_{+}、TR_{-B} 和 TR_{-A} 的用法，在图 6-20(a)、图 6-20(b) 中分别采用了下降沿触发和上升沿触发方式。

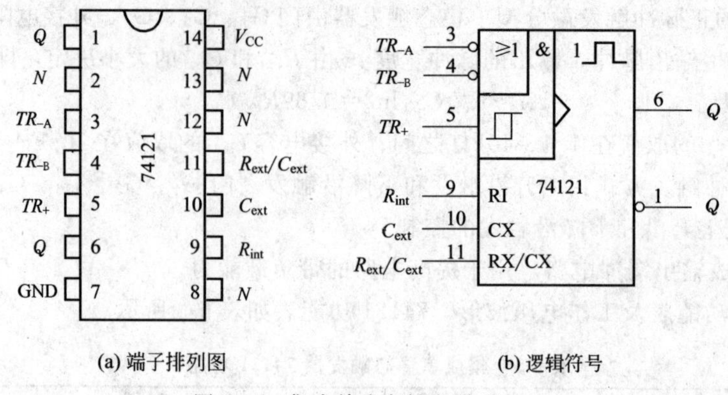

(a) 端子排列图　　(b) 逻辑符号

图 6-19　集成单稳态触发器 74121

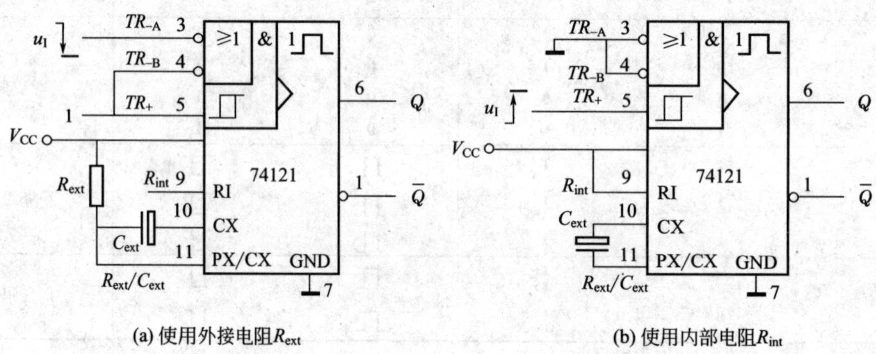

(a) 使用外接电阻R_{ext}　　(b) 使用内部电阻R_{int}

图 6-20　74121 与外部元件连接示意图

2. 集成单稳态触发器 74123

集成单稳态触发器 74123 为可重复触发的单稳态触发器。延迟时间和单次触发时暂稳态的持续时间相等。

74123 端子排列图及逻辑符号如图 6-21 所示，它包括两个可重复触发的集成单稳态触发器。

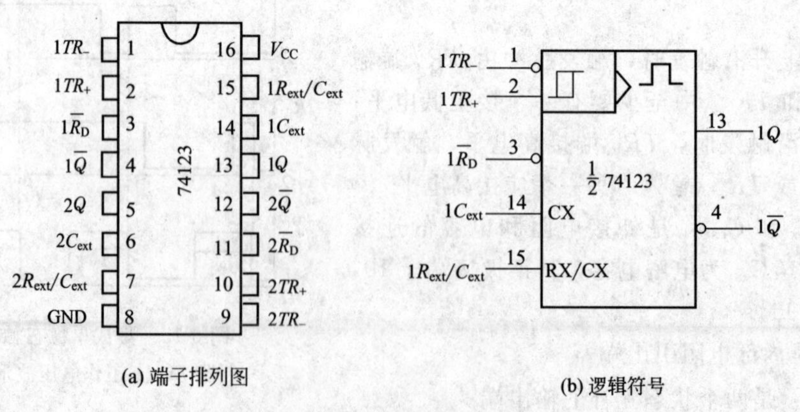

(a) 端子排列图　　(b) 逻辑符号

图 6-21　集成单稳态触发器 74123

在图 6-21(b) 中，⎍表示单稳态触发器是可重复触发的；$\bar{R}_D$为复位端，在其上加入低电平能立即终止暂态过程，使输出端返回低电平。

74123 功能如表 6-4 所示。

表 6-4　集成单稳态触发器 74123 功能表

输　入			输　出		说　明
$\overline{R}_D$	TR_-	TR_+	Q	$\overline{Q}$	
0	×	×	0	1	复位
×	1	×	0	1	保持稳态
×	×	0	0	1	保持稳态
1	0	↑	⊓	⊔	上升沿触发
1	↓	1	⊓	⊔	下降沿触发
↑	0	1	⊓	⊔	上升沿触发

除 74123 外，74221 和 74122 也设有复位端。

6.3.3　集成单稳态触发器的应用

1. 作为脉冲信号的定时信号

集成单稳态触发器定时电路结构图如图 6-22(a) 所示。集成单稳态触发器的输出 u_B 和一列脉冲序列信号 u_A 作为与门的两个输入信号。当集成单稳态触发器处于暂稳态，即输出 $u_B=V_{OH}$时，与门被打开，脉冲序列信号可以通过，即 $u_O=u_A$；当集成单稳态触发器处于稳态，即输出 $u_B=V_{OL}$时，与门被封锁，脉冲序列信号无法通过与门。电路工作电压波形如图 6-22(b) 所示。显然，与门打开的时间就是集成单稳态触发器输出脉冲 u_B 的宽度 t_W，这个时间是恒定不变的。

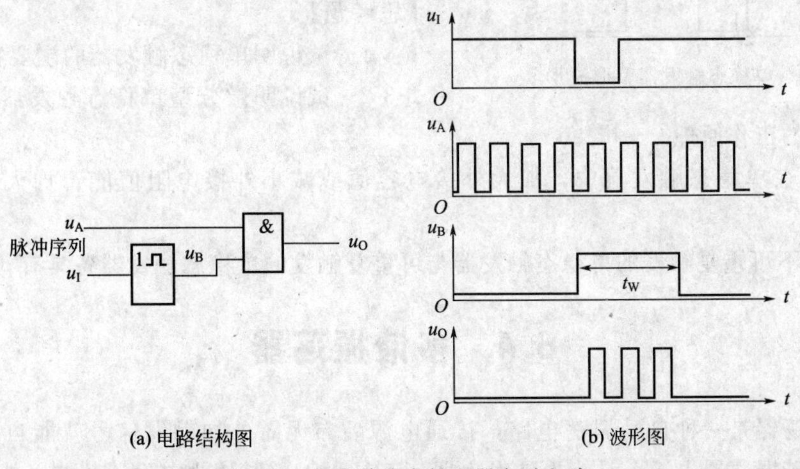

(a) 电路结构图　　(b) 波形图

图 6-22　集成单稳态触发器定时电路

2. 延时

将两个集成单稳态触发器 74121 级联，并将将延时信号 u_I 接至第一片 74121 的 TR_+ 作为其输入信号，也是整个电路的输入信号；而第二片的输入 TR_+ 与第一片的反相输出 $\overline{Q}$ 相连，即构成延时电路，简单电路连接示意图如图 6-23(a) 所示。

延时电路工作电压波形如图 6-23(b) 所示。从图中很容易看出，电路输出信号 u_O 的上升沿比输入信号 u_I 的上升沿滞后了 t_W，亦即延迟了 t_W。因此，通过调整两级的外接电阻 R_{ext}、电容 C_{ext}，即可以调整两级的输出脉冲宽度 t_W，从而调整延迟时间。显然，通过调整单稳态触发器暂稳态持续时间可实现不同时间的延时。

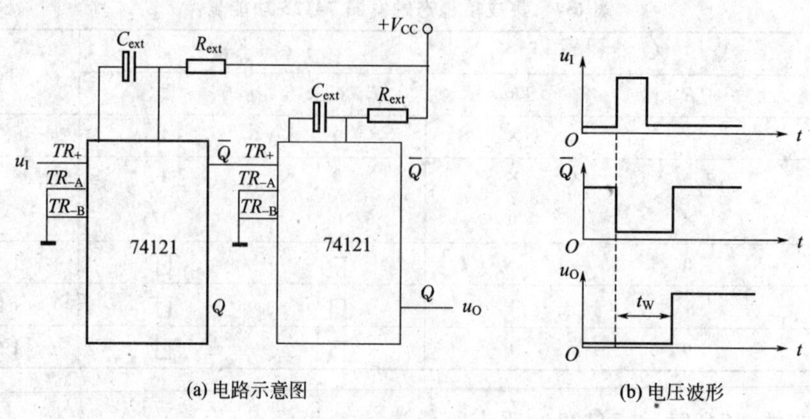

图 6-23　单稳态触发器延时电路示意图及电压波形

3. 脉冲信号的整形

利用单稳态触发器还可以实现对脉冲信号的整形。因为单稳态触发器的输出的幅度仅取决于单稳态电路输出的高、低电平——V_{OH}、V_{OL}，输出脉冲宽度又仅与外接电阻 R_{ext} 和外接电容 C_{ext} 有关，所以将不规则脉冲信号加至单稳态触发器输入端，则在电路输出端可得到一系列规则的矩形脉冲序列。整形波形如图 6-24所示。

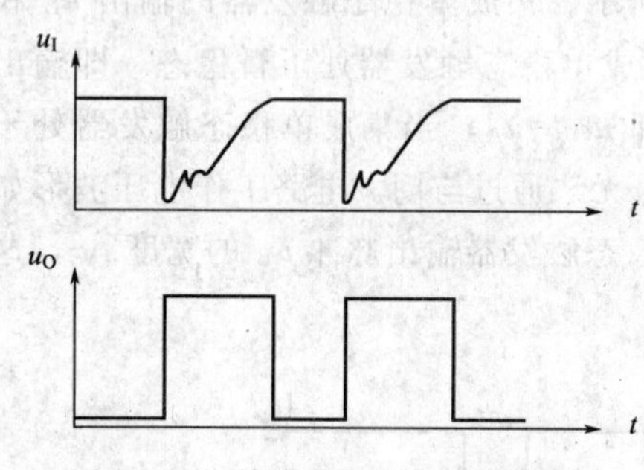

图 6-24　单稳态触发器整形波形

【思考题】

6-3-1　试说明单稳态触发器的主要特点和应用。

6-3-2　试说明微分型单稳态触发器和积分型单稳态触发器的工作原理。

6-3-3　在单稳态触发器中，加大外接电容值或减小外接电阻值能否加大输出脉冲的宽度?

6-3-4　不可重复触发的单稳态触发器与可重复触发的单稳态触发器各具有什么特点?

6.4　多谐振荡器

多谐振荡器是一种自励振荡电路，接通电源后，无需外加触发信号就能自动产生矩形波，所以多谐振荡器也一个是矩形波发生器。正是由于矩形脉冲中除了基波以外还含有丰富的高次谐波，所以得名为多谐振荡器。

多谐振荡器只有两个暂稳态，第一暂稳态维持一定时间后即翻转为第二暂稳态，而第二暂稳态维持一定时间后又返回第一暂稳态，所以多谐振荡器又称无稳态电路。

6.4.1　对称式多谐振荡器

1. 电路组成

对称式多谐振荡器典型电路结构如图 6-25 所示，它是一个由两个反相器经耦合电容连接的正

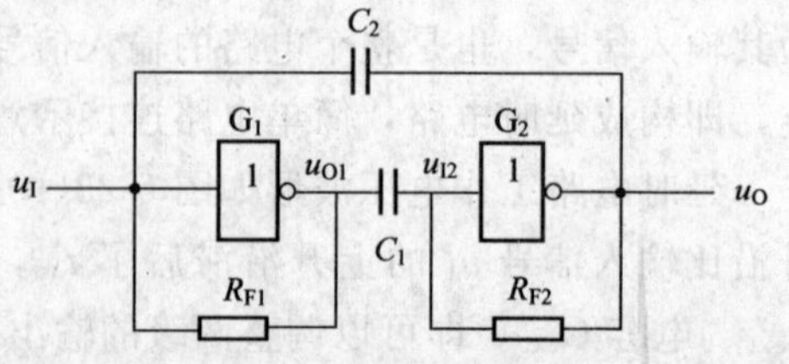

图 6-25　对称式多谐振荡器典型电路结构

反馈振荡回路，R_{F1}、R_{F2}是反馈电阻。

2. 基本工作原理

当u_I有微小的正跳变时，电路会产生如下正反馈

$$u_I\uparrow \longrightarrow u_{O1}\downarrow \longrightarrow u_{I2}\downarrow \longrightarrow u_O\uparrow$$

使得$u_{O1}=V_{OL}$，$u_O=V_{OH}$，电路进入第一个暂稳态，同时电容C_1开始充电而电容C_2放电。

电容C_1的充电同时经R_{F1}、R_{F2}两条支路，因此充电速度较快，这样u_{I2}会先上升至门G_2的阈值电压U_{TH}，此时电路会产生如下正反馈

$$u_{I2}\uparrow \longrightarrow u_O\downarrow \longrightarrow u_I\downarrow \longrightarrow u_{O1}\uparrow$$

使得$u_{O1}=V_{OH}$，$u_O=V_{OL}$，电路进入第二个暂稳态。同时电容C_2开始充电而C_1放电。由于电路的对称性，此时电路的工作过程与电容C_1充电、C_2放电的工作过程完全对应，所以电路又回到第一个暂稳态。这样，电路就在两个暂稳态之间往复振荡，输出端产生矩形脉冲，其各点电压波形如图 6-26 所示。

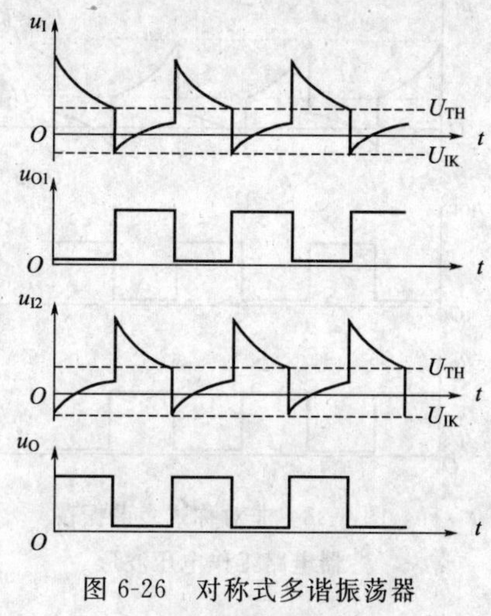

图 6-26　对称式多谐振荡器电路工作电压波形

若G_1、G_2为 74LS 系列反相器，在$R_{F1}=R_{F2}=R_F$、$C_1=C_2=C$的条件下，取$V_{OH}=3.4V$、$U_{IK}=-1V$、$U_{TH}=1.1V$，则可以推导出估算振荡周期的公式

$$T\approx 2R_FC\ln\frac{V_{OH}-U_{IK}}{V_{OH}-U_{TH}}\approx 1.3R_FC \tag{6-15}$$

式中，U_{IK}为输入端负的钳位电压。

6.4.2　非对称式多谐振荡器

1. 电路组成

非对称式多谐振荡器是对称式多谐振荡器电路的简化，即只在反馈环中保留电容C_2，电路仍能在两个暂稳态之间往复振荡，其电路结构如图 6-27 所示。

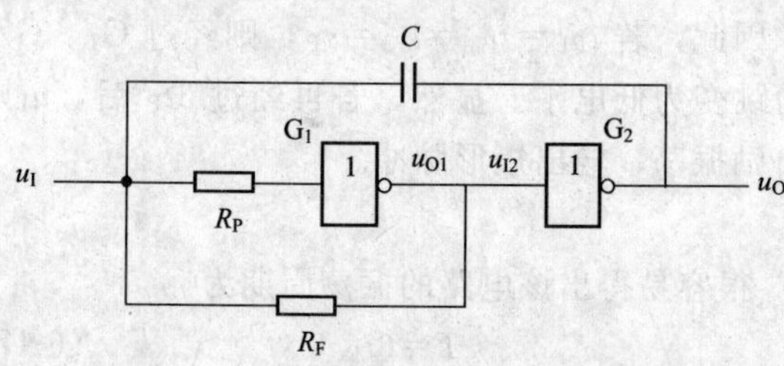

图 6-27　非对称式多谐振荡器电路结构

2. 基本工作原理

非对称式多谐振荡器工作时必须保证静态时门G_1、G_2工作在电压传输特性的转折区，以获得较大的电压放大倍数。

当u_I有极微小的正跳变时，电路会有一个正反馈过程

$$u_I\uparrow \longrightarrow u_{I2}\downarrow \longrightarrow u_O\uparrow$$

电路进入第一个暂稳态，同时电容C开始放电。随着电容C的放电，u_I逐渐下降，当其降至阈值电压U_{TH}，此时电路又会产生另一个正反馈过程

$$u_I\downarrow \longrightarrow u_{I2}\uparrow \longrightarrow u_O\downarrow$$

随之，电路进入第二个暂稳态，同时电容C开始充电。随着电容C开始充电，u_I不断上升，直至$u_I=U_{TH}$时，电路又回到第一个暂稳态。如此，电路就在两个暂稳态之间往复振荡，输

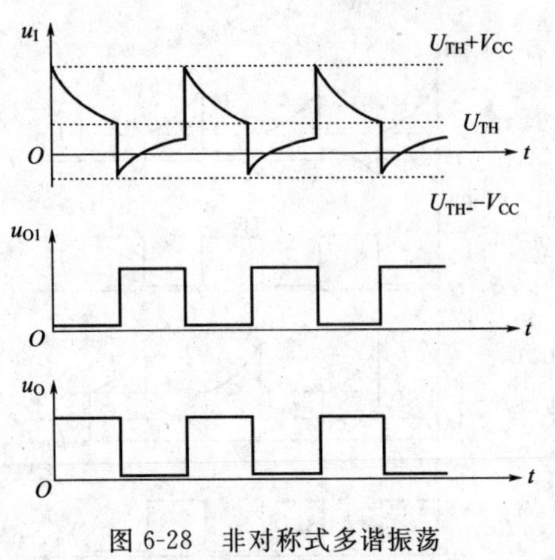

图 6-28 非对称式多谐振荡器电路工作电压波形

出端产生矩形脉冲，电路中各点工作电压波形如图 6-28 所示。

若 G_1、G_2 为 CMOS 反相器，在 R_P 足够大，R_F 远大于 N 沟道 MOS 管和 P 沟道 MOS 管的导通内阻 $R_{ON(N)}$ 和 $R_{ON(P)}$ 的条件下，可以推导出估算振荡周期的公式

$$T \approx 2R_F C \ln \frac{U_{TH}+V_{DD}}{U_{TH}} \approx 2R_F C \ln 3 \approx 2.2R_F C \tag{6-16}$$

通常 $U_{TH}=\frac{1}{2}V_{DD}$。

6.4.3 RC 环形多谐振荡器

对称式和非对称式多谐振荡器都是利用闭合回路中的正反馈产生自励振荡的，而在闭合回路中，如果延迟负反馈足够强的话，同样可以利用这个延迟负反馈的作用来产生自励振荡，输出矩形脉冲。环形多谐振荡器就是应用的这个原理来产生自励振荡的。它利用门电路的传输延迟时间将奇数个反相器首尾相连构成电路。

1. 最简单的环形多谐振荡器

(1) 电路组成 一个最简单的环形多谐振荡器的电路如图 6-29 所示，电路由 3 个反相器首尾相接而构成。

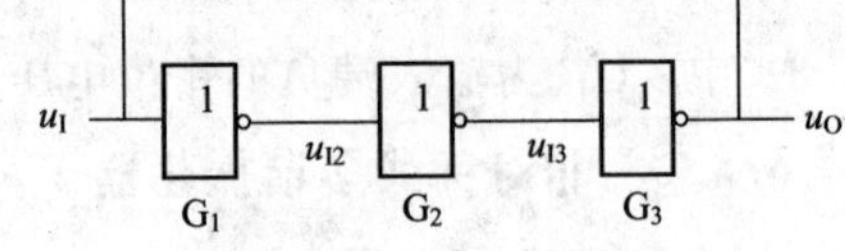

图 6-29 最简单的环形多谐振荡器的电路

(2) 基本工作原理 u_I 微小的正跳变在经过门 G_1 传输延迟时间 t_{P1} 之后，在其输出端 u_{I2} 产生一个相对 u_I 幅度更大的负跳变，然后，经门 G_2 传输延迟时间 t_{P2} 之后，u_{I3} 又会产生更大的正跳变，最后经过门 G_3 传输延迟时间 t_{P3} 后，在输出端 u_O 输出一个更大的负跳变，并将这个突变反馈到电路的输入端。因此，若 $t_{P1}=t_{P2}=t_{P3}=t_P$，则经过 G_1、G_2、G_3 这 3 个门电路的传输延迟 $3t_P$ 后，u_I 又自动跳变为低电平。显然，若再经过 $3t_P$ 后，u_I 则会重新进行正跳变，如此重复下去即产生了自励振荡，输出矩形脉冲。

电路的工作电压波形如图 6-30 所示。

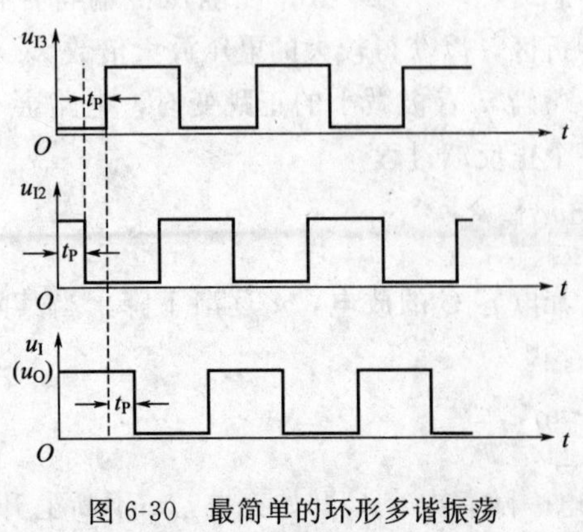

图 6-30 最简单的环形多谐振荡器电路工作电压波形

很容易得出该电路的振荡周期为

$$T=6t_P \tag{6-17}$$

基于上述讨论，不难推断出：将大于等于 3 的奇数个反相器首尾相连构成环路，就可产生自励振荡，且振荡周期为

$$T=2nt_P \tag{6-18}$$

式中，n 为构成环路的反相器个数。

2. RC 延迟环形多谐振荡器电路

因为门电路的传输延时很短，所以上述振荡电路很难产生频率较低的振荡，并且其振荡频率还不易调节，所以这种环形多谐振荡器不实用。

为了产生低频振荡，且振荡频率可调，在实际应用中，往往要对上述振荡器进行改进。具体做法是在电路中附加 RC 电路，以增加门 G_2 的传输延迟时间，电路如图 6-31 所示，这样通过 RC 延迟环形多谐振荡器即可获得振荡频率较低的振荡。

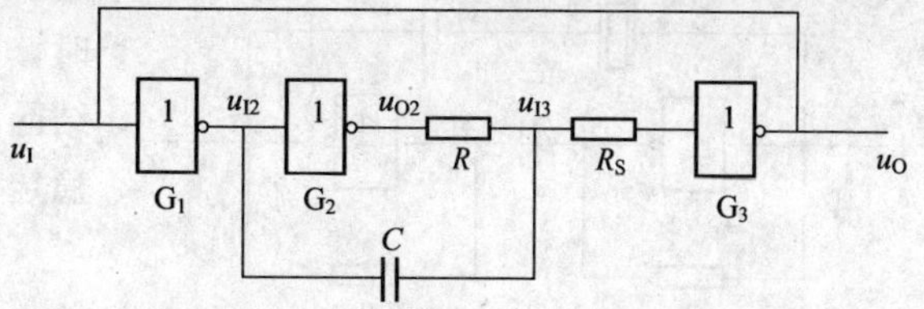

图 6-31　RC 延迟环形多谐振荡器电路

通常 RC 电路产生的延迟时间远远大于门电路本身的传输延迟时间，所以在计算振荡周期时可以只考虑 RC 电路的作用，而将门电路固有的传输延迟时间忽略不计。

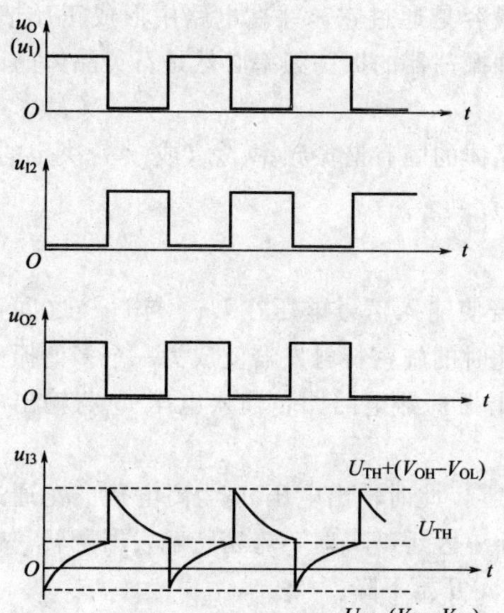

图 6-32　RC 延迟环形多谐振荡器电路各点工作电压波形

RC 延迟环形多谐振荡器电路的振荡周期

$$T \approx RC\ln\left(\frac{2V_{OH}-U_{TH}}{V_{OH}-U_{TH}} \times \frac{V_{OH}+U_{TH}}{U_{TH}}\right) \tag{6-19}$$

若将 $V_{OH}=3V$、$U_{TH}=1.4V$ 代入式(6-19)，可得振荡周期

$$T \approx 2.2RC \tag{6-20}$$

式(6-20) 表明：改变 R、C 值就可以调节振荡频率。

RC 延迟环形多谐振荡器电路各点工作电压波形如图 6-32 所示。

6.4.4　石英晶体多谐振荡器

前面介绍的三种多谐振荡器的振荡频率主要是由门电路输入电压在电容充、放电过程中，达到转换电平所需要的时间决定的，所以频率稳定性不是很高。然而，在许多数字系统中对多谐振荡器的振荡频率的稳定性却有很高的要求，如在数字钟表中，计数脉冲的稳定性就直接影响计时的准确性。因此，在对频率稳定性要求很高的场合，都需要采取稳频措施。

目前最常用的一种稳频方法就是利用石英谐振器（简称石英晶体）构成石英晶体多谐振荡器。

石英晶体多谐振荡器的符号和电抗频率特性如图 6-33 所示。石英谐振器有两个振荡频

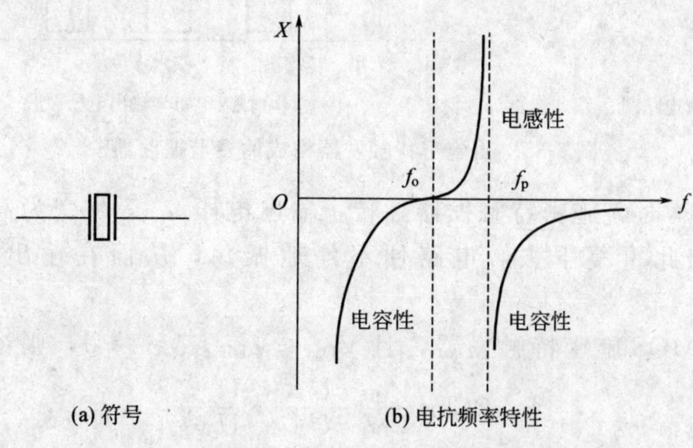

图 6-33　石英晶体振荡器的符号和电抗频率特性

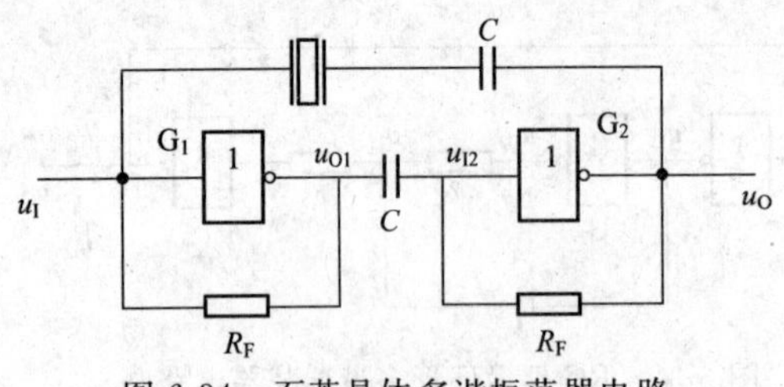

图 6-34 石英晶体多谐振荡器电路

率，当 $f=f_o$ 时，产生串联谐振；当 $f=f_P$ 时，产生并联谐振。石英晶体的谐振频率由其结晶方向和外形尺寸所决定，具有极高的频率稳定性。

在实际应用中，往往在多谐振荡器电路中接入石英晶体，即构成石英晶体多谐振荡器，电路图如图 6-34 所示。

由电抗频率特性可以看出，当外加电压频率 $f=f_o$（或 $f=f_P$）时，石英晶体的电抗 $X=0$，为最小，那么电路中频率为 f_o 的电压信号最容易通过它，并在电路中形成正反馈，而其他频率的信号经过它时均被衰减。很显然，这种振荡器的振荡频率必然是石英晶体的谐振频率 f_o（或 f_P）。

由于石英晶体多谐振荡器的振荡频率是由石英晶体的固有谐振频率 f_o（或 f_P）决定的，而与外接电阻、电容无关，所以它的频率稳定性很高。

6.4.5 用施密特触发器构成多谐振荡器

施密特触发器的电压传输特性有一个回滞区，若使输入信号电压在 U_{T+} 与 U_{T-} 之间重复变化，则在输出端即可得到矩形脉冲波形，那么此时的施密特触发器就成为一个多谐振荡器，可作为信号源使用。由施密特触发器构成的多谐振荡器电路图、输入电压 u_I 与输出电压 u_O 波形如图 6-35 所示。

当电路接通电源后，电容 C 的电压 u_C 初始值为零，此时输出电压 u_O 为高电平。u_O 通过电阻 R 对电容 C 进行充电，u_C（即 u_I 值）上升，当 u_I 达到 U_{T+} 时，施密特触发器翻转，输出电压 u_O 跳变为低电平，电容 C 通过电阻 R 放电，u_I 开始下降。

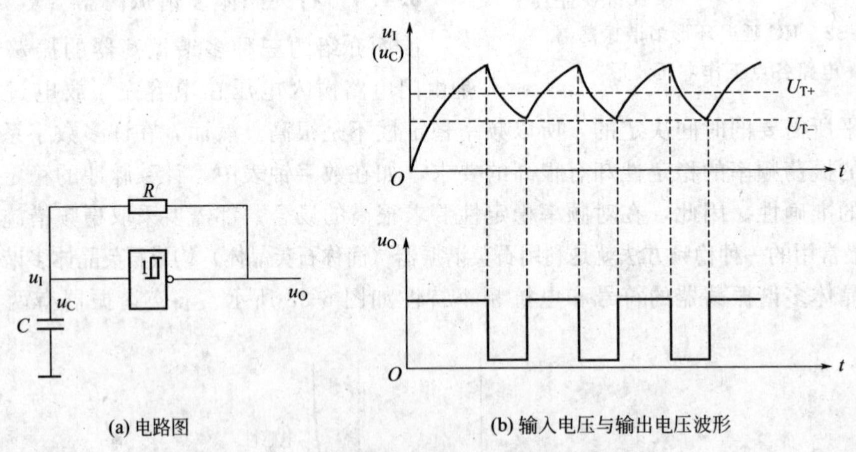

(a) 电路图　　(b) 输入电压与输出电压波形

图 6-35 由施密特触发器构成的多谐振荡器

当 u_I 下降至 U_{T-} 时，施密特触发器翻转，输出电压 u_O 又跳变为高电平，对电容 C 重新进行充电。如此重复下去，电路便不停地振荡，从而在输出端产生矩形脉冲波形。

若采用的是 CMOS 施密特触发器，且 $V_{OH}\approx V_{DD}$，$V_{OL}\approx 0$，则该电路的振荡周期

$$T=RC\ln\left(\frac{V_{DD}-U_{T-}}{V_{DD}-U_{T+}}\times\frac{U_{T+}}{U_{T-}}\right) \tag{6-21}$$

由式(6-21) 可知，输出端产生的矩形脉冲波形的频率由 R、C 决定。

【思考题】

6-4-1　试说明多谐振荡器的主要特点。

6-4-2　在对称式多谐振荡器中，加大外接电容值或减小外接电阻值能否提高其振荡频率？

6-4-3　试说明 RC 延迟环形多谐振荡器的工作原理。

6-4-4　石英晶体振荡器有何特点？其振荡频率是否与电路中的电阻、电容有关？

6.5　集成定时器

555 定时器又称为时基电路，是一种多用途的单片中规模集成电路，且为数字-模拟混合集成电路。因为其使用灵活、方便，采用的外接元件少，所以在波形的产生与变换、控制与测量、家用电器和电子玩具中都有广泛的应用。

目前，555 定时器的产品型号繁多，但按其内部元件可划分为双极型和 CMOS 型两种。双极型产品内部采用晶体管，产品型号的最后三位数码为 555；而 CMOS 型产品内部则采用场效应管，其产品型号的最后四位数码为 7555。二者虽然内部采用的元件不同，但它们在功能、外部端子的排列等方面是完全相同的。

6.5.1　555 定时器的电路结构和工作原理

1. 555 定时器的电路结构

5G555 定时器的电路结构如图 6-36 所示，电路由五部分组成，即分压器、比较器、基本 RS 触发器、晶体管开关及输出缓冲器。

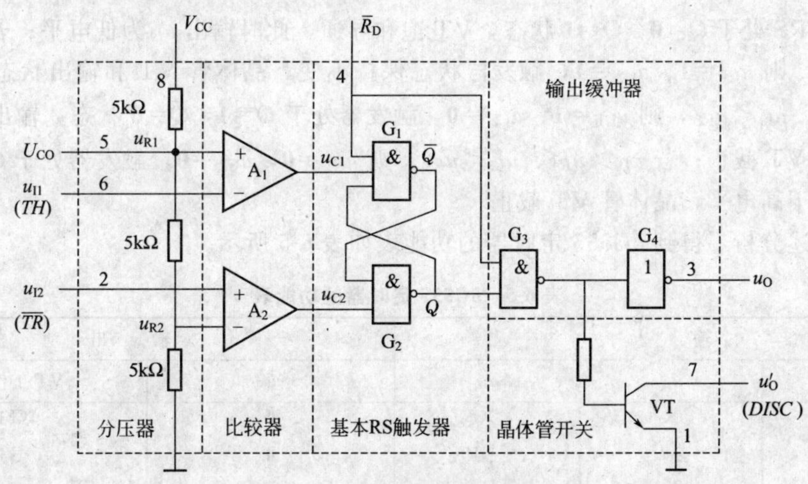

图 6-36　5G555 定时器的电路结构

（1）分压器　555 定时器因由 3 个 5kΩ 电阻串联组成而得名，3 个 5kΩ 电阻将电源电压 V_{CC}分为三等份，为比较器 A_1、A_2 提供参考电压 u_{R1} 和 u_{R2}。

当控制电压输入端 U_{CO}悬空时：

$$u_{R1}=\frac{2}{3}V_{CC} \tag{6-22}$$

$$u_{R2}=\frac{1}{3}V_{CC} \tag{6-23}$$

当控制电压输入端 U_{CO} 外接固定电压时：

$$u_{R1}=U_{CO} \tag{6-24}$$

$$u_{R2}=\frac{1}{2}U_{CO} \tag{6-25}$$

由此可见，比较器的参考电压 u_{R1} 和 u_{R2} 的大小可以通过对控制电压输入端 U_{CO} 的使用与否来改变。一般情况下，控制电压输入端 U_{CO} 不使用时，都通过一个 0.01μF 的电容接地，以旁路高频干扰。

(2) 比较器　两个电压比较器 A_1、A_2 组成比较器部分。u_{I1} 为电压比较器 A_1 的输入端，也称为定时器的阈值端，用 TH 标注；u_{I2} 为电压比较器 A_2 的输入端，也称为定时器的触发端，用 $\overline{TR}$ 标注。

对于电压比较器来说，当 $u_+>u_-$ 时，输出为高电平；当 $u_+<u_-$ 时，输出为低电平。因为理想集成运放 $i_+>i_-=0$ 的特点，所以比较器基本上不索取电流，即输入电阻 $R_i=\infty$。

(3) 基本 RS 触发器　由两个与非门组成，$\overline{R}_D$ 为置零端，定时器正常工作时 $\overline{R}_D$ 接高电平。

(4) 晶体管开关　晶体管 VT 集电极开路放电，具有开关功能。

(5) 输出缓冲器　由 G_3、G_4 构成，其作用是提高定时器的带负载能力和隔离负载对定时器的影响。

图 6-36 中的数码 1～8 为定时器的端子编号。

2. 555 定时器的工作原理

$\overline{R}_D=\mathbf{0}$ 时，G_3 输出为高电平，所以定时器输出 $u_O=0$，晶体管 VT 饱和导通。$\overline{R}_D=\mathbf{1}$，即定时器正常工作时：若 $u_{I1}>u_{R1}$、$u_{I2}>u_{R2}$，则比较器 A_1 输出 $u_{C1}=\mathbf{0}$，A_2 输出 $u_{C2}=\mathbf{1}$，基本触发器 RS 处于 $Q=\mathbf{0}$，$\overline{Q}=\mathbf{1}$ 状态，VT 饱和导通，此时输出 u_O 为低电平；若 $u_{I1}<u_{R1}$、则 $u_{I2}>u_{R2}$，则 $u_{C1}=\mathbf{1}$、$u_{C2}=\mathbf{1}$，触发器状态保持不变，晶体管 VT 和输出状态保持不变；若 $u_{I1}<u_{R1}$、$u_{I2}<u_{R2}$，则 $u_{C1}=\mathbf{1}$、$u_{C2}=\mathbf{0}$，触发器处于 $Q=\mathbf{1}$，$\overline{Q}=\mathbf{0}$ 状态，输出 u_O 为高电平，晶体管 VT 截止；若 $u_{I1}>u_{R1}$、$u_{I2}<u_{R2}$，则 $u_{C1}=\mathbf{0}$，$u_{C2}=\mathbf{0}$，触发器处于 $Q=\overline{Q}=\mathbf{1}$ 状态，输出处于高电平，晶体管 VT 截止。

通过上述分析，得到 5G555 定时器的功能表如表 6-5 所示。

表 6-5　5G555 定时器的功能表

输　入			输　出	
$\overline{R}_D$	u_{I1}	u_{I2}	u_O	VT 工作状态
0	×	×	**0**	导通
1	$>\frac{2}{3}V_{CC}$	$>\frac{1}{3}V_{CC}$	**0**	导通
1	$<\frac{2}{3}V_{CC}$	$>\frac{1}{3}V_{CC}$	保持原状态不变	保持原状态不变
1	$<\frac{2}{3}V_{CC}$	$<\frac{1}{3}V_{CC}$	**1**	截止
1	$>\frac{2}{3}V_{CC}$	$<\frac{1}{3}V_{CC}$	**1**	截止

如果将 u_O' 端经电阻接到电源上，而且这个电阻的阻值足够大，那么就会有 $u_O'=u_O$。5G555 定时器端子排列图如图 6-37 所示。

6.5.2　555 定时器的应用

只要在 555 定时器外部配上适当的阻容元件就可以方便地构成施密特触发器、单稳态触发器以及多谐振荡器。

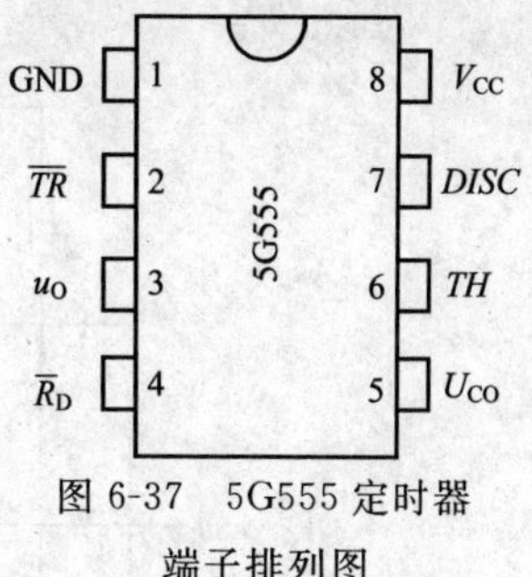

图 6-37　5G555 定时器端子排列图

1. 用 555 定时器构成施密特触发器

将 555 定时器的两个输入端 u_{I1}、u_{I2} 连在一起，作为信号输入端 u_I，即可构成施密特触发器，电路如图 6-38 所示。控制电压输入端 U_{CO} 不使用，通过一个 $C=0.01\mu F$ 的电容接地。

（1）u_I 由低至高的变化过程　$u_I<\frac{1}{3}V_{CC}$ 时，$u_{C1}=\mathbf{1}$，$u_{C2}=\mathbf{0}$，$Q=\mathbf{1}$，输出高电平，即 $u_O=V_{OH}$。$\frac{1}{3}V_{CC}<u_I<\frac{2}{3}V_{CC}$ 时，$u_{C1}=\mathbf{1}$，$u_{C2}=\mathbf{1}$，输出保持高电平不变，即 $u_O=V_{OH}$。$u_I>\frac{2}{3}V_{CC}$ 以后，$u_{C1}=\mathbf{0}$，$u_{C2}=\mathbf{1}$，$Q=\mathbf{0}$，输出低电平，即 $u_O=V_{OL}$。显然，$U_{T+}=\frac{2}{3}V_{CC}$。

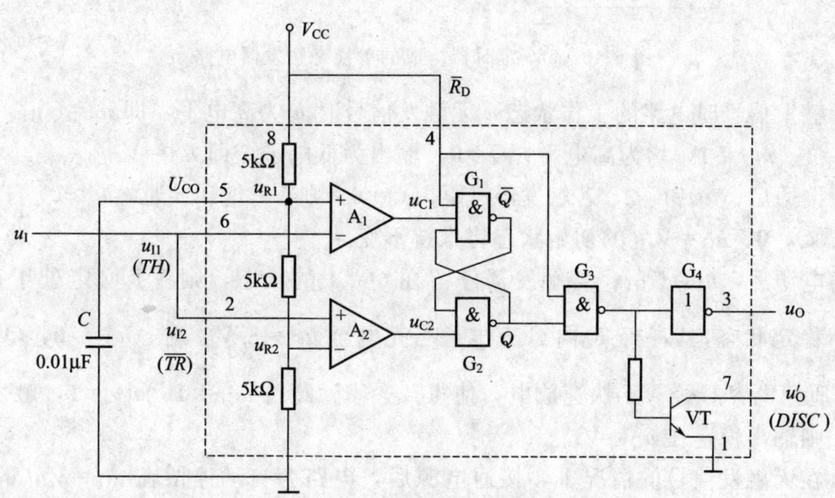

图 6-38　用 555 定时器构成的施密特触发器电路

（2）u_I 由高于 $\frac{2}{3}V_{CC}$ 开始下降的变化过程　$\frac{1}{3}V_{CC}<u_I<\frac{2}{3}V_{CC}$ 时，$u_{C1}=\mathbf{1}$，$u_{C2}=\mathbf{1}$，输出保持低电平不变，即 $u_O=V_{OL}$。$u_I<\frac{1}{3}V_{CC}$ 以后，$u_{C1}=\mathbf{1}$，$u_{C2}=\mathbf{0}$，$Q=\mathbf{1}$，输出高电平，即 $u_O=V_{OH}$。显然，$U_{T-}=\frac{1}{3}V_{CC}$。

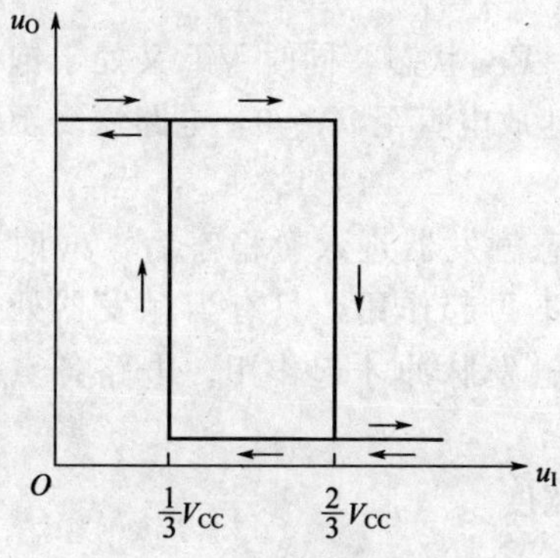

图 6-39　图 6-38 所示电路的电压传输特性

由此得到电路的回差电压 $\Delta U_T=U_{T+}-U_{T-}=\frac{1}{3}V_{CC}$。

于是可得电路的电压传输特性如图 6-39 所示，为典型的反相输出施密特触发特性。

2. 用 555 定时器构成单稳态触发器

将 555 定时器的 u_{I2} 端作为触发信号的输入端，u_{I1} 端与放电端 u_O' 相连后接定时元件 RC，于是构成单稳态触发器，电路如图 6-40 所示。

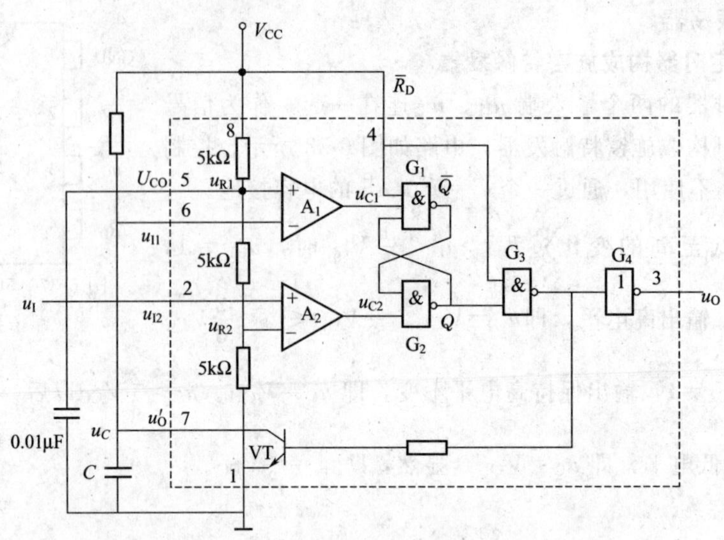

图 6-40　555 定时器构成的单稳态触发器电路

(1) 无触发信号时电路的工作状态　无触发信号时 u_I 为高电平，即 $u_I=U_{IH}$，电路处于稳态，$u_{C1}=\mathbf{1}$、$u_{C2}=\mathbf{1}$，均为高电平，$Q=\mathbf{0}$，输出为低电平，即 $u_O=V_{OL}$。

当电源接通后，$u_I=U_{IH}$，若触发器停留在 $Q=\mathbf{0}$，则 VT 饱和导通，$u_C\approx 0$，于是，$u_{C1}=\mathbf{1}$、$u_{C2}=\mathbf{1}$、$Q=\mathbf{0}$、$u_O=V_{OL}$ 的初始状态将维持不变。

当接通电源后，$u_I=U_{IH}$，若触发器停留在 $Q=\mathbf{1}$ 的状态，则 VT 必定处于截止状态，此状态是不稳定状态，V_{CC} 经 R 向 C 充电，当充电至 $u_C=\frac{2}{3}V_{CC}$ 时，$u_{C1}=\mathbf{0}$，$Q=\mathbf{0}$。此时 VT 饱和导通，电容 C 经 VT 快速放电，使得 $u_C\approx 0$。此后 $u_{C1}=\mathbf{1}$、$u_{C2}=\mathbf{1}$，触发器保持 **0** 状态不变，则输出稳定在 $u_O=V_{OL}$。

所以，在无触发信号的情况下，接通电源后，电路会自动停留在 $u_O=V_{OL}$ 的状态，这是单稳态触发器的稳定状态。

(2) 触发信号到来时电路的工作状态　当触发下降沿到达时，使 $u_{C2}=\mathbf{0}$，而此时 $u_{C1}=\mathbf{1}$，所以触发器 $Q=\mathbf{1}$，输出 u_O 跳变至高电平，即 $u_O=V_{OH}$，电路进入暂稳态。同时，VT 截止，V_{CC} 经 R 向 C 充电。

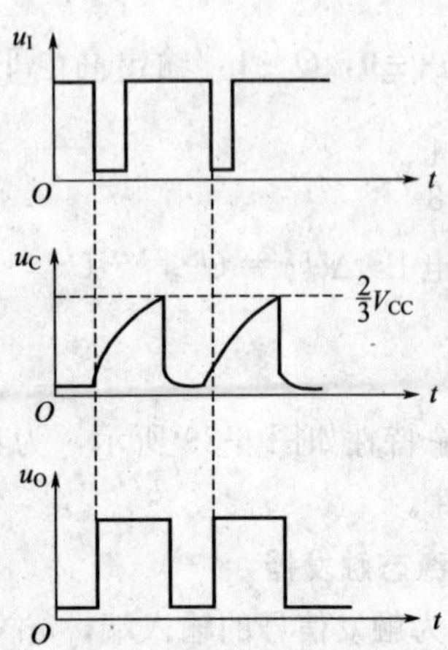

图 6-41　图 6-40 所示电路各点电压波形

当充电至 $u_C=\frac{2}{3}V_{CC}$ 时，$u_{C1}=\mathbf{0}$，此时若无触发脉冲，触发器被置 **0**，输出返回至 $u_O=V_{OL}$ 状态，同时 VT 又处于饱和导通状态，电容 C 经 VT 快速放电直至 $u_C\approx 0$，电路恢复至稳定状态。

当一个触发脉冲使单稳态触发器进入暂稳态后，t_W 时间内其他的触发脉冲对触发器不再起作用，只有当触发器处于稳定状态的情况下，输入的触发脉冲才起作用。电路各点电压波形如图 6-41 所示。

在此电路中，输出脉冲宽度

$$t_W=RC\ln\frac{V_{CC}-0}{V_{CC}-\frac{2}{3}V_{CC}}=1.1RC \tag{6-26}$$

由式(6-26) 可以看出，改变 R、C 即可改变输出脉冲宽度。

3. 用 555 定时器构成多谐振荡器

施密特触发器可以构成多谐振荡器，只要将 555 定时器的两个输入端连在一起，先构成施密特触发器，然后再将 u'_O 经积分电路接至输入端即可构成多谐振荡器，电路如图 6-42 所示。

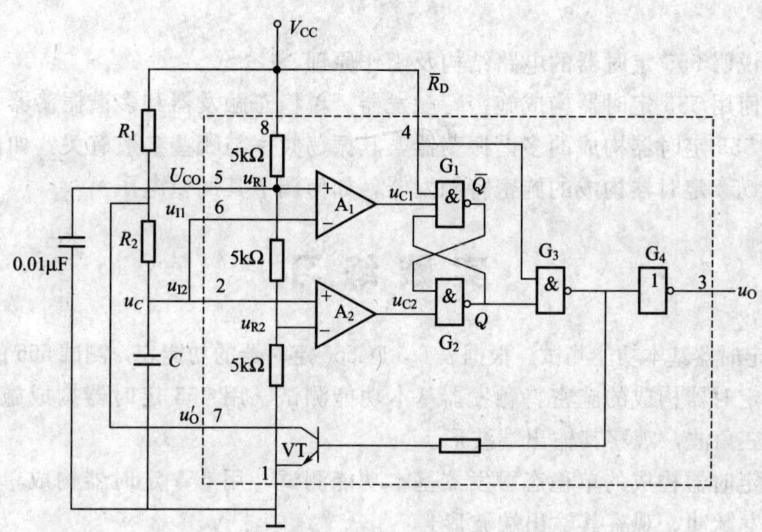

图 6-42　555 定时器构成的多谐振荡器电路

接通电源后，设电容初始电压 $u_C=0$，于是 $u_{I1}=u_{I2}=0<\frac{1}{3}V_{CC}$，$u_O=\mathbf{1}$，VT 截止。同时电源通过电阻 R_1、R_2 向电容 C 充电。

当电容电压 u_C 上升至 $\frac{2}{3}V_{CC}$ 后，因为 $u_{I1}=u_{I2}=u_C>\frac{2}{3}V_{CC}$，所以输出 $u_O=\mathbf{0}$，同时 VT 饱和导通，电容 C 经电阻 R_2 放电，当电容电压 u_C 下降至 $\frac{1}{3}V_{CC}$ 以后，电路输出 $u_O=\mathbf{1}$。根据分析得知，电容上的电压 u_C 将在 $U_{T+}=\frac{2}{3}V_{CC}$ 与 $U_{T-}=\frac{1}{3}V_{CC}$ 之间往复振荡，即电路可形成自励振荡，输出矩形波。电路工作电压波形如图 6-43 所示。

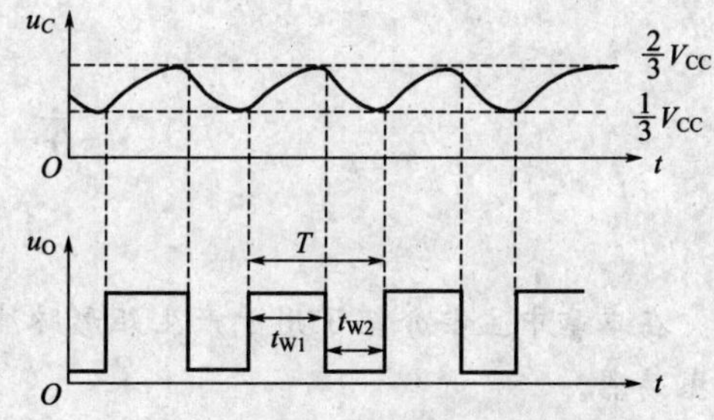

图 6-43　图 6-42 所示电路工作电压波形

电容 C 的充电时间，即输出脉冲宽度为

$$t_{W1}=(R_1+R_2)C\ln\frac{V_{CC}-U_{T-}}{V_{CC}-U_{T+}}=(R_1+R_2)C\ln 2 \tag{6-27}$$

电容 C 的放电时间为

$$t_{W2}=R_2C\ln\frac{0-U_{T+}}{U_{T-}}=R_2C\ln 2 \tag{6-28}$$

该多谐振荡器的振荡周期为

$$T=t_{W1}+t_{W2}=(R_1+2R_2)C\ln 2=0.7(R_1+2R_2)C \tag{6-29}$$

振荡频率为

$$f=\frac{1}{T}=\frac{1}{(R_1+2R_2)C\ln 2}\approx\frac{1.43}{(R_1+2R_2)C} \tag{6-30}$$

输出脉冲的占空比（输出脉冲宽度与振荡周期之比）为

$$q=\frac{t_{W1}}{T}=\frac{R_1+R_2}{R_1+2R_2} \tag{6-31}$$

【思考题】

6-5-1　试说明555定时器的电路结构及工作原理。

6-5-2　如何用555定时器构成施密特触发器、单稳态触发器和多谐振荡器？

6-5-3　由555定时器构成的多谐振荡器，其振荡频率与哪些参数有关？如何调节？

6-5-4　由555定时器构成的施密特触发器，如何调节其回差电压？

实践练习

6-1　555定时器基本功能测试。根据表6-5 5G555定时器的功能表，测试555的基本功能。

6-2　555定时器构成的施密特触发器基本功能测试。用555定时器构成施密特触发器，加入正弦波或三角波，观察其输出端波形。

6-3　555定时器构成的单稳态触发器基本功能测试。用555定时器构成单稳态触发器，在输入端加触发脉冲，观察其输出端波形。

6-4　用555定时器构成的多谐振荡器基本功能测试。用555定时器构成多谐振荡器，观察其输出端波形，计算振荡周期。

本章小结

在本章中主要介绍了用于产生矩形脉冲的各种电路，其中包括脉冲整形电路和自励的脉冲振荡器。

1. 施密特触发器

施密特触发器是一种具有电平触发功能的双稳态电路，能够把输入波形整形为适合于数字电路的矩形脉冲，其输出端的高、低电平随输入信号的电平改变，输出脉冲的宽度由输入信号决定。其电压传输特性具有滞回特性，利用这种特性能够实现对脉冲信号的整形、幅值鉴别等，使输出电压波形的边沿得到明显改善，抗干扰能力增强。同时，由施密特触发器可构成多谐振荡器，作为信号源使用。

2. 单稳态触发器

单稳态触发器有一个稳态和一个暂稳态，是一种常见的脉冲整形电路。无输入触发脉冲时，单稳态触发器处于稳定状态；有输入触发脉冲时，单稳态触发器即翻转至暂稳态，经过一段时间后自动返回至稳态。可实现脉冲整形、定时、延时等功能。

3. 多谐振荡器

多谐振荡器是一种自励振荡器，只有两个暂稳态而无稳态，电路不需要外加输入信号即可自动产生矩形脉冲。多谐振荡器种类很多，可分为对称式多谐振荡器、非对称式多谐振荡器、石英晶体多谐振荡器等。

4. 555 定时器

555 定时器是一种多用途的数字-模拟混合的单片中规模集成电路，其使用灵活、方便，外接元件少。在 555 定时器外部配上适当阻容元件即可以方便地组成施密特触发器、单稳态触发器和多谐振荡器，还可以接成各种应用电路，因此 555 定时器被广泛应用于波形的产生与变换、控制与测量、家用电器以及电子玩具中。

习　题　6

6-1　用 555 定时器构成的多谐振荡器连接示意图如图 6-44 所示。其中 $V_{CC}=15V$，$R_1=R_2=5k\Omega$，$C_1=C=0.01\mu F$。试求振荡频率 f。

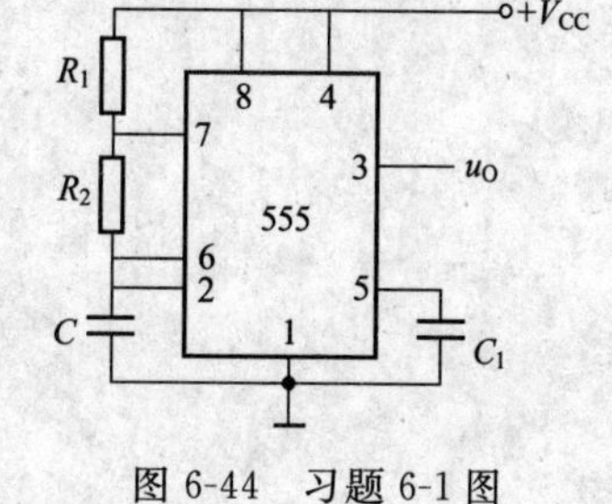

图 6-44　习题 6-1 图

6-2　555 定时器构成的施密特触发器连接示意图如图6-45(a) 所示，当输入信号为三角波或正弦波时，如图 6-45(b) 所示，试画出输出电压波形，并计算回差电压。

6-3　如图 6-46 所示电路为一简易触摸开关电路，当手摸金属片时，发光二极管亮；经过一定时间后，发光二极管灭。试说明电路工作原理，并求发光二极管能亮多长时间。

6-4　TTL 门电路构成的 RC 环形多谐振荡电路如图 6-31 所示，已知：$R=200k\Omega$，$R_S=30\Omega$，$C=0.04\mu F$。试求其振荡周期及振荡频率。

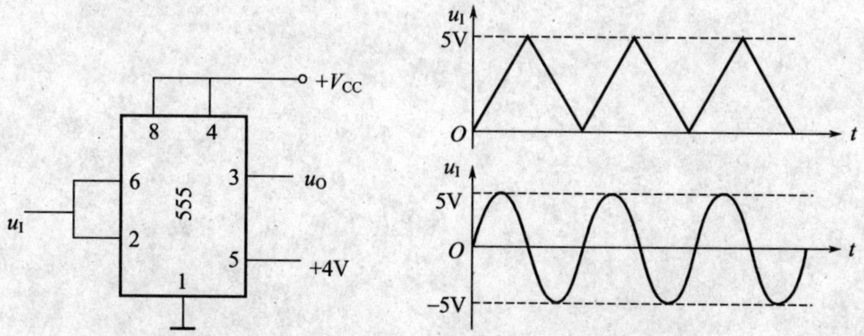

(a) 连接示意图　　(b) 输入信号波形

图 6-45　习题 6-2 图

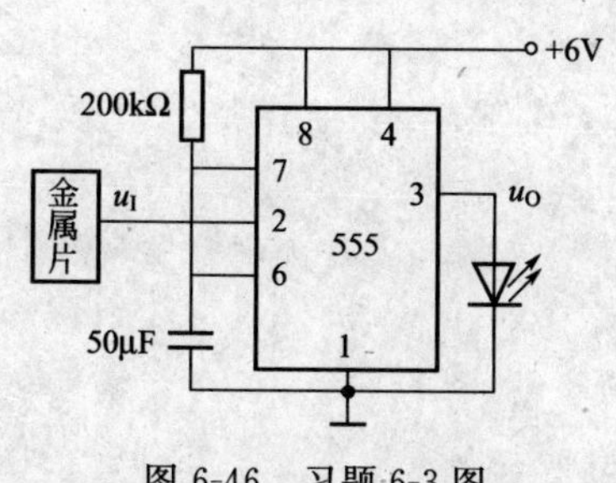

图 6-46　习题 6-3 图

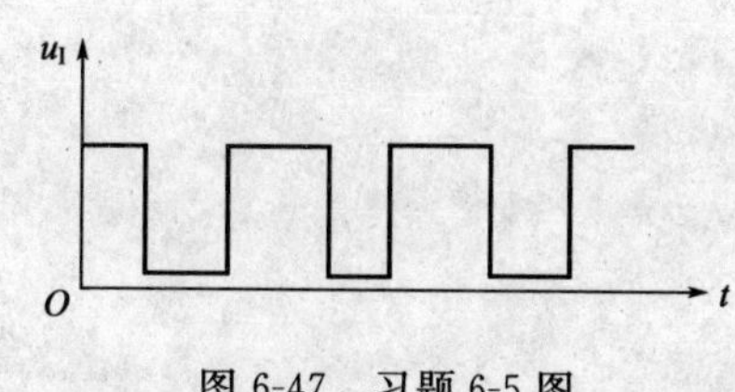

图 6-47　习题 6-5 图

6-5　TTL 微分型单稳态触发器电路如图 6-13 所示。试求输出脉冲宽度，并根据如图 6-47所示输入波形画出输出电压波形。

6-6　在如图 6-3 所示的施密特触发器中，已知：$R_1=10\text{k}\Omega$，$R_2=30\text{k}\Omega$，$u_I=15\text{V}$，G_1、G_2 为 CMOS 反相器。试求电路的回差电压，并根据如图 6-48 所示输入信号画出输出信号波形。

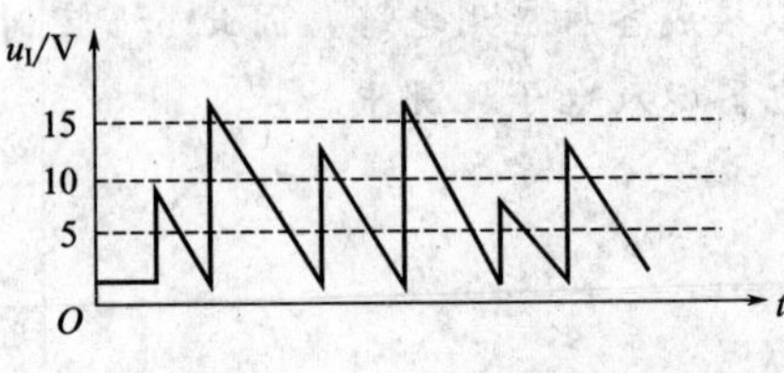

图 6-48　习题 6-6 图

第 7 章　数/模和模/数转换

【内容提要】

在数字化时代，微处理器和微型计算机的广泛使用，极大地推动了数/模（D/A）转换和模数（A/D）转换技术的发展，目前 D/A 转换器和 A/D 转换器的种类繁多。

本章将系统介绍 D/A 转换和 A/D 转换的基本原理，在此基础上介绍几种常见的典型转换电路的结构和工作原理，介绍 D/A 转换器和 A/D 转换器的主要技术指标，还简单介绍集成 A/D 转换器和 D/A 转换器的应用。

7.1　概　　述

随着计算机和数字电子技术的飞速发展，数字信号因抗干扰能力强、存储处理方便等优势，使数字系统在通信、自动控制等多种领域得到广泛应用。

自然界中的物理量大多为连续变化的模拟量，如人们所熟知的温度、压力、速度、流量等，这一类信号经传感器转换为相应的电信号——电压或电流信号，它们同样也为连续变化的模拟量。模拟信号不能直接送入计算机或数字电路进行运算和处理，而必须转换为能够被计算机或数字电路所识别的数字信号，这就是模拟信号转为数字信号的过程，把这一转换称为模/数（Analog to Digital，A/D）转换，实现 A/D 转换的电路则称为 A/D 转换器（Analog-Digital Converter，ADC）。而经过计算机或数字电路处理后输出的数字信号，往往还要求将其转换为相应的模拟信号，作为最后的输出，实现对各种过程的控制。这种数字信号转为模拟信号的过程称为数/模转换，简称 D/A（Digital to Analog）转换，实现D/A 转换的电路则称为 D/A 转换器（Digital-Analog Converter，DAC）。

在现实生活、工作中，如电视信号的数字化、图像信号的处理和识别、数字通信和语言信息处理、医疗信息处理、数据传输系统等方面，ADC 和 DAC 作为接口电路是必不可少的。闭环数字控制系统结构框图如图 7-1 所示。

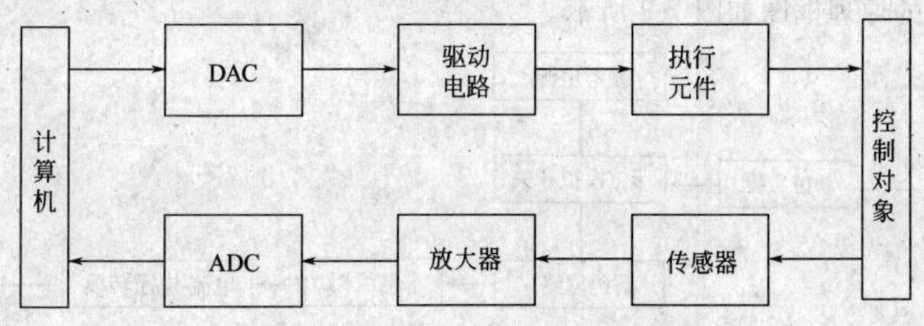

图 7-1　闭环数字控制系统结构框图

ADC和DAC的种类很多。目前常见的DAC有权电阻网络D/A转换器、倒T形电阻网络D/A转换器、权电流型D/A转换器和权电容网络D/A转换器等几种类型；按电子开关电路的不同形式，分为CMOS开关D/A转换器和双极型开关D/A转换器。常见的ADC按其测量原理不同分为直接A/D转换器和间接A/D转换器两大类。在直接A/D转换器中，输入的模拟量直接被转换成为相应的数字信号，而不经过中间量，常用的此类转换器有并列比较型和反馈比较型；间接A/D转换器则需先将输入的模拟信号转换为某种中间量（如时间、频率等），然后再转换为相应的数字信号输出，常用的有电压-时间变换型（V-T型）和电压-频率变换型（V-f型）。

另外，DAC按照数字量的输入方式分，还有并行输入和串行输入两种类型；ADC按照数字量的输出方式分，也有并行输出和串行输出两种类型。

A/D转换器和D/A转换器必须有足够的转换精度，才能保证数据处理结果的准确性。同时，它们也必须有足够快的转换速度，才能适应快速过程的控制和检测需要。因此转换精度和转换速度是衡量A/D转换器和D/A转换器性能好坏的重要指标。

7.2 数/模转换器

7.2.1 D/A转换的基本原理

DAC输入和输出的关系框图如图7-2所示。其中输入 $d_{n-1}d_{n-2}\cdots d_1d_0$ 为 n 位二进制数，u_O/i_O 是与输入的 n 位二进制数成正比的输出电压或电流。

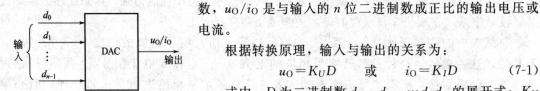

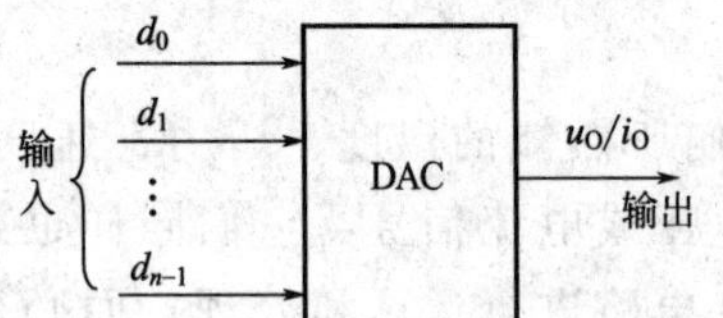

图7-2 输入和输出的关系框图

根据转换原理，输入与输出的关系为：

$$u_O = K_U D \quad 或 \quad i_O = K_I D \tag{7-1}$$

式中，D 为二进制数 $d_{n-1}d_{n-2}\cdots d_1d_0$ 的展开式；K_U 和 K_I 为转换比例系数。

根据1.2节的介绍可知：任何二进制数 $d_{n-1}d_{n-2}\cdots d_1d_0$ 都可以按权展开为

$$D = d_{n-1}2^{n-1} + d_{n-2}2^{n-2} + \cdots + d_1 2^1 + d_0 2^0 \tag{7-2}$$

于是模拟量输出

$$u_O = K_U(d_{n-1}2^{n-1} + d_{n-2}2^{n-2} + \cdots + d_1 2^1 + d_0 2^0) \tag{7-3}$$

或

$$i_O = K_I(d_{n-1}2^{n-1} + d_{n-2}2^{n-2} + \cdots + d_1 2^1 + d_0 2^0) \tag{7-4}$$

显然，DAC把输入的二进制信息转换为与之成正比的模拟量（电压或电流等）的基本原理就是对电流求和，而并联电阻电路的总电流等于各支路的电流之和。

D/A转换的原理框图如图7-3所示。

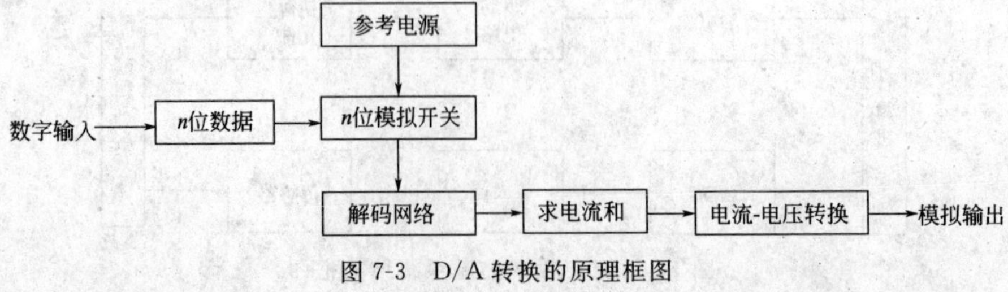

图7-3 D/A转换的原理框图

7.2.2　典型 D/A 转换电路

1. 权电阻网络 D/A 转换器

（1）电路组成　4 位权电阻网络 D/A 转换器如图 7-4 所示。它主要由权电阻网络、4 个模拟开关 $S_0 \sim S_3$ 和反相求和运算放大器构成。

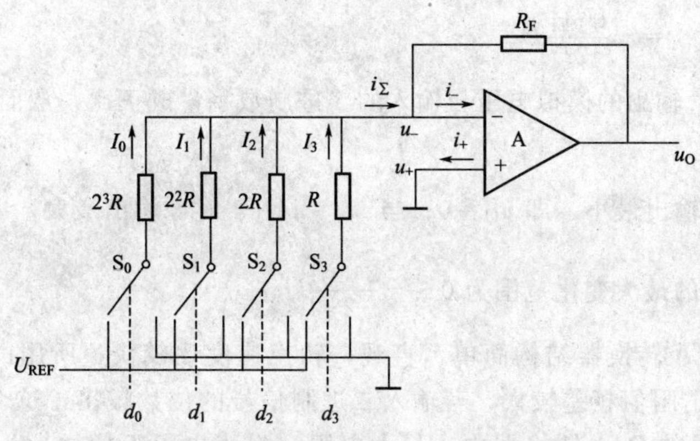

图 7-4　4 位权电阻网络 D/A 转换器

所谓 4 位权电阻，是指电阻按二进制的位权大小取值，最低位对应的电阻值最大，为 2^3R，依次递减，最高位的电阻值最小，为 2^0R，即 R。

$S_0 \sim S_3$ 为 4 个电子开关，其状态分别受输入二进制代码 $d_0 \sim d_3$ 的取值控制。当 $d_i=\mathbf{1}$ 时，S_i 接到参考电压 U_{REF} 上，此时支路有电流流向运算放大器；当 $d_i=\mathbf{0}$ 时，S_i 接地，支路电流为零。

反相求和放大器中的运算放大器 A 可以看作为理想运算放大器，其特点是开环放大倍数 A 为无穷大，输入电流 $i_+=i_-=0$，同相输入端电位与反相输入端电位相等，即 $u_+=u_-$。

（2）工作原理　在图 7-4 所示电路中，因为 $u_+=0$，所以根据理想运放的特点，可以得到

$$\begin{aligned} u_O &= -R_F i_\Sigma \\ &= -R_F(I_0+I_1+I_2+I_3) \end{aligned} \tag{7-5}$$

若 $d_3d_2d_1d_0=\mathbf{1111}$，则各支路电流分别为：

$$\begin{aligned} I_0 &= \frac{U_{REF}}{2^3R}d_0 \\ I_1 &= \frac{U_{REF}}{2^2R}d_1 \\ I_2 &= \frac{U_{REF}}{2^1R}d_2 \\ I_3 &= \frac{U_{REF}}{2^0R}d_3 \end{aligned} \tag{7-6}$$

将式(7-6) 代入式(7-5) 可得

$$u_O=-i_\Sigma R_F=-\frac{R_F U_{REF}}{2^3R}(2^3d_3+2^2d_2+2^1d_1+2^0d_0) \tag{7-7}$$

若取 $R_F=R/2$，则有：

$$u_O=-\frac{U_{REF}}{2^4}(2^3d_3+2^2d_2+2^1d_1+2^0d_0) \tag{7-8}$$

如果 D/A 转换器的权电阻网络为 n 位，则对应的输出电压的计算公式为：

$$\begin{aligned}u_O&=-\frac{U_{REF}}{2^n}(2^{n-1}d_{n-1}+2^{n-2}d_{n-2}+\cdots+2^1d_1+2^0d_0)\\&=-\frac{U_{REF}}{2^n}D_n\end{aligned} \tag{7-9}$$

式(7-9)说明：输出的模拟电压与输入的二进制数字量成正比，从而实现了数字量到模拟量的转换。

当 $D_n=\mathbf{0}$ 时，输出最小，即 $u_O=0$；当 $D_n=11\cdots1$ 时，输出最大，即 $-\frac{2^n-1}{2^n}U_{REF}$，因此该 DAC 输出 u_O 的最大变化范围为 $0\sim-\frac{2^n-1}{2^n}U_{REF}$。

权电阻网络 D/A 转换器结构简单、直观，转换速度比较快，所用的电阻元件数很少；其缺点是各个电阻的阻值相差较大，若输入二进制信号的位数较多，这个问题就更加突出，例如，8 位输入信号的 D/A 转换器中，最大电阻和最小电阻阻值之比为 $2^7:2^0=128:1$。在极广的范围内要保证每个电阻都有很高的精度非常之困难，而且对集成电路的制作更加不利。

(3) 双级权电阻网络 D/A 转换器　为了避免权电阻网络 D/A 转换器存在的问题，在输入数字量的位数较多时，可以采用如图 7-5 所示的双级权电阻网络。

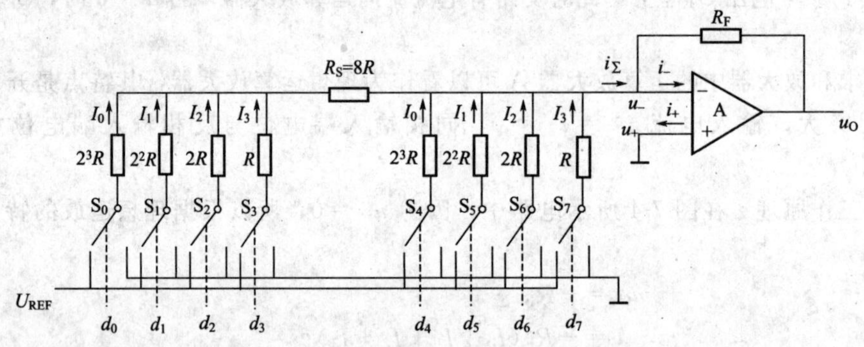

图 7-5　双级权电阻网络 D/A 转换器

在图 7-5 所示电路中，每级仍只有 4 个电阻，且阻值比还为 1：2：4：8，当 $R_S=8R$ 时，输出电压为：

$$\begin{aligned}u_O&=-\frac{U_{REF}}{2^8}(2^7d_7+2^6d_6+\cdots+2^1d_1+2^0d_0)\\&=-\frac{U_{REF}}{2^8}D_n\end{aligned} \tag{7-10}$$

2. 倒 T 形电阻网络 D/A 转换器

图 7-5 所示的双级权电阻网络 D/A 转换器的最大电阻和最小电阻阻值之比还为 8：1，仍然有一个较大的差距，所以说它只是在一定程度上对权电阻网络 D/A 转换器的缺点有所改善，并没有从根本上解决问题。

如图 7-6 所示的倒 T 形电阻网络 D/A 转换器克服了权电阻网络 D/A 转换器中电阻阻值

相差太大的缺点。在此电路中电阻只有两种取值，即 R 和 $2R$，这为集成电路的设计和制作提供了方便。它主要由模拟开关 $S_0 \sim S_3$、R-2R 倒 T 形电阻网络、反相求和运算放大器构成。

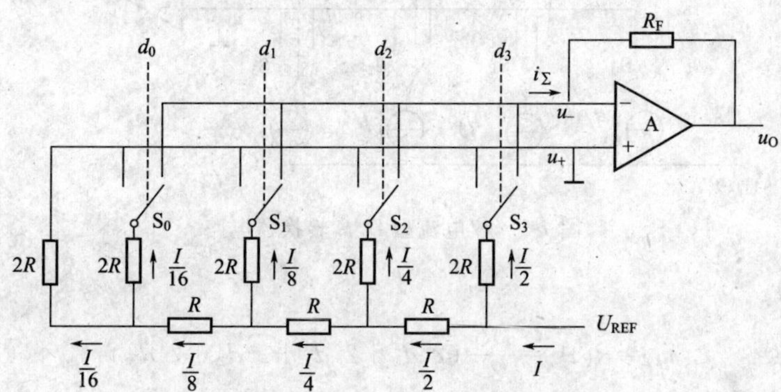

图 7-6　倒 T 形电阻网络 D/A 转换器

在倒 T 形电阻网络中，当 $d_i = \mathbf{0}$ 时，模拟开关 S_i 接地；当 $d_i = \mathbf{1}$ 时，S_i 接至放大器的反相输入端，此时流向放大器的电流为

$$i_\Sigma = \frac{I}{2}d_3 + \frac{I}{4}d_2 + \frac{I}{8}d_1 + \frac{I}{16}d_0 \tag{7-11}$$

当求和放大器的反馈电阻 $R_F = R$ 时，输出电压

$$u_O = -i_\Sigma R_F = -\frac{U_{REF}}{2^4}(2^3 d_3 + 2^2 d_2 + 2^1 d_1 + 2^0 d_0) \tag{7-12}$$

对于 n 位输入的倒 T 形电阻网络 D/A 转换器，在放大器的反馈电阻 $R_F = R$ 时，输出电压的计算公式为

$$\begin{aligned} u_O &= -\frac{U_{REF}}{2^n}(2^{n-1}d_{n-1} + 2^{n-2}d_{n-2} + \cdots + 2^1 d_1 + 2^0 d_0) \\ &= -\frac{U_{REF}}{2^n}D_n \end{aligned} \tag{7-13}$$

由式(7-13) 可知，输出的模拟电压与输入的数字量成正比。式(7-13) 和权电阻网络 D/A 转换器输出电压公式——式(7-9) 具有相同的形式。

3. 权电流型 D/A 转换器

在权电阻网络 D/A 转换器和倒 T 形电阻网络 D/A 转换器的电路分析中，没有考虑模拟开关的导通电阻和导通压降而直接将其作为理想开关处理。而实际上，这些模拟开关总有一定的导通电阻和导通压降存在，它们将引起转换误差，影响 D/A 转换器的转换精度。

如果能使每条支路的电流都不受开关内阻和压降影响而保持恒定的话，就可以降低对开关的要求。

解决这一问题的方法之一就是采用权电流型 D/A 转换器，即用恒流源实现的 D/A 转换器，电路如图 7-7 所示。

当输入数字量的某位 $d_i = \mathbf{1}$ 时，对应开关 S_i 将恒流源接至运算放大器的反相输入端；当 $d_i = \mathbf{0}$ 时，对应开关 S_i 接地，则电流 i_Σ 为：

$$i_\Sigma = \frac{I}{2}d_3 + \frac{I}{2^2}d_2 + \frac{I}{2^3}d_1 + \frac{I}{2^4}d_0 \tag{7-14}$$

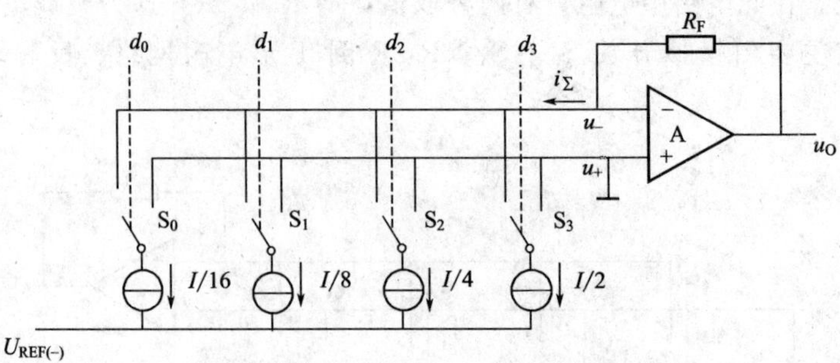

图 7-7　权电流型 D/A 转换器电路

输出电压为：

$$u_O = R_F i_\Sigma = \frac{IR_F}{2^4}(2^0 d_0 + 2^1 d_1 + 2^2 d_2 + 2^3 d_3) \tag{7-15}$$

由式(7-15) 可见，u_O 正比于输入的数字量。

从以上分析可知，在权电流型 D/A 转换器中有一组恒流源，每个恒流源电流的大小依次为前一个的 1/2，这和输入二进制数对应位的权成正比。

7.2.3　D/A 转换器的主要技术指标

1. 转换精度

D/A 转换器的转换精度是衡量 D/A 转换器性能的主要技术指标之一，它包括两个方面：分辨率和转换误差。

(1) 分辨率　分辨率主要反映 D/A 转换器对输入微小数字量的敏感程度，即 D/A 转换器最小输出电压与最大输出电压之间可以分成多少个数，输出模拟量可分离数越多，位数越多，则分辨率越高。

分辨率由最小输出电压与最大输出电压之间的比值表示，对于 n 位 D/A 转换器，其分辨率公式如下：

$$\text{分辨率} = \frac{U_{LSB}}{U_{FSR}} = \frac{1}{2^n - 1} \tag{7-16}$$

式中，U_{LSB}为最小输出电压，是指对应的输入数字量最低有效位（LSB）为 **1**，而其余各位均为 **0** 时的输出电压；U_{FSR}为最大输出电压，是指对应的输入数字量所有位全为 **1** 的满刻度（FSR）输出电压。

例如，$n=8$ 的 D/A 转换器的分辨率为：

$$\frac{1}{2^8-1} \approx 0.004$$

其含义是如果输出模拟量的满刻度电压为 1V，则 8 位 D/A 转换器能分辨的最小电压为 0.004V。

$n=16$ 的 D/A 转换器的分辨率为：

$$\frac{1}{2^{16}-1} \approx 0.000016$$

其含义是如果输出模拟量的满刻度电压为 1V，则 16 位 D/A 转换器能分辨的最小电压为 0.000016V。

由此可见，n 值越大，能分辨的最小输出模拟电压就越小，即转换时对输入量的微小变化的反应也就越灵敏。

(2) 转换误差　由于 D/A 转换器的输出与电阻网络、模拟开关、参考电源、运算放大器等很多环节有关，而这些环节在性能和参数上与理论值之间存在着差异，这就造成了输出模拟信号电压存在误差。

转换误差通常用输出电压满刻度 FSR 的百分数表示，也可以用最低有效位的倍数表示，例如，转换误差$\frac{1}{2}$LSB 表示输出模拟电压的绝对误差等于输入数字量为 **00…01** 时输出模拟电压的一半。

这种由各种因素引起的误差称为转换误差，它是一个综合性误差，它直接影响 D/A 转换实际所能达到的转换精度。

造成 D/A 转换误差的原因很多，如参考电压的波动、运算放大器的零点漂移、模拟电子开关的导通电阻和导通压降等。转换误差一般包括如下三项。

① 非线性误差。它是由模拟电子开关的导通压降及倒 T 形电阻网络中电阻值偏差产生的。常用满刻度的百分数来表示。

② 比例系数误差。由参考电压 U_{REF} 偏离标准值而引起的误差即为比例系数误差。比例系数误差和输入数字量的大小成正比。

③ 漂移误差。它是由运算放大器零点漂移产生的，与输入的数字量无关。其大小是指当输入数字量全为 **0** 时，D/A 转换器的输出模拟电压的实际值与理想情况下的理论值的差值。

为了获得高精度的 D/A 转换器，不仅需要选用高分辨率的 D/A 转换器件，还必须有高稳定度的参考电压、低漂移的运算放大器与之配合使用，这样才可能获得较高的转换精度。

2. 转换速度

通常用建立时间 t_S 来描述 D/A 转换器的转换速度。

建立时间 t_S 是指从输入的数字量发生突变开始，到输出的模拟电压达到稳定值要求的范围所需要的时间。它反映了 D/A 转换器的工作速度，转换时间越小，工作速度就越高；数字量的变化量越大，则所需的建立时间越长。

D/A 转换器的转换速度主要取决于运算放大器的数据建立时间、模拟开关的转换速度等因素。目前，在包含运算放大器的单片集成 D/A 转换器中，建立时间最短的可达 1.5μs 以内，而在不包含运算放大器的单片集成 D/A 转换器中，建立时间最短的可达到 0.1μs 内。

7.2.4　集成 D/A 转换器 DAC0832

DAC0832 是采用倒 T 形电阻网络的 8 位 D/A 转换器，芯片采用 CMOS 工艺，其电平与 TTL 系列以及 5V CMOS 系列兼容，且可以直接与 8 位微机接口，是目前单片机控制系统中一种广泛使用的 D/A 转换器。

1. 集成 D/A 转换器 DAC0832 内部结构

DAC0832 内部组成框图如图 7-8 所示。它主要由五部分组成：8 位输入寄存器、8 位 D/A 寄存器、8 位 D/A 转换器、逻辑控制电路以及辅助元件。其中 8 位 D/A 转换器采用了倒 T 形电阻网络结构。

DAC0832 采用电流输出方式，并且没有集成运算放大器，使用时必须外接运算放大器。图 7-8 中各端子名称及功能说明如下。

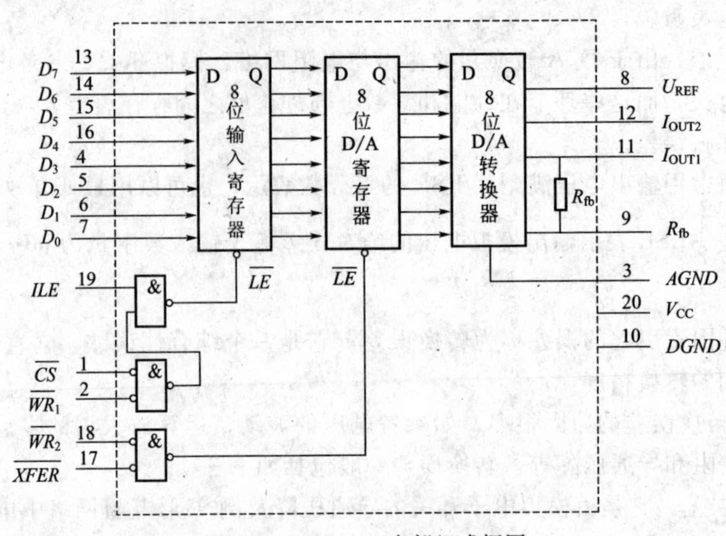

图 7-8 DAC0832 内部组成框图

(1) 控制信号

$\overline{CS}$ (1) 为片选信号，低电平有效。

$\overline{WR_1}$ (2) 为数据输入选通信号，低电平有效。

ILE (19) 为输入允许信号，高电平有效。

电路只有在上述三个控制信号同时有效时，输入数字量才能写入 8 位输入寄存器，并在$\overline{WR_1}$上升沿实现数据锁存。

$\overline{WR_2}$ (18) 为数据传送选通信号，低电平有效。

$\overline{XFER}$ (17) 为数据传送控制信号，低电平有效。

电路只有在$\overline{WR_2}$和$\overline{XFER}$同时有效时，输入寄存器的数字量才能写入到 8 位 D/A 寄存器，并在$\overline{WR_2}$上升沿实现数据锁存。

(2) 输入数字量

D_0～D_7(7～4、16～13) 为 8 位数字量（自然二进制码）输入，D_0 为最低位，D_7 为最高位。

(3) 输出模拟量

I_{OUT1}(11)、I_{OUT2}(12) 分别为 D/A 转换器的输出电流 1 和输出电流 2。

当 D/A 转换器中的数据全为 **1** 时，I_{OUT1} 最大，为满刻度输出；当 D/A 转换器中的数据全为 **0** 时，I_{OUT1} 为 0。I_{OUT2} 为一常数，为满刻度输出电流与 I_{OUT1} 之差，即 $I_{OUT1}+I_{OUT2}$ 为满刻度输出电流。

(4) 电源和地

V_{CC}(20) 为电源电压，取值为＋5～＋15V。

$AGND$(3)、$DGND$(10) 分别为模拟地和数字地。二者通常接在一起。

U_{REF}(8) 为参考电压输入端，取值在－10～＋10V 之间。

(5) 输出电路辅助元件

R_{fb}(9) 为运算放大器反馈电阻接线端。芯片内部已经集成的电阻 R_{fb} 阻值为 15kΩ，可作为外接运算放大器的反馈电阻，所以外接运算放大器获取模拟输出电压时，其反馈电阻可以不用外接。

DAC0832 的端子排列图如图 7-9 所示。

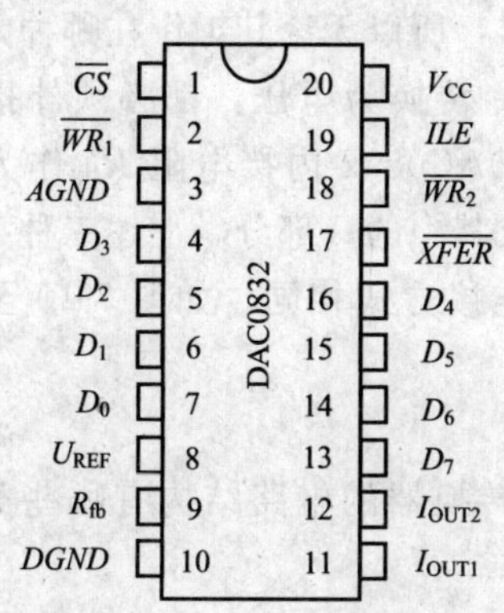

图 7-9　DAC0832 端子排列图

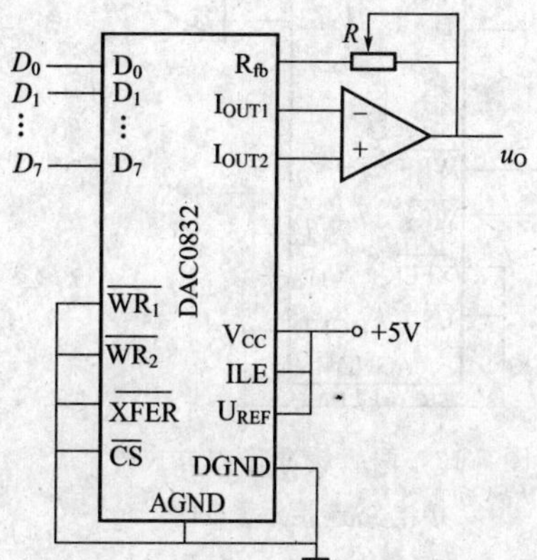

图 7-10　无缓冲输入方式外接电路连接示意图

2. 集成 D/A 转换器 DAC0832 的工作方式

DAC0832 包含两个可以分别控制的寄存器，可以根据需要接成不同的工作方式，在使用时有很大的灵活性。

(1) 无缓冲输入方式　无缓冲输入方式是指内部的两个寄存器都处于常通状态，输入数据不需要任何控制，直接送到 D/A 转换器的输入端。此时两个寄存器的输出随输入的数字量变化而变化，D/A 转换器的输出也随之而变化。因此这种工作方式也称作直通型工作方式，常应用于连续反馈控制系统，作数字增量控制器使用。

无缓冲输入方式外接电路连接示意图如图 7-10 所示。

(2) 单缓冲输入方式　所谓单缓冲输入方式，就是只控制一个寄存器的数据锁存，使其处于选通状态，而另一个寄存器处于常通状态，或者两个寄存器同时选通及锁存。在此工作方式下，输入数据只能在控制信号有效期间通过受控制的寄存器。其外接电路连接示意图如图 7-11 所示。

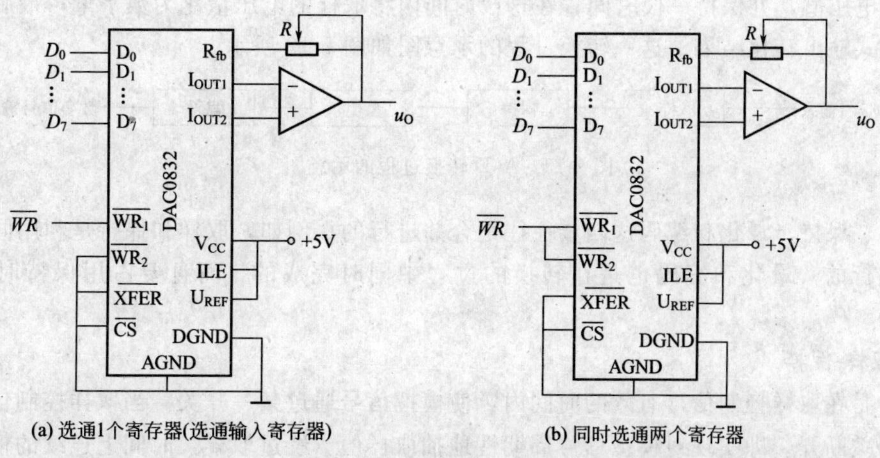

图 7-11　单缓冲输入方式外接电路连接示意图

(3) 两级缓冲输入方式　两级缓冲输入方式是指输入数据受两个锁存器锁存，通过控制信号，先将数据锁存在 8 位输入寄存器中，当 D/A 转换时，再将此数据写入 8 位 D/A 寄存

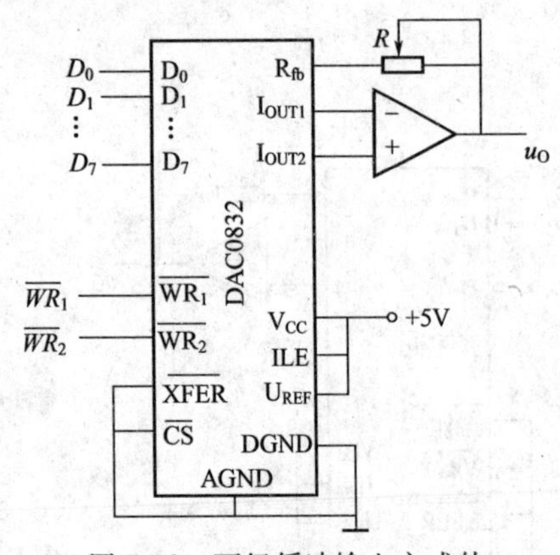

图 7-12　两级缓冲输入方式外接电路连接示意图

器中，并进行 D/A 转换。其外接电路连接示意图如图 7-12 所示。

DAC0832 是权电流（输出）型 D/A 转换器，且内部无运算放大器，所以无论其工作在哪种方式，若要将 I_{OUT1} 和 I_{OUT2} 转换为电压，都必须外接运算放大器，同时利用 DAC0832 内接电阻 R_{fb} 作为运算放大器的反馈电阻或其中的一部分。上述三种工作方式下的输出外电路连接方式相同，如图 7-10 至图 7-12 所示。

【思考题】

7-2-1　D/A 转换器的电路结构有哪些类型，各有何特点?

7-2-2　权电阻网络 D/A 转换器实现 D/A 转换的原理是什么?

7-2-3　倒 T 形电阻网络 D/A 转换器是怎样克服权电阻网络 D/A 转换器的缺点的?

7-2-4　影响 D/A 转换器转换精度的主要因素有哪些?

7.3　模/数转换器

在本章的开篇已经简单介绍了 A/D 转换器的基本含义，即 A/D 转换器将输入的连续变化的模拟信号转换成与之成正比的数字信号输出。连续的模拟信号，即在时间和幅度上都是连续的，而作为输出的数字信号在时间和幅度上均是离散的，所以 A/D 转换要经过取样、保持、量化和编码的过程，将连续信号离散化，进而转换为与之成比例的数字信号的输出。

7.3.1　A/D 转换的基本原理

A/D 转换的过程：先将时间、幅值都连续的模拟电压信号经过取样变成时间离散、幅值连续的电压值，并保持一段时间；在这段时间内将取样的电压量化为数字量；最后以一定的编码形式输出转化结果。这一转换过程的示意图如图 7-13 所示。

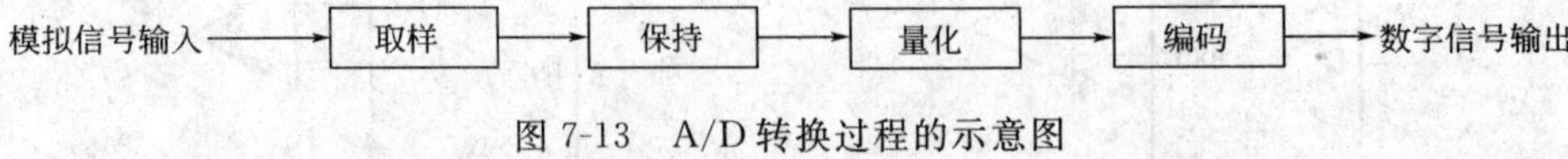

图 7-13　A/D 转换过程的示意图

取样、保持、量化和编码这四步往往是合并进行的，例如，取样和保持是利用同一个电路连续进行的；量化和编码也是在转换的过程中同时完成的，而且要占用保持时间的一部分。

1. 取样-保持

取样是在取样控制信号有效的时间内，使模拟信号通过某一开关；当取样控制信号无效时，此开关断开，即实现对模拟信号周期性地抽取样值。经过取样，时间上连续的模拟信号会转换成时间上离散、幅度等于取样时间内原模拟信号大小的脉冲信号。

取样电路原理示意图和取样过程中信号的变换过程如图 7-14 所示。u_I 是输入模拟信号；u_S 为取样控制信号，是周期性矩形脉冲；u_O 是取样后的模拟信号。

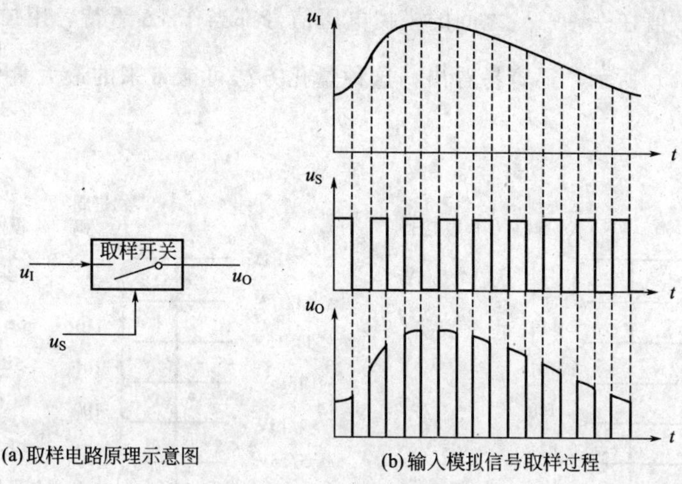

图 7-14　对输入模拟信号的取样

在取样过程中，为了保证能够不失真地恢复原模拟信号，取样控制信号的频率 f_S 不能低于输入模拟信号最高频率 $f_{I(max)}$ 的两倍，即

$$f_S \geqslant 2f_{I(max)} \tag{7-17}$$

对于变化较快的输入模拟信号，为了保证后续的量化工作是对一固定值进行的，所以在取样后、量化前，必须保持取样数据。

取样-保持电路基本结构如图 7-15 所示。

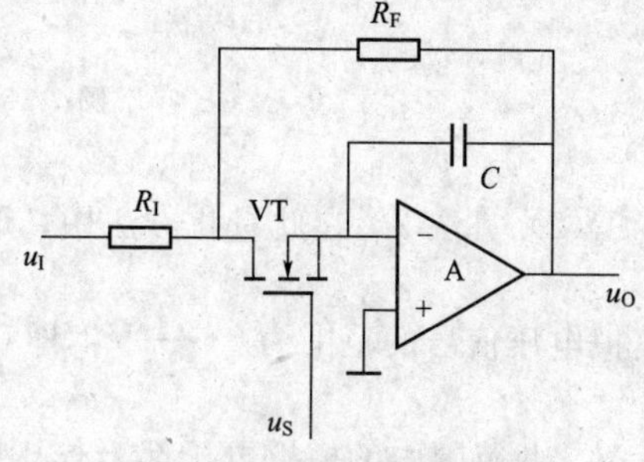

图 7-15　取样-保持电路基本结构

电路中，VT 为 N 沟道增强型 MOS 管，起开关作用；u_S 是取样控制信号。当取样控制信号 u_S 为高电平时，VT 导通，输入模拟信号 u_I 经电阻 R_I 和 VT 向电容 C 充电，充电后 $u_O=u_C=-u_I$，即取得输入模拟信号的抽样值；当取样控制信号 u_S 为低电平时，VT 截止，电容 C 上的电压在一段时间内基本保持不变，输出 u_O 保持不变，这样取样值就被保持下来。运算放大器的输入阻抗越大，取样保持时间越长。

2. 量化-编码

取样后得到了输入模拟信号的样值脉冲，它在时间上是离散的，幅度上还是连续的，即有无限多种取值，此时的信号仍为模拟的连续信号，所以还要进一步把每个样值脉冲转换成与它的幅度成正比的数字量，实现幅度上的离散。

量化用规定的最小数量单位的整数倍表示取样电压的幅度。这个最小数量单位称为量化单位，用 Δ 表示，取样得到的电压经过量化后只能是 Δ 的整数倍。

由于模拟电压是连续的，取样得到的样值脉冲的幅度不一定都正好是量化单位的整数倍，所以必然产生一定的误差，这个误差通常称为量化误差。量化误差是 A/D 转换的固有误差，只能减小，不能消除。减小量化误差的方法是减小量化单位。将模拟电压信号划分为不同量化等级时通常有两种方法，这两种方法得到的量化误差相差很大。

(1) 方法 1　在这种量化方法中，量化单位 $\Delta=\frac{1}{8}$V，0～1V 模拟电压信号可以转换成 3 位二进制代码，并规定凡数值在 0～$\frac{1}{8}$V 之间的模拟电压信号都当作 0Δ 看待，用二进制代

码 **000** 表示；凡数值在$\frac{1}{8}$～$\frac{2}{8}$V之间的模拟电压信号都当作 1Δ 看待，用二进制代码 **001** 表示……如图 7-16(a) 所示。很容易看出，这种量化方法可能带来的最大量化误差为 1Δ，即$\frac{1}{8}$V。

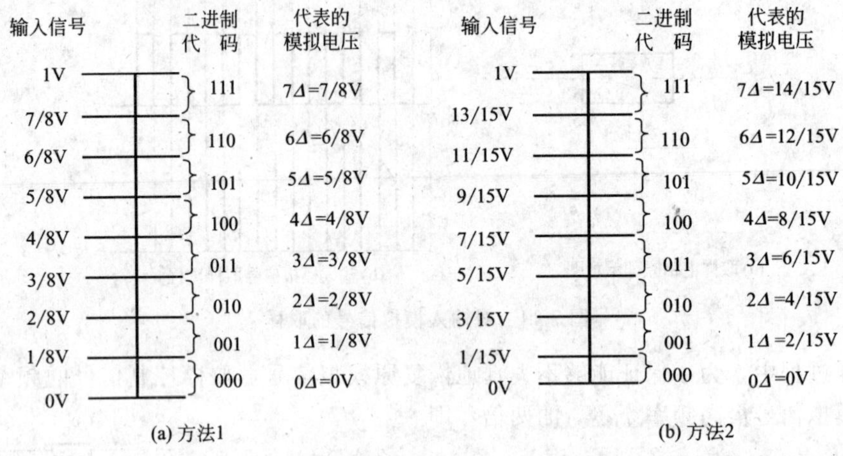

图 7-16　划分量化电压的两种方法

（2）方法 2　在此量化方法中，取量化单位 $\Delta=\frac{2}{15}$V，并规定二进制代码 **000** 所表示的模拟电压信号的范围为 0～$\frac{1}{15}$V，即 0～$\frac{1}{2}\Delta$。二进制代码 **001** 所对应的模拟电压范围在$\frac{1}{15}$～$\frac{3}{15}$V，此范围内的模拟电压都当作 1Δ，即$\frac{2}{15}$V 看待；二进制代码 **010** 所对应的模拟电压范围为$\frac{3}{15}$～$\frac{5}{15}$V，此范围内的模拟电压都当作 2Δ，即$\frac{4}{15}$V 看待……如图 7-16(b) 所示。由以上分析可以看出，因为将每个输出二进制代码所表示的模拟电压值规定为它所对应的模拟电压范围的中间值，所以最大量化误差为$\frac{1}{2}\Delta$。

显然方法 2 的量化误差要小于方法 1 的。

将量化的结果用 n 位二进制代码表示的这一过程就称为编码。

7.3.2　典型 A/D 转换电路

A/D 转换器的核心是量化电路和编码电路，不同的量化、编码电路的结构决定了不同 A/D 转换器的性能。

1. 并联比较型 A/D 转换器

并联比较型 A/D 转换器是直接 A/D 转换器中的一种。在这里以 3 位并联比较型 A/D 转换器为例，说明其工作原理。

3 位并联比较型 A/D 转换器的原理图如图 7-17 所示。电路由三部分组成，即电压比较器、寄存器和代码转换电路。在此略去了取样-保持电路，输入的模拟电压 u_I 为取样-保持电路的输出电压，其值在 0～U_{REF}之间，输出为 3 位二进制代码 $d_2d_1d_0$。

电压比较器的作用是划分量化电压，该电路用电阻链把参考电压 U_{REF} 分压，得到

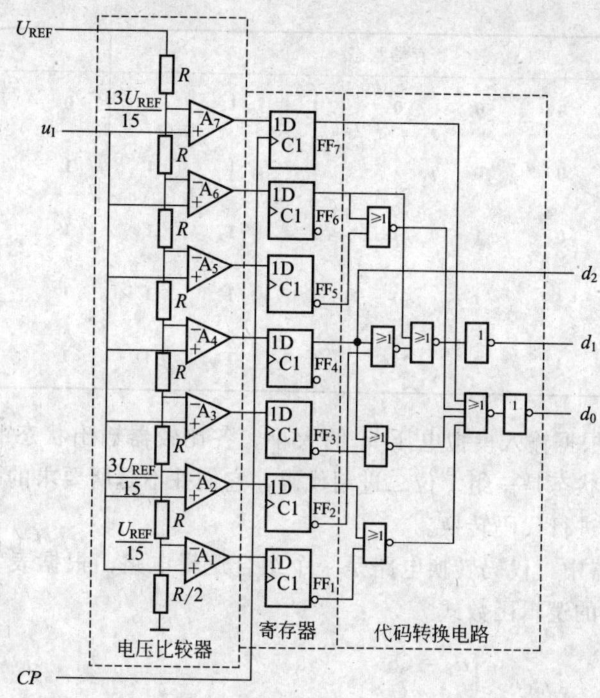

图 7-17　3 位并联比较型 A/D 转换器的原理图

$\frac{1}{15}U_{REF}\sim\frac{13}{15}U_{REF}$之间 7 个比较电压，量化单位为$\Delta=\frac{2}{15}U_{REF}$。这 7 个比较电压分别接到 7 个电压比较器 $A_1\sim A_7$ 的反相输入端，作为比较基准。输入的模拟电压 u_I 同时加到各比较器的同相输入端上，与这 7 个比较基准进行比较。

当$u_I<\frac{1}{15}U_{REF}$时，$A_1\sim A_7$ 7 个比较器的输出均为低电平，在 CP 脉冲的上升沿到来时，$FF_1\sim FF_7$ 7 个触发器输出状态均为 **0**。

当$\frac{1}{15}U_{REF}<u_I<\frac{3}{15}U_{REF}$时，$A_1$ 输出为高电平，$A_2\sim A_7$ 6 个比较器的输出均为低电平，在 CP 脉冲的上升沿到来时，FF_1 输出状态均为 **1**，$FF_2\sim FF_7$ 6 个触发器输出状态均为 **0**。以此类推，直到当$\frac{13}{15}U_{REF}<u_I<1$ 时，$A_1\sim A_7$ 7 个比较器的输出才均为高电平，在 CP 脉冲的上升沿到来时，$FF_1\sim FF_7$ 7 个触发器输出状态均为 **1**。

根据上述分析，列出 3 位并联比较型 A/D 转换器的状态表如表 7-1 所示。

表 7-1　3 位并联比较型 A/D 转换器的状态表

输入模拟电压	寄存器状态							输出代码		
u_I	Q_7	Q_6	Q_5	Q_4	Q_3	Q_2	Q_1	d_2	d_1	d_0
$\left(0\sim\frac{1}{15}\right)U_{REF}$	**0**	**0**	**0**	**0**	**0**	**0**	**0**	**0**	**0**	**0**
$\left(\frac{1}{15}\sim\frac{3}{15}\right)U_{REF}$	**0**	**0**	**0**	**0**	**0**	**0**	**1**	**0**	**0**	**1**
$\left(\frac{3}{15}\sim\frac{5}{15}\right)U_{REF}$	**0**	**0**	**0**	**0**	**0**	**1**	**1**	**0**	**1**	**0**

续表

输入模拟电压	寄存器状态							输出代码		
$\left(\frac{5}{15}\sim\frac{7}{15}\right)U_{\mathrm{REF}}$	0	0	0	0	1	1	1	0	1	1
$\left(\frac{7}{15}\sim\frac{9}{15}\right)U_{\mathrm{REF}}$	0	0	0	1	1	1	1	1	0	0
$\left(\frac{9}{15}\sim\frac{11}{15}\right)U_{\mathrm{REF}}$	0	0	1	1	1	1	1	1	0	1
$\left(\frac{11}{15}\sim\frac{13}{15}\right)U_{\mathrm{REF}}$	0	1	1	1	1	1	1	1	1	0
$\left(\frac{13}{15}\sim 1\right)U_{\mathrm{REF}}$	1	1	1	1	1	1	1	1	1	1

由表 7-1 看出，根据输入模拟电压 u_I 的大小、各比较器输出状态的不同，寄存器输出有 **8** 种状态，每一种状态是一组 7 位二进制代码，它们并不是所要求的表示输入模拟电压的二进制数，因此必须进行代码转换。

在此 A/D 转换器中，代码转换电路是一个组合逻辑电路，根据表 7-1 可以写出代码转换电路输出与输入间的逻辑函数式

$$\begin{cases} d_2 = Q_4 \\ d_1 = Q_6 + \overline{Q}_4 Q_2 \\ d_0 = Q_7 + \overline{Q}_6 Q_5 + \overline{Q}_4 Q_3 + \overline{Q}_2 Q_1 \end{cases} \tag{7-18}$$

代码转换电路最后输出 3 位二进制数，从而实现了模拟量到数字量的转换。

并联比较型 A/D 转换器的最大优点是转换速度快，同时电路中的电压比较器和寄存器具有取样-保持的功能，因此，这个并联比较型 A/D 转换器在使用时不需要附加额外的取样-保持电路。这种 A/D 转换器的缺点是电路结构复杂，需要很多的电压比较器、触发器，还需一个规模庞大的代码转换电路，相对成本较高、价格较贵。

并联比较型 A/D 转换器的转换精度主要取决于量化电压的划分，划分得越细，则精度越高。

2. 逐次渐进型 A/D 转换器

逐次渐进型 A/D 转换器是一种反馈比较型 A/D 转换器，是一种常见的直接 A/D 转换器。

(1) 基本工作原理　逐次渐进型 A/D 转换器的电路结构框图如图 7-18 所示，它主要包括 D/A 转换器、电压比较器、逐次渐进寄存器、控制逻辑电路和时钟脉冲产生电路五部分。

转换开始前先将寄存器清零，所以加给 D/A 转换器的数字量也是全 **0**。转换控制信号 u_L 变为高电平时开始转换，时钟信号首先将逐次渐进寄存器的最高位置成 **1**，使寄存器的输出为 **100…00**。这个数字量被 D/A 转换器转换成相应的模拟电压 u_O，并送到电压比较器，与输入信号 u_I 进行比较。如果 $u_O > u_I$，说明数字过大了，则去掉这个 **1**；如果 $u_O < u_I$，这个 **1** 予以保留。然后再按同样的方法将次高位置 **1**，并比较 u_O 与 u_I 的大小，以确定这一位的 **1** 的去与留。这样逐次比较下去，直到最低位比较完为止。这时寄存器里所存的数码就是所求的输出数字量。

逐次渐进型 A/D 转换器虽然转换速度不及并联比较型 A/D 转换器快，但与其他类型电

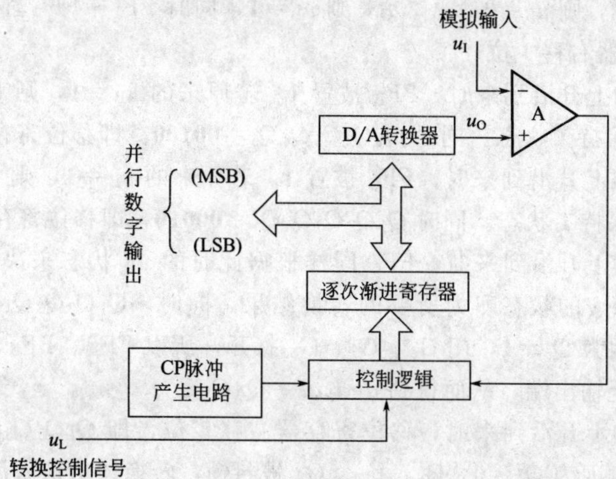

图 7-18 逐次渐进型 A/D 转换器的电路结构框图

路相比还是快得多，同时电路规模比并联比较型 A/D 转换器小得多，因此在集成 A/D 转换器中，逐次渐进型 A/D 转换器使用最多。

(2) A/D 转换过程　输出为 3 位二进制数码的逐次渐进型 A/D 转换器电路结构如图 7-19所示。它主要由三部分组成：电压比较器 A；FF_A、FF_B、FF_C 组成的 3 位逐次渐进数码寄存器；触发器 FF_1～FF_5 和门电路 G_1～G_9 组成的控制逻辑电路，其中 FF_1～FF_5 构成环形移位寄存器。

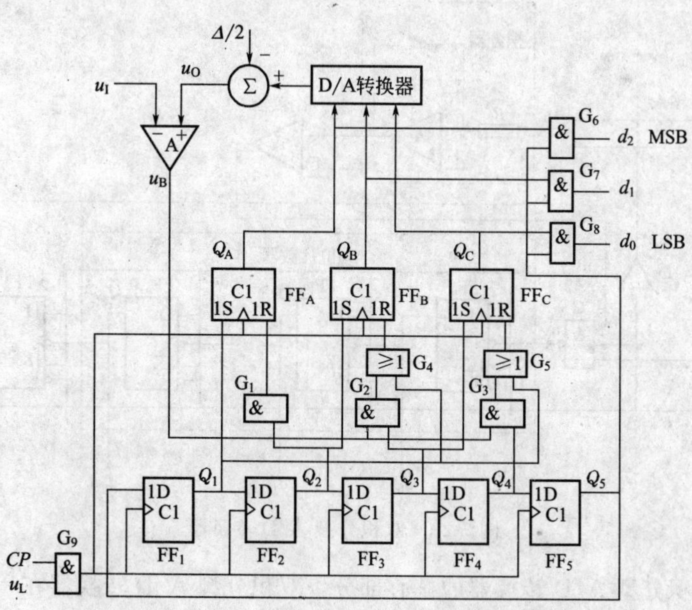

图 7-19 3 位逐次渐进型 A/D 转换器电路结构

转换前，FF_A、FF_B、FF_C 置 **0**，即 $Q_AQ_BQ_C=\mathbf{000}$，同时使 $Q_1Q_2Q_3Q_4Q_5=\mathbf{10000}$，此时 $d_2d_1d_0=\mathbf{000}$。

转换控制信号变成高电平以后，门电路 G_9 被打开，即转换开始。

当第一个 CP 的上升沿到来时，FF_A 被置 **1**，FF_B、FF_C 被置 **0**，即 $Q_AQ_BQ_C=\mathbf{100}$ 被送至 D/A 转换器输入端，在 D/A 转换器输出端得到相应的电压 u_O，u_O 与 u_I 在电压比较器 A 中

进行比较，若 $u_I \geqslant u_O$，则 $u_B = \mathbf{0}$；$u_I < u_O$，则 $u_B = \mathbf{1}$，同时 $FF_1 \sim FF_5$ 翻转，$Q_1Q_2Q_3Q_4Q_5 = \mathbf{01000}$，即移位寄存器右移 1 位。

当第二个 CP 的上升沿到来时，FF_B 被置 **1**。若原来的 $u_B = \mathbf{1}$，则 FF_A 被置 **0**；若原来的 $u_B = \mathbf{0}$，则 FF_A 保持 **1** 状态。同时 $Q_1Q_2Q_3Q_4Q_5 = \mathbf{00100}$，即移位寄存器右移 1 位。

当第三个 CP 的上升沿到来时，FF_C 被置 **1**。若原来的 $u_B = \mathbf{1}$，则 FF_B 被置 **0**；若原来的 $u_B = \mathbf{0}$，则 FF_B 保持 **1** 状态。同时 $Q_1Q_2Q_3Q_4Q_5 = \mathbf{00010}$，即移位寄存器右移 1 位。

当第四个 CP 的上升沿到来时，FF_C 同样根据此时的 u_B 状态来决定是否保持 **1** 状态，此时 FF_A、FF_B、FF_C 的状态即为所要的转换结果。同时，$Q_1Q_2Q_3Q_4Q_5 = \mathbf{00001}$，即移位寄存器右移 1 位。因为 $Q_5 = \mathbf{1}$，门 G_6、G_7、G_8 打开，所以 FF_A、FF_B、FF_C 的状态就会通过 G_6、G_7、G_8 送至输出端，从而得到 $d_2d_1d_0 = Q_AQ_BQ_C$。

当第五个 CP 的上升沿到来时，移位寄存器右移 1 位，即 $Q_1Q_2Q_3Q_4Q_5 = \mathbf{10000}$，重新回到初始状态，同时因为 $Q_5 = \mathbf{0}$，G_6、G_7、G_8 被封锁，转换输出信号消失。

3. 双积分型 A/D 转换器

双积分型 A/D 转换器是一种间接 A/D 转换器，且属于 V-T 型。它首先将输入的模拟电压信号转换成与之成正比的时间宽度信号，然后在此时间宽度内对固定频率的时钟脉冲进行计数，计数的结果就是与输入模拟电压信号成正比的数字信号。

双积分型 A/D 转换器如图 7-20 所示，它主要由积分器、过零比较器、n 位计数器组成。另外还有附加触发器 FF_A、模拟开关 S_0、S_1 的驱动电路 L_0、L_1 以及控制门 G。

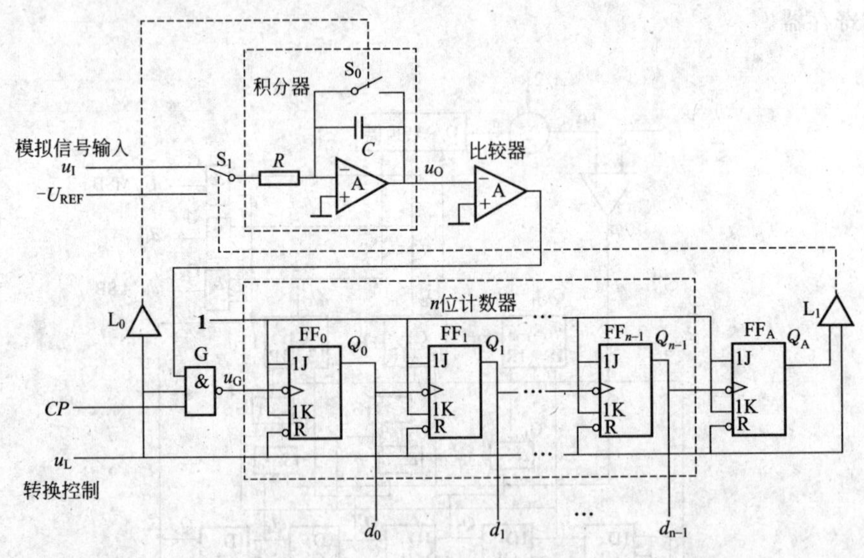

图 7-20　双积分型 A/D 转换器

积分器是双积分型 A/D 转换器的核心部分，双积分型 A/D 转换器在一次转换过程中要进行两次积分：积分器对模拟电压进行的定时积分和对基准电压进行的定值积分。

(1) 转换开始前　转换控制信号 $u_L = \mathbf{0}$，计数器和附加触发器被置 **0**，开关 S_0 闭合，积分电容 C 完全放电。由于 $Q_A = \mathbf{0}$，使得驱动电路 L_1 驱动开关 S_1 接至输入电压 u_I。

(2) 转换开始　转换控制信号 $u_L = \mathbf{1}$，开关 S_0 断开。

① 开关 S_1 接输入信号 u_I。积分器对 u_I 进行固定时间 T_1 积分，为第一次积分。积分后，积分器输出电压为

$$u_O = -\frac{1}{C}\int_0^t \frac{u_I}{R}dt = -\frac{u_I}{RC}t \tag{7-19}$$

由于 $u_O<0$，所以过零比较器输出为高电平，即 $u_G=\mathbf{1}$，控制门 G 打开，计数器从 0 开始计数。当计数器计满 2^n 个脉冲后，计数器各触发器自动返回 0 状态，同时 FF_A 得到触发信号，即 Q_{n-1} 的下降沿，FF_A 翻转，被置 **1**，即 $Q_A=\mathbf{1}$，使得驱动电路工作，驱动开关 S_1 转接至基准电压 $-U_{REF}$，第一阶段积分结束，$t=T_1=2^nT_{CP}$。此时

$$u_O = -\frac{u_I}{RC}T_1 = -\frac{2^nT_{CP}}{RC}u_I \tag{7-20}$$

② 开关 S_1 接基准电压 $-U_{REF}$。积分器开始对 U_{REF} 反向积分，为第二次积分。

$$u_O = u_{O(T_1)} - \frac{1}{C}\int_{T_1}^t \frac{(-U_{REF})}{R}dt = -\frac{2^nT_{CP}}{RC}u_I - \frac{U_{REF}}{RC}(t-T_1) \tag{7-21}$$

此时，计数器开始第二次计数，直到积分器输出电压 u_O 上升到 0 以后，$u_G=\mathbf{0}$，G 被封锁，转换结束，此时计数器已经记录的脉冲个数为 M，用时为 $T_2=(t-T_1)=MT_{CP}$。所以，将 T_2 和 $u_O=0$ 代入式(7-21) 可得

$$M = \frac{2^n}{U_{REF}}u_I \tag{7-22}$$

式(7-22) 表明，计数器第二阶段积分结束后所记录的脉冲个数 M 与输入模拟电压成正比。脉冲个数 M 所对应的数码 $d_{n-1}\cdots d_1d_0$ 即为所要转换的数字输出量。

上述转换过程的工作电压波形如图 7-21 所示。

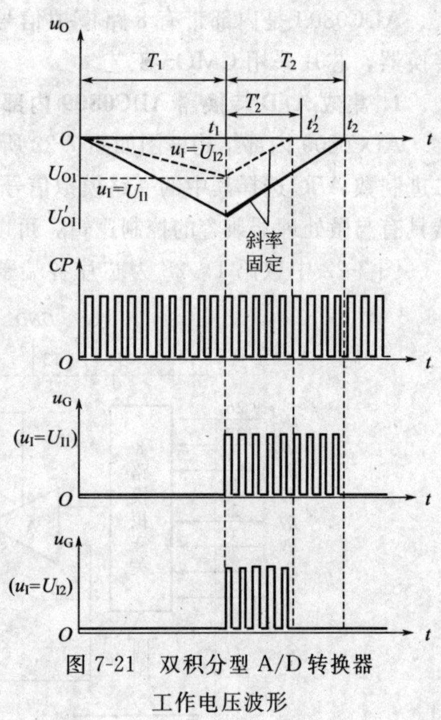

图 7-21　双积分型 A/D 转换器工作电压波形

由图 7-21 也可以很直观地验证式(7-22) 的正确性。u_{I1} 和 u_{I2} 是 u_I 的两个不同的可能取值。很显然，两种情况下反向积分时间是不同的，u_{I1} 所对应的反向积分时间 T_2 要大于 u_{I2} 所对应的 T_2'，即 u_{I2} 所对应的反向积分时间与输入模拟电压 u_I 的大小成正比。而因为 CP 是固定频率脉冲，所以在反向积分时间内送给计数器的计数脉冲的个数与时间成正比，当然也就与输入模拟电压 u_I 的大小成正比。

双积分型 A/D 转换器有很突出的优点，一是工作性能比较稳定，其转换精度仅与基准电压有关，所以完全可能用精度比较低的元器件制成精度很高的双积分型 A/D 转换器；二是双积分型 A/D 转换器对叠加在输入信号上的干扰信号具有很强的抑制作用，即能有效地抑制来自电网的工频干扰；三是可以通过增加计数器级数来增加输出的数字量的位数，减小量化误差。而双积分型 A/D 转换器主要缺点是转换速度低。

7.3.3　A/D 转换器的主要技术指标

转换精度和转换速度是衡量 A/D 转换器的主要技术指标。

1. 转换精度

A/D 转换器的转换精度同样采用分辨率和转换误差来描述。

(1) 分辨率　分辨率是指 A/D 转换器对输入模拟信号的分辨能力，通常以输出数字量的位数来表示。若 A/D 转换器的输出为 n 位二进制数码，则它能区分输入模拟电压的 2^n 个不同数量级，能区分输入模拟电压的最小差异为满量程输入的 $\frac{1}{2^n}$。所以 A/D 转换器的位数越多，量化单位越小，则分辨率也就越高。

(2) 转换误差　转换误差表示 A/D 转换器实际输出的数字量和理论输出数字量之间的最大差值，一般以最低有效位——LSB 的倍数表示，例如，给出转换误差 $\leqslant \pm \frac{1}{2}$LSB，说明实际输出的数字量和理论输出数字量的最大误差小于最低有效位的半个字。

2. 转换速度

A/D 转换器也使用转换时间来描述转换速度。

A/D 转换器的转换时间指完成一次 A/D 转换所需要的时间，即从转换开始到输出端出现稳定的数字信号所需要的时间。转换时间越短，则转换速度越快。

A/D 转换器的转换速度取决于转换电路的类型，类型不同则转换速度不同，且相差很大，如并联比较型 A/D 转换器的转换速度最快，逐次渐进型 A/D 转换器的转换速度次之，而间接 A/D 转换器的转换速度就要比前两者低得多。

7.3.4　集成 A/D 转换器 ADC0809

ADC0809 是内部带有 8 路模拟信号选择开关的 8 位 A/D 转换器，是逐次渐进型 A/D 转换器，芯片采用 CMOS 工艺。

1. 集成 A/D 转换器 ADC0809 内部结构及端子排列图

ADC0809 内部结构框图如图 7-22 所示。ADC0809 可以连接 8 路模拟信号，通过输入 3 位二进制数 ABC 选择其中的一路模拟信号进行 A/D 转换，转换结果为 8 位二进制数码。该转换器具有与微处理器兼容的控制逻辑，可以直接与 Z80、8051、8085 等微处理器接口相连。

图 7-22 中数码 1～28 为芯片各端子编码。各端子名称及功能如下。

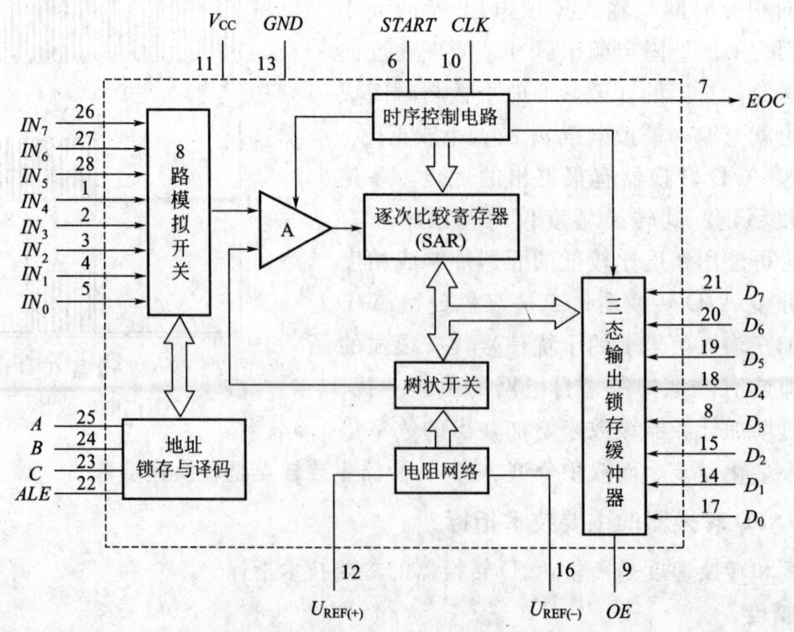

图 7-22　ADC0809 内部结构框图

① $IN_0 \sim IN_7$(5～1、28～26)。为模拟输入端。

② $D_0 \sim D_7$(17、14、15、8、18～21)。为数字输出端。

③ A、B、C(23～25)。为模拟输入的选通地址输入端。

④ $U_{REF(+)}$(12)、$U_{REF(-)}$(16)。为基准电压的正端和负端。

⑤ CLK(10)。为时钟脉冲输入端。

⑥ ALE(22)。为地址锁存允许信号输入端，高电平有效。

⑦ OE(9)。为输出允许信号端，高电平有效。

⑧ $START$(6)。为启动信号端，在此端加一正脉冲，脉冲上升沿时将寄存器全部清零，下降沿时开始 A/D 转换。

⑨ EOC(7)。为转换结束输出信号端，在 $START$ 上升沿后 1～8 个时钟周期内为低电平，转换结束后变为高电平。

ADC0809 的外部端子排列图如图 7-23 所示。

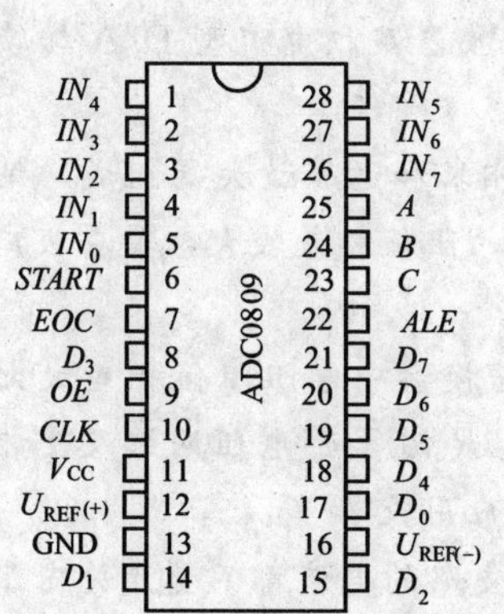

图 7-23　ADC0809 外部端子排列图

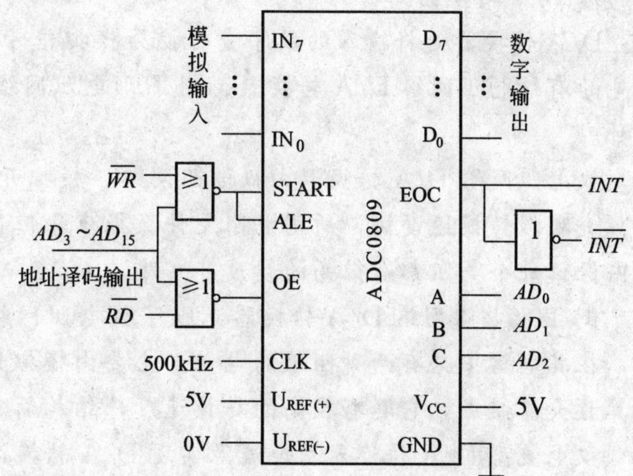

图 7-24　ADC0809 应用电路连线示意图

2. 集成 A/D 转换器 ADC0809 的工作过程

① ALE 有效时，将通道选择数据 ABC 锁存，此时将选择 8 路输入模拟信号中的一路。

② 选择模拟信号后，通过转换启动信号 $START$ 进行 A/D 转换。

③ 转换完成后，发出 EOC 转换结束指示，此时可提供输出允许信号 OE，实现数据输出。

ADC0809 与外部微处理器连接的典型应用电路如图 7-24 所示。

【思考题】

7-3-1　什么是 A/D 转换？它包括哪些过程？

7-3-2　什么是取样定理？最低取样频率是多少？

7-3-3　试说明逐次渐进型 A/D 转换器的工作原理。

7-3-4　影响 A/D 转换器转换精度的主要因素有哪些？

实践练习

7-1　D/A 转换器的应用

(1) 了解集成 D/A 转换器 DAC0832 的内部结构和端子功能。

(2) 进行集成 D/A 转换器 DAC0832 性能测试，用其实现数字信号到模拟信号的转换。

7-2　A/D 转换器的应用

(1) 了解集成 A/D 转换器 ADC0809 的内部结构和端子功能。

(2) 进行集成 A/D 转换器 ADC0809 性能测试，用其实现模拟信号到数字信号的转换。

本章小结

D/A 转换器和 A/D 转换器是数字电路和模拟电路之间的接口，在现代控制系统中应用广泛。本章主要介绍了 D/A 转换器和 A/D 转换器的工作原理、典型电路及主要技术指标。

1. D/A 转换器

D/A 转换器是将输入的数字量转换为模拟信号的电路，D/A 转换器的种类很多，目前常见的有权电阻网络 D/A 转换器、倒 T 形电阻网络 D/A 转换器及权电流型 D/A 转换器等几种。

权电阻网络 D/A 转换器由权电阻网络、模拟开关及反相求和运算放大器组成，结构简单、直观，转换速度快，所用电阻元件数很少，但各个电阻的阻值相差较大，要在极广的范围内保证每个电阻都有很高的精度非常难。

倒 T 形电阻网络 D/A 转换器克服了权电阻网络 D/A 转换器中电阻阻值相差太大的缺点，在其电路中只有两种阻值的电阻，主要由模拟开关、*R*-2*R* 倒 T 形电阻网络及反相求和运算放大器组成，它具有较高的转换速度，结构简单，目前应用较多。

权电流型 D/A 转换器用恒流源实现 D/A 转换，使每条支路的电流都不受开关内阻和压降的影响而保证恒定，从而降低了对开关的要求。

D/A 转换器的主要技术指标有转换精度和转换速度。转换精度是衡量 D/A 转换器性能的主要技术指标，包括分辨率和转换误差。分辨率主要反映了 D/A 转换器电路对输入微小数字量的敏感程度，由最小输出电压与最大输出电压之间的比值表示；而转换误差通常用输出电压满刻度的百分数表示，它包括非线性误差、比例系数误差及漂移误差。转换速度通常由建立时间来描述，反映了 D/A 转换器的工作速度，转换时间越小，工作速度就越高，数字量的变化量越大，则所需的建立时间越长。

2. A/D 转换器

A/D 转换器是将输入的模拟信号转换为数字量的电路，要经过取样、保持、量化和编码的过程。A/D 转换器的典型电路有并联比较型 A/D 转换器、逐次渐进型 A/D 转换器及双积分型 A/D 转换器等几种。

并联比较型 A/D 转换器由电压比较器、寄存器及代码转换电路组成，具有转换速度快的优点，并且并联比较型 A/D 转换器在使用时不需要附加额外的取样-保持电路，但其电路结构复杂，相对成本较高，价格较贵。

双积分型 A/D 转换器是一种间接 A/D 转换器，属于 V-T 型，主要由积分器、过零比较器、*n* 位计数器等部分组成，具有工作性能稳定的优点，且能有效抑制来自电网的工频干扰，转换精度高，但其转换速度低。

逐次渐进型 A/D 转换器是一种反馈比较型 A/D 转换器，由 D/A 转换器、电压比较器、逐次渐进寄存器、控制逻辑电路和时钟脉冲产生电路组成，其转换速度不如并联比较型A/D 转换器快，但与其他类型电路的转换速度相比还是快很多，同时电路规模不大，因此应用最为广泛。

A/D 转换器的主要技术指标有转换精度和转换速度。转换精度同样采用分辨率和转换误差来描述。分辨率指 A/D 转换器对输入模拟信号的分辨能力，通常以输出数字量的位数来表示；转换误差表示 A/D 转换器实际输出的数字量和理论输出数字量之间的最大差值。A/D 转换器的转换速度指完成一次 A/D 转换所需的时间，转换时间越短，转换速度越快。并联比较型 A/D 转换器转换速度最快，逐次渐进型 A/D 转换器次之，间接 A/D 转换器转换速度最低。

习　题　7

7-1　D/A 转换器最小输出电压 $U_{LSB}=4mV$，最大满刻度输出模拟电压 $U_{FSB}=10V$。试求：该转换器输入二进制数字量的位数 n。

7-2　在图 7-4 所示的 4 位权电阻网络 D/A 转换器中，已知 $U_{REF}=-8V$，$R_F=R/2$，当输入数字量 $d_3 \sim d_0$ 分别为 **0001**、**1000**、**1111** 时，试求：(1) 各输出电压的值 u_O；(2) 此权电阻网络 D/A 转换器的分辨率。

7-3　在 8 位倒 T 形电阻网络 D/A 转换器中，已知 $U_{REF}=5V$，$R_F=R$，设输入的数字量 $d_7 \sim d_0$ 分别为 **11111111**、**10000000**、**00000001**。试求：(1) 各输出电压 u_O；(2) 此倒 T 形电阻网络 D/A 转换器的分辨率。

7-4　若将一个最大幅值为 5.1V 的模拟信号转换为数字信号，且要求其所能分辨的最小输入电压为 5mV，则应选用几位的 A/D 转换器?

7-5　图 7-17 所示的并联比较型 A/D 转换器输入数据增加至 8 位，且采用图 7-16(b) 所示的量化电压划分方法 2。试求：最大量化误差为多少?

7-6　在如图 7-20 所示的双积分型 A/D 转换器中，若已知计数器为 10 位二进制计数器，CP 信号频率为 1MHz。试求：此转换器最大转换时间。

附　录

附录A　部分习题答案

习　题　1

1-1　(1) $(\mathbf{10010111})_2=(151)_{10}=(97)_{16}$；

(2) $(\mathbf{1101101})_2=(109)_{10}=(6D)_{16}$；

(3) $(\mathbf{0.01011111})_2=(0.37109375)_{10}=(0.5F)_{16}$；

(4) $(\mathbf{11.001})_2=(3.125)_{10}=(3.2)_{16}$。

1-2　(1) $(37)_{10}=(\mathbf{100101})_2=(25)_{16}$；

(2) $(51)_{10}=(\mathbf{110011})_2=(33)_{16}$；

(3) $(0.39)_{10}=(\mathbf{0.0110})_2=(0.6)_{16}$；

(4) $(25.7)_{10}=(\mathbf{11001.1011})_2=(19.B)_{16}$。

1-3　(1) $(2A)_{16}=(\mathbf{101010})_2=(42)_{10}$；

(2) $(10)_{16}=(\mathbf{10000})_2=(16)_{10}$；

(3) $(8F.FC)_{16}=(\mathbf{10001111.11111100})_2=(143.984375)_{10}$；

(4) $(1D.36)_{16}=(\mathbf{11101.00110110})_2=(29.2109375)_{10}$。

1-4　(略)。

1-5　(1) $\overline{Y}=\overline{A}+\overline{\overline{B}D}\cdot(\overline{A}+\overline{C})(\overline{B}+\overline{D})+\overline{E}$,

$Y'=A+\overline{B\,\overline{D}}[(A+C)(B+D)+E]$；

(2) $\overline{Y}=\overline{\overline{\overline{A}+\overline{B}}\cdot(\overline{A}+\overline{B}+\overline{C})}+\overline{A}(\overline{B}+\overline{C})$,

$Y'=\overline{\overline{A+B}\cdot(A+B+C)}+A(B+C)$；

(3) $\overline{Y}=\overline{A}B+\overline{\overline{C}D}$,

$Y'=A\cdot\overline{B}+\overline{C\,\overline{D}}$；

(4) $\overline{Y}=\overline{A}\,\overline{B}\,\overline{C}+\overline{A}BC+A\overline{B}C+AB\overline{C}$,

$Y'=ABC+A\overline{B}\,\overline{C}+\overline{A}B\overline{C}+\overline{A}\,\overline{B}C$。

1-6　(1) $Y=B$；(2) $Y=\overline{A}+\overline{B}+C+D$；(3) $Y=A\overline{B}+B\overline{C}+\overline{A}C$；

(4) $Y=A+C+BD+\overline{B}E$；(5) $Y=\overline{A}+\overline{B}+\overline{C}$；(6) $Y=A+B$。

1-7　(1) $Y=\overline{A}\,\overline{B}+AC$；(2) $Y=A+\overline{D}$；

(3) $Y=\overline{A}\,\overline{B}+AB+\overline{A}\,\overline{C}\,\overline{D}+A\overline{C}D+AC\overline{D}$；(4) $Y=\overline{C}\,\overline{D}+A\overline{D}+B\overline{D}$；

(5) $Y=\overline{A}+\overline{B}\,\overline{D}$；(6) $Y=AC+CD+\overline{B}\,\overline{D}$。

1-8～1-10　(略)。

习　题　2

2-1

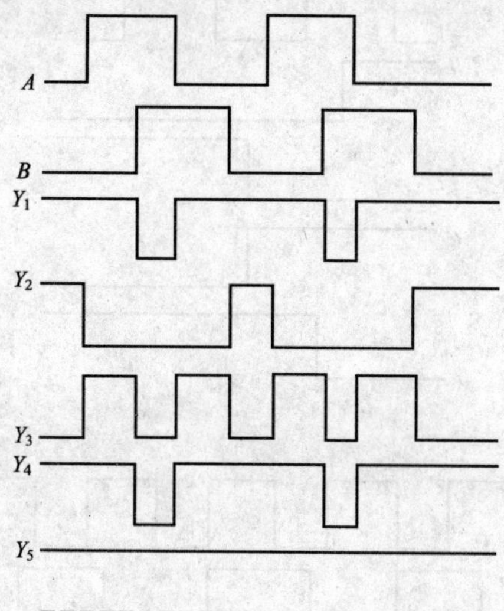

2-2

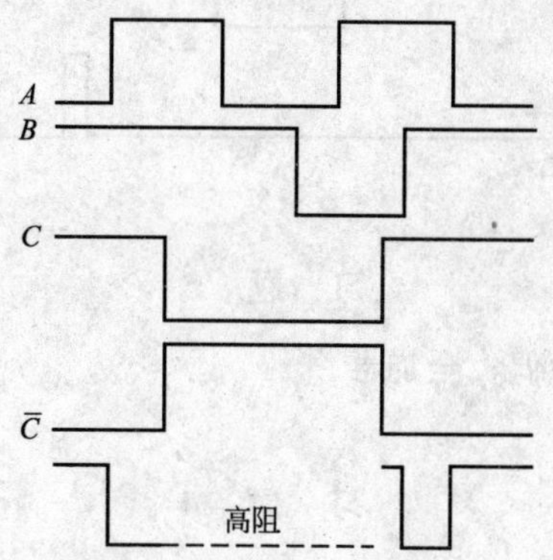

2-3　Y_1为低电平，Y_2为高阻态，Y_3为高电平，Y_4为电平。

2-4　（c）正确。

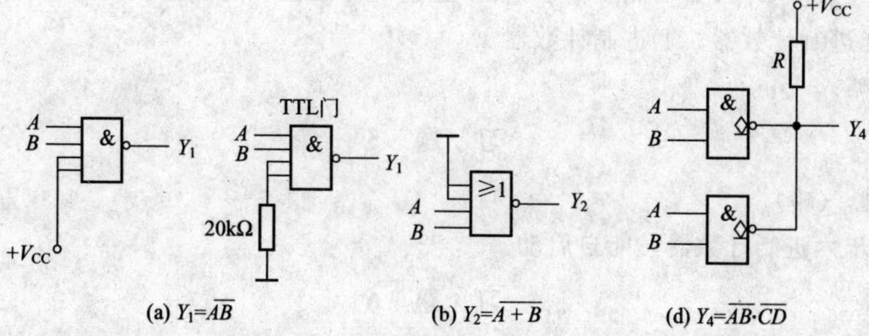

(a) $Y_1=\overline{AB}$　　(b) $Y_2=\overline{A+B}$　　(d) $Y_4=\overline{AB}\cdot\overline{CD}$

2-5　Y_1为低电平；Y_2为高电平；Y_3为低电平。

2-6　$Y_1=A\oplus B$；$Y_2=ABC$。

2-7　$\begin{cases} C=0\text{ 时，}\overline{C}=1\text{，}Y=\overline{A+B}\text{；} \\ C=1\text{ 时，}\overline{C}=0\text{，}Y=\overline{B}\text{。} \end{cases}$

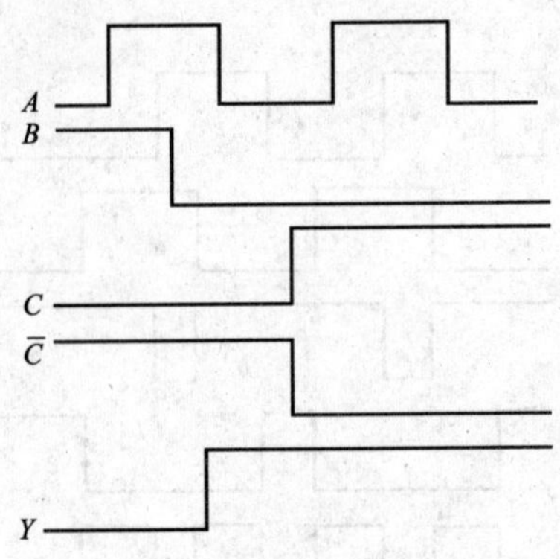

2-8 $Y=\overline{\overline{AC}+\overline{BC}}$。

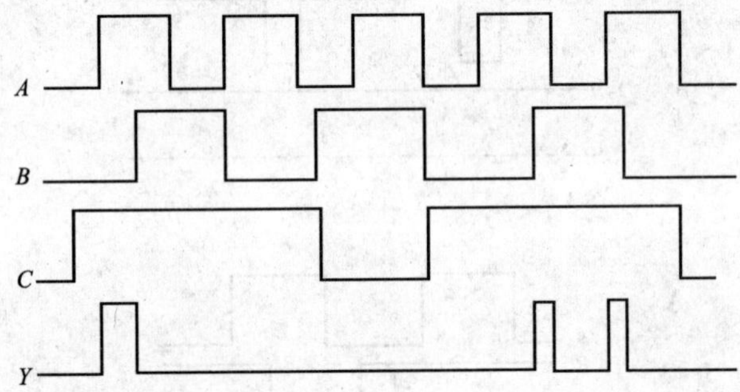

2-9 $0.68\text{k}\Omega \leqslant R_C \leqslant 5\text{k}\Omega$。

习 题 3

3-1 异或运算，可用于检偶；全加器。

3-2～3-14 （略）。

习 题 4

4-1～4-4 （略）。

4-5 同步五进制加法计数器，能自启动。

4-6～4-12 （略）。

4-13 十三进制计数器（同步清零）；十三进制计数器（同步置数）。

4-14 九进制计数器；七进制计数器。

4-15 （略）。

习 题 5

5-1～5-4 （略）。

5-5 同步六进制计数器，能自启动。

习 题 6

6-1 $f \approx 9.5\text{kHz}$。

6-2 2V。

6-3 单稳态触发器工作原理；充电时间为 11s。

6-4 $T=2.2RC=20.68\mu\text{F}$；$f=48.36\text{kHz}$。

6-5 $t_W \approx 0.69RC$，图略。

6-6　$\Delta U_T = 5V$，图略。

习　题　7

7-1　11 位。

7-2　(1) －0.5V，－4V，－7.5V；(2) 1/15。

7-3　(1) －4.98V，－2.5V，－0.0195V；(2) 1/255。

7-4　10 位。

7-5　$\frac{1}{511}U_{REF}$。

7-6　2048μs。

附录 B　数字电子技术基础常用中英文名词对照

absorption law	吸收律
accumulator	累加器
Address decoder	地址译码器
ALU(Arithmetic Logic Unit)	算术逻辑单元
AND and OR logic array	与或逻辑阵列
AND array	与阵列
AND gate	与门
AND operator	"与"运算符
arithmetic overflow detection	运算溢出检测
array	阵列
associative law	结合律
astable	非稳态的
asynchronous	异步的
asynchronous binary counter	异步二进制计数器
base	基极
BCD (Binary Coded Decimal)	二-十进制编码
BCD counter	BCD 计数器
binary	二进的
binary adder	二进制加法器
binary arithmetic	二进制算术
binary subtraction circuit	二进制减法电路
bipolar	双极型的
Boolean algebra	布尔代数
borrow	借位
canonical POS form	规范的或与式
canonical SOP form	规范的与或式
capacity	容量
carrier	载流子

carry	进位
carry look-ahead adder	超前进位加法器
characteristic	特性
characteristic equation	特征方程
chip select line	片选线
chip selection	片选
circuit	电路
circuit structure	电路结构
clock	时钟
code	编码，代码
collector	集电极
combination	组合
combination logic	组合逻辑
combinational circuit	组合电路
commutation law	交换律
comparator	比较器
complement	补码
consensus law	包含律
constraint	约束
counter	计数器
CP（Clock Pulse）	时钟脉冲
current	电流
current voltage characteristic	伏安特性
data distributor	数据分配器
data selector	数据选择器
decimal	十进制的
decoder	译码器
decoder circuit structure	译码器电路结构
delay	延迟
DeMorgan's theorem	狄·摩根定理
demultiplexer	（多路）信号分离器，多路输出选择器
design	设计
digital circuit	数字电路
digital logic circuit	数字逻辑电路
diode	二极管
direct current	直流
distributive law	分配律
down counter	减 1 计数器
DRAM（Dynamic RAM）	动态 RAM
duality	对偶性

edge-triggered D flip-flop	边沿 D 触发器
electrical level	电平
electron	电子
element	元素，元件
emitter	发射极
encoder	编码器
encoder circuit structure	编码器电路结构
EPROM（Erasable Programmable Read Only Memory）	可擦可编程只读存储器
equation	方程（式）
exclusive-OR（X-OR）	异或
falling edge	下降沿
field programmable	现场可编程的
finite-state machine description	有限状态机描述
flip-flop	触发器
FPLA（Field Programmable Logic Array）	现场可编程逻辑阵列
full-adder	全加器
fully parallel adder	并行全加器
function	函数
Gary code	格雷码
gate	门
gate symbol	门符号
half-adder	半加器
high-speed adder	高速加法器
IC（Integrated Circuit）	集成电路
idempotency	幂等性
idempotency law	幂等律
incompletely	不完全地
inhibit	禁止
input	输入
inverter	反向器
involution law	反转律
K-map（Karnaugh map）	卡诺图
latch	锁存器
logic	逻辑
logic circuit	逻辑电路
logic diagram	逻辑图
logic gate	逻辑门
logic value	逻辑值
logical expression	逻辑表达式
logical function	逻辑函数

LSI（Large-Scale Integration）	大规模集成电路
master-slave D flip-flop	主从 JK 触发器
master-slave JK flip-flop	主从 JK 触发器
master-slave RS flip-flop	主从 RS 触发器
maxterm	最大项
memory	存储器
memory address register	存储地址寄存器
memory array	存储阵列
memory bank	存储体
memory capacity	存储容量
memory cell	存储单元
memory chip	存储芯片
memory data register	存储数据寄存器
memory element	存储元件
minterm	最小项
modulo	以……为模
modulo-N counter	N 进制计数器
monostable	单稳（态）的
MOS（Metal-Oxide-Semiconductor）	金属氧化物半导体
MSI（Medium-Scale Integration）	中规模集成电路
multiplexer	多路器
multivibrator	多频振荡器
NAND gate	与非门
negative	负的
negative logic	负逻辑
NOR gate	或非门
NOT gate	非门
NOT operator	“非”运算符
off	截止
on	导通
optimize	使最优化
OR array	或阵列
OR gate	或门
OR operator	“或”运算符
output	输出
output function	输出函数
output response	输出响应
PAL（Programmable Array Logic）	可编程阵列逻辑
parallel	并行的
parallel accumulator	并行累加器

parallel adder	并行加法器
parallel load	并行置入
parameter	参数
PDL（Programmable Digital Logic）	可编程数字逻辑
PLA（Programmable Logic Array）	可编程逻辑阵列
POS（Product Of Sums）form	或与式
positive	正的
present state	当前状态
preset	预置
product	乘积
product item	乘积项，与项
programmable logic device	可编程逻辑器件
PROM（Programmable Read Only Memory）	可编程只读存储器
propagation	传播
propagation delay	传播延时
pulse	脉冲
pulse width	脉宽
pulse-triggered	脉冲触发的
RAM（Random Access Memory）	随机存取存储器
read/write line	读写线
register	寄存器
ring	成环形
ring counter	环形计数器
rising edge	上升沿
ROM（Read-Only Memory）	只读存储器
semiconductor	半导体
sequential circuit model	时序电路模型
serial accumulator	串行累加器
serial adder	串行加法器
shift	移位
shift control pulse	移位控制脉冲
shift register	移位寄存器
signal	信号
simplification	化简
SOP（sum of products）form	与或式
sort	分类，排序
SRAM（Static RAM）	静态 RAM
SSI（Small-Scale Integration）	小规模集成电路
stable state	稳态
state	状态

state diagraph	状态图
state table	状态表
storage	存储器
structure	结构
sum	和（数）
switch	开关
switching algebra	开关代数
switching circuit	开关电路
switching function	开关函数
symbol	符号
synchronous	同步的
synchronous binary counter	同步二进制计数器
T（trigger or toggle）flip-flop	T 触发器
timer	定时器
transistor	晶体管
trigger	触发器
truth table	真值表
TTL（Transistor-Transistor Logic）	晶体管-晶体管逻辑
twisted-ring counter	扭环形计数器
up counter	加 1 计数器
variable	变量
Venn diagram	文氏图
VLSI（VeryLarge-Scale Integration）	超大规模集成电路
voltage	电压
waveform	波形
XNOR gate	异或非门
XNOR（Exclusive-NOR）operator	"异或非"运算符
XOR gate	异或门
XOR（Exclusive-OR）operator	"异或"运算符

附录C　国产半导体集成电路型号命名法

本标准适用于按国家标准生产的半导体集成电路器件。器件型号由五部分组成。

附表 C-1　半导体集成电路器件型号的组成和其符号的意义

第 0 部分		第 1 部分		第 2 部分	第 3 部分		第 4 部分	
用字母表示器件符合国家标准		用字母表示器件的类型		用阿拉伯数字和字母表示器件的系列和品种代号	用字母表示器件的工作温度		用字母表示器件的封装形式	
符号	意　义	符号	意　义	TTL 有	符号	意　义	符号	意　义
C	中国制造	T	TTL		C	0～70℃	W	陶瓷扁平封装

续表

符号	意 义	符号	意 义		符号	意 义	符号	意 义
		H	HTL	54/74	E	−40～85℃	B	塑料扁平封装
		E	ECL	54H/74H	R	−55～85℃	F	全密封扁平封装
		C	CMOS	54S/74S	M	−55～125℃	D	陶瓷双列直插封装
		F	线性放大器	54LS/74LS	⋮	⋮	P	塑料直插封装
		D	音响、电视电路	COMS 有：			J	黑陶瓷扁平封装
		W	稳压器	CC4000			K	金属菱形封装
		J	接口电路	C000			T	金属圆形封装
		B	非线性电路	54/74HC				⋮
		M	存储器	54/74HCU				
		AD	ADC	54/74HCT				
		DA	DAC					
		SS	敏感电路					
		SJ	机电仪表电路					
		SW	钟表电路					
		SC	通信专用电路					
		SF	复印机电路					
		⋮	⋮					

示例：

1. 低耗肖特基 TTL 二进制异步计数器 CT74LS197CD 各部分的意义为：

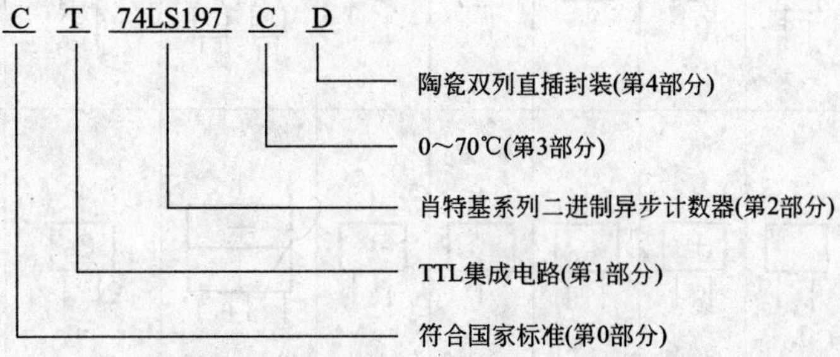

2. CMOS 双 4 位二进制同步加法计数器 CC4520MF 各部分的意义为：

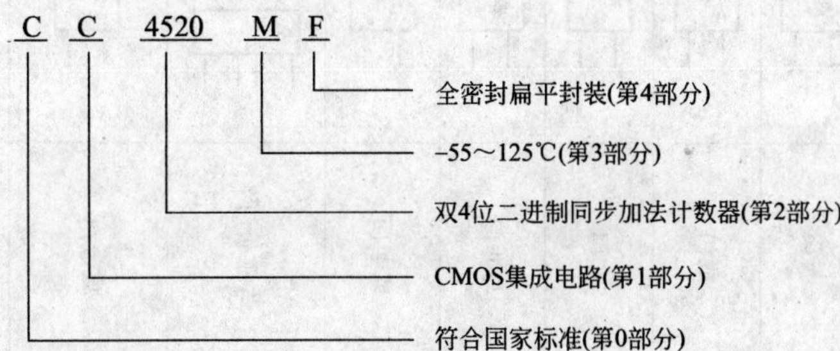

附录 D 常用逻辑符号对照

附表 D-1 常用逻辑符号对照表

名称	国际符号	曾用符号	国外流行符号	名称	国际符号	曾用符号	国外流行符号
与门	&			三态输出的非门	1 ▽ EN		
或门	≥1	+		传输门	TG	TG	
非门	1	&		半加器	Σ CO	HA	HA
与非门	&			全加器	Σ CI CO	FA	FA
或非门	≥1	+		基本 RS 触发器	S R	S Q R $\overline{Q}$	S Q R $\overline{Q}$
与或非门	& ≥1	+		同步 RS 触发器	1S C1 1R	S Q CP R $\overline{Q}$	S Q CK R $\overline{Q}$
异或门	=1	⊕		边沿(上升沿)D 触发器	S 1D C1 R	D Q CP $\overline{Q}$	D S_D Q CP R_D $\overline{Q}$
同或门	=	⊙		边沿(下降沿)JK 触发器	S 1J C1 1K R	J Q CP K $\overline{Q}$	J S_D Q CP K R_D $\overline{Q}$
OC(OD)结构的与门	&			带施密特触发特性的与门	&		

参 考 文 献

[1] 阎石．数字电子技术基础．第 4 版．北京：高等教育出版社，2004.

[2] 余孟尝．数字电子技术基础简明教材．第 2 版．北京：高等教育出版社，2000.

[3] 赵六骏．数字电路与逻辑设计．北京：北京邮电大学出版社，2004.

[4] 杨志忠．数字电子技术．第 2 版．北京：高等教育出版社，2003.

[5] 李春林．电子技术．大连：大连理工出版社，2003.

[6] 付家才．电子实验与实践．北京：高等教育出版社，2004.

[7] 李哲英．电子技术及其应用基础-数字部分．北京：高等教育出版社，2003.

[8] 郭建华．数字电子技术与实训教程．北京：人民邮电出版社，2004.

[9] 庞学民．数字电子技术．北京：清华大学出版社，北京交通大学出版社，2004.